"don't panic"

Einführung in die Spieleprogrammierung

Andreas Stephan Mank

exemplarisch in C am Gameboy Color

Mit besonderem Dank an

Arne P. Böttger, Torsten Köster und Simon Adler, die Entwickler vom GBDK Michael Hope und Pascal Felber, für ihre Untertstützung und Mitarbeit.

Andreas Mank:
Einführung in die Spieleprogrammierung
© Andreas Mank, Wedel 2001
Alle Rechte vorbehalten
Herstellung: Books on Demand GmbH
ISBN 3-8311-3087-6

Die vorliegende Publikation ist urheberrechtlich geschützt. Alle Rechte vorbehalten. Kein Teil des Buches darf ohne schriftliche Genehmigung des Autors in irgendeiner Form reproduziert oder anderweitig vervielfältigt werden.

Die in diesem Buch verwendeten Software- und Hardwarebezeichnungen, sowie Markennamen der jeweiligen Firmen unterliegen im allgemeinen den waren-, marken- oder patentrechlichen Schutz. Die verwendeten Produktbezeichnungen sind für die jeweiligen Rechteinhaber markenrechtlich geschützt und nicht frei verwendbar.

Insbesondere sind folgende Bezeichnungen eingetragene Markennamen der Firma Nintendo®: Gameboy, Gameboy Color, Gameboy Advanced.

Die Inhalte dieses Buches geben ausschließlich die Ansichten und Meinungen des Autors zum Ausdruck. Für die korrekte Ausführbarkeit der angegebenen Beispielquelltexte wird keine Garantie übernommen. Auch die Haftung für Folgeschäden, die sich aus der Anwendung der Quelltexte dieses Buches oder durch eventuelle fehlerhafte Angaben ergeben, wird keine Haftung oder juristische Verantwortung übernommen.

Vorwort
Gedanken und Ambitionen

Die Entwicklung des Computers ist seit dem Beginn seines Siegeszuges immer unaufhaltsam und rasant gewesen. Es schien immer nur einem kleinen Kreis von Leuten zu gelingen an den Neuerungen teilzuhaben, sie zu verstehen und sich ihrer zu ermächtigen, bevor sie längst wieder veraltet waren.

Seit langer Zeit hält sich die Vorstellung der ständig dem Wandel unterzogenen Wissenschaft, deren Grundsätze so komplex und weitreichend sind, dass es nicht nur äußerst mühsam und schwer ist sie zu verstehen und sich anzueignen, sondern es auch scheinbar sinnlos erscheint sie überhaupt zu erlernen.

Und es ist wirklich so, dass wohl kaum ein anderer Bereich der menschlichen Kultur so schnellen Neuerungen und Schwankungen unterliegt. Programmiersprachen scheinen sich zu ändern wie Moden und gestern gekaufte Bücher sind heute schon überholt.
Dem Neueinsteiger fällt es ohnehin schwer aus den riesigen Stapeln von Druckerzeugnissen das richtige herauszufinden und die Qualität eines Buches richtig einzuschätzen. Unterschiede werden meist nicht deutlich, lediglich die Dicke eines Werkes scheint neben der Aufmachung das Konsumverhalten der Käufer steuern zu können.

Doch wer trotz dieser vielen Undurchschaubarkeiten den Dialog mit seinem Computer sucht, wird bald die grundlegenden Prinzipien und Vorgehensweisen der Informatik erkennen und verstehen lernen. Diese Grundprinzipien bilden den Grundstein jeglicher Programmiersprache und haben sich seit Anbeginn der Computerzeit kaum und sehr überschaubar verändert. Neuerungen, insbesondere bei Programmiersprachen, werden somit schnell erkenn- und erlernbar.

Andreas Mank

INHALTSVERZEICHNIS

Vorwort

1. **Kapitel I: Überblick**
   - 1.1. Inhalt und Zielsetzung des Buches — 14
   - 1.2. Adressaten des Buches — 14
   - 1.3. Grundlagen für die Arbeit mit diesem Werk — 15

2. **Kapitel II: Einführung in die EDV**
   - 2.1. Begründung der Notwendigkeit — 18
   - 2.2. Binäre Darstellung von Zahlen — 18
   - 2.3. Bits und Bytes — 19
   - 2.4. Bitweise Operationen — 20
     - 2.4.1. Shift
     - 2.4.2. And
     - 2.4.3. Or
   - 2.5. Syntaxdiagramm — 22

3. **Kapitel III: Einführung: GBC**
   - 3.1. Einleitung — 26
   - 3.2. Technische Spezifikationen — 26
   - 3.3. Spieleprogrammierung GBTD — 27

4. **Kapitle IV: Einführung: Programmieren**
   - 4.1 Pseudocode — 34
   - 4.2 Operanden und Operatoren — 34
   - 4.3 Anweisungen und Ausdrücke — 35
     - 4.3.1 Bedingte Anweisung
     - 4.3.2 Schleifen
     - 4.3.3 Konstanten und Variablen
   - 4.4 Funktionen und Prozeduren — 41
   - 4.5 Parameterübergabe — 43

5. **Kapitel V: Einführung in C**
   - 5.1 Makefile — 46
   - 5.2 Datentypen — 48
     - 5.2.1 Ordinale Datentypen
     - 5.2.2 Reelle Zahlen
     - 5.2.3 Bereichsdatentypen

5.2.4 Aufzählungsdatentypen
5.2.5 Felder
5.3 Modularisierung und #include-Anweisung   52

6. Kapitel VI: Grafiken auf dem GBC
6.1 Grafikdateien mit dem GBTD   54
6.2 Das Anzeigen von Grafiken   62

7. Kapitel VII: Steuerung mit dem GBC   72

8. Kapitel VIII: Animationen auf dem GBC   80

9. Kapitel IX: Der GBMB - Gameboy Map Builder   88

10. Kapitel X: Hintergrund-Grafiken
10.1 Background 32x32 Tiles   102
10.2 Background 100x50 Tiles   105

11. Kapitel XI: Kollisionen   118

12. Kapitel XII: Bildschirmausrichtung   130

13. Kapitel XIII: Score and Lifes   136

14. Kapitel XIV: Dying, Ducking und Waiting   142

15. Kapitel XV: Fading   148

16. Kapitel XVI: Das Titelbild   154

Anhang I: Quellcode des Projektes   160

Anhang II: Funktionen der gb.h   230

Anhang III: Erklärungen   250

Kapitel I

1. Überblick

1.1 Inhalt und Zielsetzung des Buches
Was ist das Ziel dieses Buches?

Dieses Buch vermittelt in seiner Gesamtheit nicht den Umgang mit einer bestimmten Programmiersprache, sondern zeigt anhand von Spielen die grundlegenden Prinzipien und Algorithmen der Informatik auf. Es soll dadurch ein schneller Einstieg in unterschiedliche Programmiersprachen ermöglicht werden.

Um dies zu erreichen, werden Algorithmen systematisch entwickelt und dann syntaktisch richtig, beispielhaft in einer ausgewählten Programmiersprache ausgeführt. Dabei wird Schritt für Schritt auf die nötigen Werkzeuge eingegangen und Rahmenbedingungen genau erläutert. Zum besseren Verständnis sind am Anfang des Buches Erklärungen zur grundsätzlichen Arbeitsweise eines Computers vorzufinden. Darüber hinaus werden Hilfsmittel wie Syntaxdiagramme eingangs beschrieben, um im späteren Verlauf des Buches darauf zurückgreifend den Stoff schnell und unkompliziert beschreiben zu können.

Dieses Buch erhebt keinen Anspruch auf Vollständigkeit, ermöglicht jedoch einen detaillierten Einblick in die Vorgehensweise der Spieleprogrammierung und umreißt konzeptionelle Aspekte der Informatik.

1.2 Adressaten des Buches
Für wen ist dieses Buch?

Dieses Buch richtet sich an Programmierneulinge, die sich in den Bereich der Spieleprogrammierung einarbeiten wollen und nicht zwangsläufig über Programmierkenntnisse verfügen. Daher wird in allen Kapiteln des Buches Schritt für Schritt auf die Problematiken eingegangen und die Terminologie erläutert. Leser mit Grundkenntnissen in einer Programmiersprache werden die anfänglichen Kapitel zwar überspringen können, haben in diesen jedoch die Möglichkeit ihr Wissen abzugleichen und zu überprüfen.
Daher empfehle ich die einführenden Kapitel ebenso durchzuarbeiten, wie die folgende Einführung in die elektronische Datenverarbeitung, um das spätere Verständnis zu sichern.
Am Ende des Buches steht ein Anhang zur Verfügung, in dem wichtige Fachworte der Informatik erläutert werden. Dieser Abschnitt des Buches ist sich

jedoch nicht zwangsläufig anzueignen, wenn die Fremdwörter im Kontext erkannt werden.

1.3 Grundlagen
Was brauche ich?

Im ersten Teil des Buches werden die Programmteile in C entwickelt und später für den Gameboy-Color weiter verarbeitet. Um die Programmtexte, die in der Terminologie der Informatik Sourcecode heißen, auf den Gameboy portieren zu können, wird das Programm GBDK Verwendung finden. Die Bearbeitung und Gestaltung der Grafiken wird in diesem Buch am GBTD, dem Gameboy Tile Designer, und am GBMD, dem Gameboy Map Designer, exemplarisch vorgestellt. Diese Entwicklungsprogramme sind zum größten Teil freie Software, die zum kostenlosen Download im Internet bereitstehen und somit leicht zugänglich sind.

Generierung und Entwicklung des Sourcecodes finden in einem einfachen Texteditor statt.

Des weiteren benötigen wir einen Emulator, mit dem wir die technischen Rahmenbedingungen des Gameboy-Colors auf dem PC simulieren können und somit unsere im Rahmen dieses Buches erstellten Programme nutzen und testen können. Darüber hinaus können beschreibbare Speichermedien für den Gameboy zum Einsatz kommen, mit denen man dann die Programme direkt auf dem Gameboy testen kann.

Kapitel II

2. Einführung EDV

2.1 Begründung der Notwendigkeit
Warum EDV?

Die Frage der Notwendigkeit der Einführung in die EDV wird zweifellos von den Autoren von Büchern unterschiedlich beantwortet werden. Anders ist der Verzicht auf diese Einführung in den meisten Büchern wohl nicht zu erklären. In diesem Werk bildet dieser Abschnitt jedoch eine besonders wichtige Rolle, da es für die spätere Entwicklung unter technisch schwierigen Rahmenbedingungen, wie sie auf dem Gameboy existieren, grundlegend sind. Die Notwendigkeit und die Auswirkungen verschiedener Operationen werden erst deutlich, wenn diese Erläuterungen zumindest teilweise verstanden worden sind. Detailliertere Ausarbeitungen in diesem Bereich sind am Ende des Buches zu finden. Anmerkungen verweisen an den entsprechenden Positionen auf die weiterführenden Stellen und bieten interessierten Leser eine weitere Anzahl von Informationen.
Die mathematischen Grundlagen für diesen Abschnitt des Buches sind leicht zu verstehen und sollten nicht abschreckend wirken.
Des weiteren werden in diesem Kapitel Techniken zur Darstellung von Syntaxen vorgestellt, die in den späteren Abschnitten des Buches Verwendung finden werden. Dadurch wird das Erlernen von unterschiedlichen Programmiersprachen stark vereinfacht.

2.2 Binäre Darstellung
Was ist binär?

Die Aufgabe eines Computer besteht in der Bearbeitung von Daten in jeglicher Form, dabei kann es sich um Zahlen, Grafiken und Buchstaben handeln. So werden Farben in Farbanteile zerlegt, wie zum Beispiel Rot, Grün und Blau, Buchstaben bekommen Kennziffern, die man Ordinalzahlen nennt und selbst Operatoren wie Plus und Minus werden prinzipiell einer solchen Ordinalzahl zugeordnet. Hieraus wird die Kommunikationsweise des Computers deutlich. Letztendlich basiert jede vom Computer ausgeführte Operation auf einer Ansammlung von vielen Zahlen, die durch verschiedene Bausteine des Computers ausgewertet und verarbeitet werden. Der Transport der Zahlen findet dabei über Leitungen durch Stromfluss statt. Ausschlaggebend ist hierbei jedoch nur, ob beim Leiter eine Spannung anliegt oder nicht. Dadurch kann man zwei Zustände unterscheiden, die man mit den Ziffern Eins und Null gleichsetzen kann. Nun muss man eine Darstellungsform von Zahlen entwickeln, die nur auf diesen zwei Ziffern beruht, mit der jedoch Dezimalzahlen, also Zahlen mit 10 differierenden Ziffern, dargestellt werden können.

Nehmen wir also an, bei der zu übermittelnden Zahl handelt es sich um die 213. Diese Zahl kann nicht übermittelt werden, da sie sich nicht nur aus den Ziffern Eins und Null zusammensetzt. Zur Umwandlung zerlegen wir die Zahl in ihre unterschiedlichen Stellen und ihre Wertigkeit und erhalten somit

$$213 = 2*100 + 1*10 + 3 = 2*10*10 + 1*10 + 3 = 2*10^2 + 1*10^1 + 3*10^0$$

An dieser Darstellung der Zahl wird deutlich, dass jede Stelle ein Koeffizient einer Zehnerpotenz ist. Die Potenz* wird von rechts nach links jeweils um eins inkrementiert*, von Null ausgehend. Die Basis der Potenz hat hier die Wertigkeit zehn, daher spricht man von einer Dezimalzahl. Bei einer Zahl der binären Darstellung wird diese Basis geändert und erhält den Wert zwei. Zur Kennzeichnung einer Binärzahl* wird die Basis als Indize an die Zahl angehängt. Berechnen wir also die Dezimalzahl aus einer Binärzahl*, die wie oben gesehen nur aus den Ziffern Null und Eins bestehen kann, wenden wir folgende Vorgehensweise an. Ausgehend von der Zahl 11010101_2 entwickeln wir so

$$11010101_2 = 1*2^7 + 1*2^6 + 0*2^5 + 1*2^4 + 0*2^3 + 1*2^2 + 0*2^1 + 1*2^0$$
$$11010101_2 = 128 + 64 + 16 + 4 + 1 = 213_{10}$$

Entsteht also die Notwendigkeit der Übermittlung der Dezimalzahl 213 über einen Leiter mit lediglich den Zuständen Null und Eins, repräsentiert die Binärzahl 11010101_2 gerade diese Wertigkeit.

2.3 Bits und Bytes
Was sind Bits?

Bits* (Abk. für engl. **bi**nary dig**it**) werden in der Informatik als kleinste darstellbare Einheit in der binären Zahlendarstellung definiert. Ein Bit kann also, wie oben entwickelt, die Werte binär Null und Eins annehmen. Werden acht Bits zu einer Einheit zusammengefasst spricht man in der Terminologie von einem Byte. Weitere grundlegende Zusammenfassungen sind in der folgenden Tabelle zusammengestellt.

Kapitel II: Einführung in die EDV

Bit	
Tetrade	4 Bit
Byte	8 Bit
KiloByte	2^{10} Bit
MegaByte	2^{20} Bit
GigaByte	2^{30} Bit

Die Binärzahl 11111111_2 belegt somit ein Byte. Diese Zahl kann nun in der Informatik in verschiedenster Weise interpretiert werden, wie oben bereits in Zusammenhang gesetzt wurde.

In einer 24Bit RGB* Farbdarstellung gibt jeweils 1 Byte die Sättigung der entsprechenden Farbe an, wobei RGB die Initialen für Rot, Grün und Blau sind. Sind in dieser Farbdarstellung alle 24 Bit auf den Wert Null gesetzt, so wird der Wert nach der adaptiven Farbmischung als Schwarz interpretiert. Da jeder der Farbkanäle durch ein Byte beschrieben wird, ist der höchstmögliche Wert pro Kanal in der Binärdarstellung was 11111111_2 dem Wert 255_{10} entspricht. Sind alle Kanäle auf diesen Wert gesetzt so wird der Zustand Weiß beschrieben. Jedem Pixel wird bei diesem Verfahren auf diese Art und Weise eine Farbe zugeordnet.

In vielen Fällen wird ein weiterer 8Bit Farbkanal hinzugefügt. Dieser vierte Kanal, der Alpha-Kanal*, dient nicht der Ausweitung der Mischfarben, sonder gibt die Transparenz des Punktes durch einen Zahlenwert an. Dadurch können opaque und unsichtbare Flächen oder Geometrien realisiert werden.

2.4 Bit-Operationen
Shiften

Die Wirkungsweise einer Bit Operation bezieht sich im Allgemeinen lediglich auf die Bitfolge als solches und nicht auf den logischen Inhalt der Struktur. Eine Bit Operation ist somit formal festgelegt und als kontextsensitiv zu bezeichnen. Der Einsatzbereich ist vielfältig.

Die einfachste der in diesen Kapiteln besprochenen Operation, heißt in der Fachsprache der Informatik Shiften*. Hierbei ist zu unterscheiden in welche Richtung die Operation ausgeführt werden soll, links oder rechts.

Kapitel II: Einführung in die EDV

Das Shiften beschreibt eine Verschiebung der einzelnen Bits im Wirkungsbereich in die angegebene Richtung, wobei von der Arbeitsplattform abhängig entstehende Leerstellen mit Bits der Wertigkeit Eins oder Null aufgefüllt werden. Betrachtet man die Bitfolge als Zahlenwert des binären Systems, so entspricht das Shiften nach links einer Multiplikation mit der Zahlenbasis, hier zwei, nach rechts analog einer Division.

Aus der binären Zahl 00011000_2 entsteht nach der Shift-Operation nach links, dem oben erläuterten Schema entsprechend, 00110000_2 wenn von der Annahme ausgegangen wird, das Leerstellen mit der Ziffer Null aufgefüllt werden.

Eine Anwendung dieser Operation werden wir später kennenlernen.

AND/OR*

Die weiteren hier behandelten Operationen stammen aus dem Bereich der booleschen Algebra. Das bedeutet es werden Zusammenhänge und Kombinationen der Werte TRUE und FALSE gebildet. Grundlage sind hierbei nicht die mathematischen Operatoren, sondern spezielle Operatoren dieses Fachbereiches. Erläutert werden diese anhand der sogenannten Aussagenlogik. In der Aussagenlogik werden Formulierungen zu wahr oder falsch ausgewertet. So wird die Aussage „Bäume sind grün" nachvollziehbar zu TRUE ausgewertet, genauso wie die Formulierung „Bäume haben Wurzeln". Werden diese Aussagen miteinander zu „Bäume sind grün und haben Wurzeln" verknüpft, ergibt sich als Ergebnis ebenfalls eine wahre Aussage. Ist jedoch eine der Aussagen mit FALSE auswertbar, so ist die Wertigkeit der gesamten Formulierung zu FALSE.
Anschaulich kann dieses am Beispiel einer Wette beschrieben werden. Als Grundlage dient hier die Wette „Wenn die Ampel grün leuchtet und kein Fußgänger auf der Straße ist, fahre ich mit Vollgas über die Straße." Erweist sich der Zustand der Ampel tatsächlich als grün und die Straße, die überquert werden soll als menschenleer, so wird das befahren der Straße mit dem Auto folgen. Ist jedoch die Ampel rot oder befindet sich eine Person auf der Kreuzung oder trifft sogar beides zu, so wird das Auto an der momentanen Stelle verweilen. Dieses anschauliche Bild entspricht der boolschen Operation AND.

Analog zu dieser Darstellung zeigt sich die Funktionsweise des boolschen OR. Die auszuwertenden Aussage ist nun „Wenn die Ampel grün leuchtet oder kein Fußgänger auf der Straße ist, fahre ich mit Vollgas über die Straße." Sobald ein Teil dieser kombinierten Aussage, oder gar beide als TRUE ausgewertet werden, ist das Resultat ebenfalls TRUE.

Die folgende Tabelle stellt diese Sachverhalte nochmals in verkürzter Form da und führt noch weitere boolsche Operatoren auf, die im späteren Zusammenhang noch auftreten werden.

A	B	A *AND* B	A *OR* B	A *XOR* B
TRUE	TRUE	TRUE	TRUE	FALSE
TRUE	FALSE	FALSE	TRUE	TRUE
FALSE	TRUE	FALSE	TRUE	TURE
FALSE	FALSE	FALSE	FALSE	FALSE

Bei den Bitoperationen wird der Zahlenwert Null als FALSE und Eins als TRUE interpretiert. Die Operatoren werden dabei bitweise auf die Operanden angewendet.

$$\begin{array}{ccc} AND & OR & XOR \\ 01001011_2 & 01001011_2 & 01001011_2 \\ 10000101_2 & 10000101_2 & 10000101_2 \\ \hline 00000001_2 & 11001111_2 & 11001110_2 \end{array}$$

2.5 Syntaxdiagramm*
Aufbau von Sprachen

Eine Programmiersprache besteht aus einer Menge von Zeichen, Symbolen* und Regeln, welche zu größeren Einheiten zusammengefasst werden. In welcher Art und Weise diese Elemente benutzt und kombiniert werden können, um vom Compiler* analysiert zu werden, beschreibt die Syntax einer Programmiersprache. Dabei muss diese zu jedem Zeitpunkt absolut korrekt eingehalten werden. Damit kommt dem syntaktisch korrekten Aufbau in einer Programmiersprache eine größere Bedeutung zu, als bei der natürlichen Sprache zwischen menschlichen Kommunikationsteilnehmern.

Syntaxdiagramme beschreiben die Syntax einer Programmiersprache formal unter Nutzung von grafischen Darstellungsformen. Unterschieden werden hierbei terminale, nichtterminale Symbole und Syntaxregeln. Terminale* Symbole sind syntaktische Einheiten, die direkt in den Zeichenfolgen einer Sprache auftreten und somit nicht durch weitere Regeln abgeleitet werden müssen. Nichtterminale* Symbole hingegen sind Zeichen oder Zeichenfolgen, welche sich aus weiteren nichtterminalen oder terminalen Symbolen zusammensetzen. Syntaxregeln beschreiben die Vorgehensweise bei dieser Zerlegung.

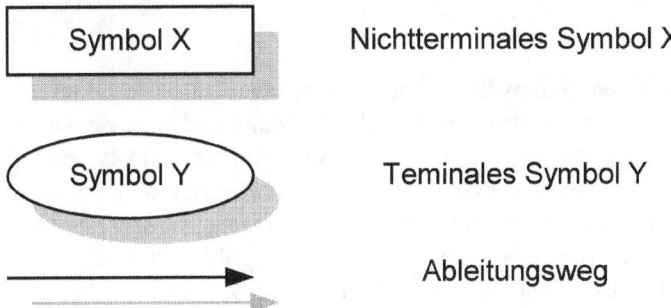

Beim Lesen eines Syntaxdiagramms bewegt man sich den Ableitunsgwegen in Pfeilrichtung entlang. Jede mögliche Bewegung ergibt eine syntaktisch korrekte Schreibweise. Dabei werden nichtterminale durch terminale Symbole ersetzt. Symbole können nur ausgelassen werden, wenn ein Ableitungsweg an ihnen vorbeiführt.

Im folgende wird als Beispiel die Syntax einer Adresse als Syntaxdiagramm angegeben und aus diesem Diagramm systematisch eine syntaktisch korrekte Adresse entwickelt.

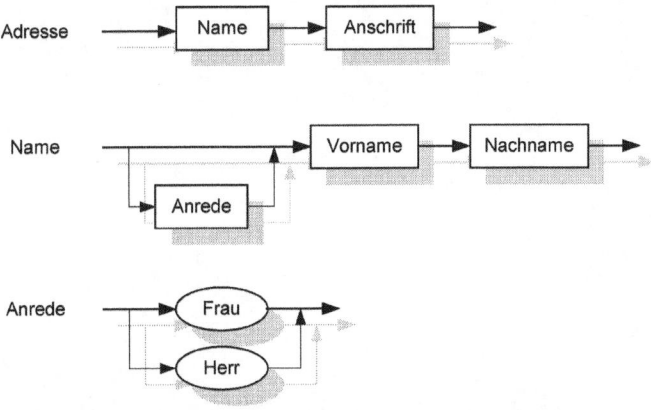

Kapitel II: Einführung in die EDV

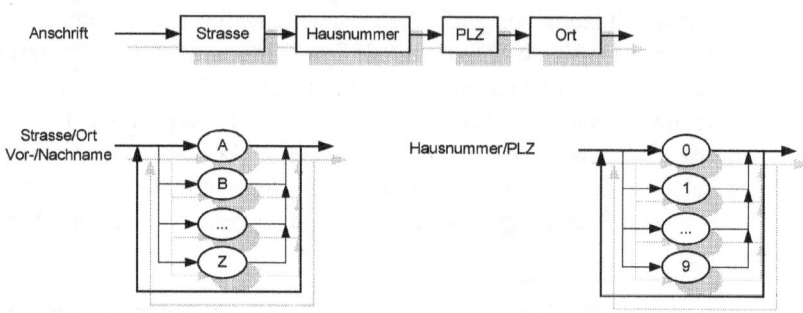

Wie dem Syntaxdiagramm zu entnehmen ist, besteht eine Adresse aus den beiden nichtterminalen Symbolen Name und Adresse. Da es sich hierbei, wie angegeben, um nichtterminale Symbole handelt, werden diese durch weitere Regeln abgeleitet. Ein Name setzt sich optional aus einer Anrede, einem Vornamen und einem Nachnamen zusammen. Als Anrede ist entweder das Wort Herr oder der Begriff Frau gültig, die beide terminale Symbole sind, also nicht weiter ersetzt werden. Der Vorname kann, genauso wie der Nachname, aus einer beliebigen Anzahl von Buchstaben bestehen. Die Adresse setzt sich aus einer Strasse, einer Hausnummer, einer PLZ und einem Ort zusammen. Wie den Syntaxdiagrammen zu entnehmen ist, können diese nichtterminalen Symbole aus einer Buchstabenfolge bei Strasse und Ort, aus einer Zahlenfolge bei PLZ und Hausnummer bestehen. Damit ist die Syntax einer Adresse genau beschrieben.

Kapitel III

3. Einführung Gameboy
3.1 Einführung
Warum Gameboy Programmierung?

Die Wahl des Gameboys als Plattform zur Entwicklung von Spielen scheint im ersten Moment als wenig nachvollziehbar und die Gründe stellen sich nicht direkt als offensichtlich dar. Dennoch wurde für dieses Buch der Gameboy von Nintendo für die exemplarische Spieleentwicklung gewählt, da durch die hohen Beschränkungen und Rahmenbedingungen, die aus der niedrigen Geschwindigkeit und den geringen Ressourcen resoltieren, die Spiele von der Struktur und der Programmierung vergleichsweise trivial und unkomplex sind.

Einschränkungen findet diese Aussage an einigen wenigen Stellen, die sich mit der Verwaltung und direkten Nutzung dieser beschränkten Ressourcen befasst. Dieses diktiert einen vergleichsweise sauberen und durchdachten Programmierstil, der zu jedem Zeitpunkt zwischen Nutzen, Einfachheit der Programmierung und Geschwindigkeitsverlust abwägen muss. Dadurch wird das strukturierte Entwickeln von Algorithmen* und Sourcecodes* vermittelt.

Die Entscheidung wurde des weiteren durch die kostenfreie Entwicklungssoftware beeinflusst, die einen schnellen und unkomplizierten Einstieg in die Materie ermöglicht. Des weiteren erlaubt der hier genutzte Compiler die Programmierung in C, eine Programmiersprache, die in den meisten Bereichen der Spieleerstellung eingesetzt wird. Der Sourcecode kann in einem herkömmlichen Text-Editor bearbeitet werden und bedarf keines weiteren Softwarepaketes. Ansätze und Algorithmen, die in diesem Buch im Zusammenhang mit dem Gameboy entwickelt werden, lassen sich prinzipiell auf andere Systeme übertragen und schaffen somit grundlegendes Wissen für spätere Projekte auf anderen Systemen.

3.2 Technische Rahmenbedingungen
Was leistet der Gameboy Color?

CPU*:	8-Bit
Haupt-RAM*:	videocRam 8 Kb
Taktgebergeschwindigkeit*:	4,194304 MHz
	(4,194/8,388MHz GBC)
Bildumfang:	67mm (2,6")
Zerlegung:	160x144 Pixel (20x18 Tiles)

Synchronisierung horizontal:	9198 KHz
Synchronisierung vertikal:	59,73 Hz
Maximum # von Sprites:	40
Maximum # Sprites/Linie:	10
Minimale Spritegröße:	8x16 Pixel
Maximale Spritegröße:	16x16 Pixel
Ton:	4 Kanäle mit Stereoton
Energie:	2x LR6 (AA)

3.3 Spieleentwicklung
Grafiken auf dem Gameboy Color

Der Ausgangspunkt vieler anderer Bücher zur Programmierung sind unterschiedlichste mathematische Funktionen und Besprechungen, bevor mit der eigentlichen Darstellung von Grafiken und Pixeln* auf dem Display fortgefahren wird. Da sich dieses Buch speziell auf die Entwicklung von Spielen bezieht, steht das Anzeigen von Grafiken und Animationen im Vordergrund. Funktionen und Notationen* werden in späteren Kapiteln eingeführt und detailliert erklärt. An dieser Stelle des Buches wird die Verarbeitungsweise von Grafiken durch den Gameboy erklärt genauso wie die Erstellung von Sprites* mit dem GBTD. Hierzu werden einige Screenshots abgedruckt sein, die das besprochene verdeutlichen und nachvollziehbar gestalten sollen.

Der Gameboy Color arbeitet mit drei verschiedenen Layern*, dem Hintergrund, dem Window und den Sprites*, die in einem Tileformat (Tile*) abgelegt werden. Die Tiles werden in einer Liste mit einer Elementgröße von 8x8 Pixeln in den Speicher (ROM*) abgelegt. Jedes dieser Tiles hat eine stark beschränkte Anzahl von Farben, die es nutzen darf. So darf jedem der 64 Pixel eines Tiles nur ein von vier Farbwerten zugewiesen werden. Welche Farbwerte wird für jedes Tile seperat entschieden und kann somit von Tile zu Tile unterschiedlich sein.

Der original Gameboy Color verfügt über ein Display mit einer Auflösung von 160x144 was bei einer Tilegröße von 64 Pixeln 360 Tiles entspricht.

Diese Anzahl ist grösser als die Menge von Tiles, welche von dem Gameboy Color zu einem Zeitpunkt in den Speicherbereich des Hintergrundes oder des Windows geladen werden kann. Praktisch bedeutet dies eine Einschränkung mit der Konsequenz, dass entweder Tiles in dem Hintergrund wieder- oder andere Wege zur Umgehung dieses Problems entwickelt werden müssen. Auf jene Problematik wird an anderer Stelle ausführlicher eingegeangen.

Die Anzahl der Tiles für die Darstellung von Sprites ist auf 40 beschränkt. Dieses wird im allgemeinen als einer der größten Nachteile des Gameboy Colors aufgenommen, resultiert jedoch direkt aus der Abwärtskompatibilität* zu dem vorherigen Gameboy mit dem farblosen Display. Des weiteren ist das Anzeigen von Tiles auf einer vertikalen und horizontalen Linie auf dem Gameboy auf eine Anzahl von zehn beschränkt.

Der Gameboy Color kann punktuell 56 verschiedene Farben anzeigen, davon 32 für den Hintergrund und 24 für die Sprites. Diese Farbwerte werden in Gruppierungen von 8 Farbtönen zu sogenannten Farbpaletten zusammengefasst, welche die wichtigsten Rahmenbedingungen im grafischen Zusammenhang darstellen.

3.4 Erstellung von Tiles
Was macht der GBTD?

Der GBTD von Harry Mulder stellt wohl das beste Programm zum Erstellen von Tiles dar. Hier werden die grundlegenden Einstellungen und Nutzungsweisen des Programms beschrieben, um Sprites zu erstellen, die wir später zur Umsetzung gebrauchen werden.

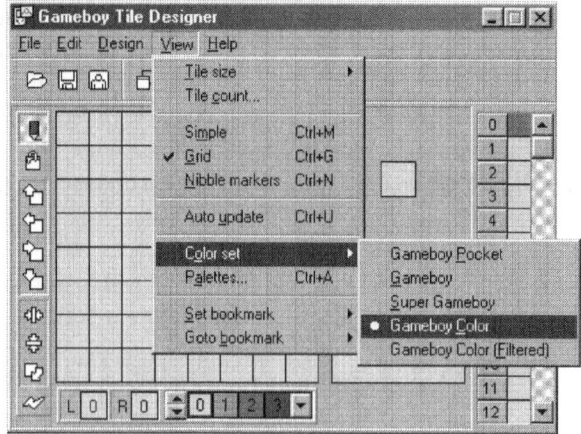

Abb. 3.1 GBTD View

Kapitel III: Einführung Gameboy

Zum Start der Software sind die Standarteinstellungen für den B&W Gameboy aktiviert. Diese werden durch das Menü „*View/Color Set/Gameboy Color*" für den Gameboy Color angepasst und ermöglichen das Beginnen.

Abb. 3.2 GBTD Farbpaletten

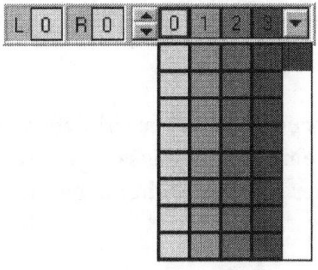

Im unteren Bereich der Oberfläche sind die momentan ausgewählten Farben und Paletten sichtbar. Diese können im Menüpunkt „View/Pallets" den Bedürfnissen angepasst werden. Eine der 32.768 Farben wird durch das Klicken in der Farbbox ausgewählt und erscheint nun in der Palettenansicht. Bei Sprites wird die Farbe, die sich in einer Palette an der Stelle Null befindet, später als transparent interpretiert. Damit sinkt die Anzahl der realen Farben in einem Tile auf drei und unterliegt einer weiteren Beschränkung.

Die Software unterstützt nur eine Tilegröße von 8x8 Pixel, dadurch müssen Sprites* mit größerem Ausmaß in kleinere Teile zerlegt werden. Die einzelnen Teile werden unter Verwendung des GBDT erstellt und später bei der Programmierung positioniert und aneinander gefügt. Dabei muss jedoch die maximale Anzahl der Sprites auf dem gesamten Bildschirm und auf einer horizontalen Linie berücksichtigt werden und die vorgeschriebene Menge an Farben in einem Tile beachtet werden, wobei bei dem links abgebildeten Sprite der Zustand Weiß die transparenten Bereiche markiert.

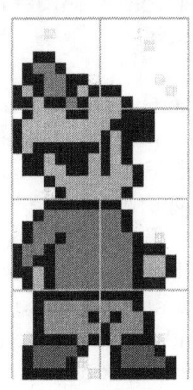

Um eine größere Anzahl von Sprites auf dem Gameboy Color anzeigen zu können, nutzen Entwickler das Verfahren des Interlacing, welches im Fernsehen genutzt wird. Bei diesem Verfahren wird nur jede zweite Zeile eines Sprites auf dem Bildschirm angezeigt und die Zwischenräume mit dem Muster und Farben des Hintergrundes aufgefüllt. Als nächstes werden die bisher nicht genutzten Zeilen an eine anderen Stelle des Gameboy Displays dargestellt. Dieser Wechsel geschieht mit einer Geschwindigkeit von 60Hz, also 60 mal in einer Sekunde. Durch die Trägheit des menschlichen Auges entsteht beim Betrachter der Eindruck, als würden zwei Figuren gleichzeitig auf dem Bildschirm erscheinen.

Abb. 3.3 Grafik in Tiles

Kapitel III: Einführung Gameboy

 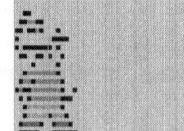 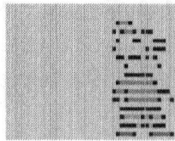 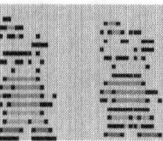

Abb. 3.4 Interlacing

Diese Methode wird jedoch aufgrund der geringeren Auflösung* eines Sprites nur in wenigen, ausgewählten Fällen genutzt.

Um eine Animation*, wie das Laufen einer Figur zu verwirklichen, werden nacheinander verschiedene Einzelbilder eines Bewegungsablaufs abgespielt. Zur Verdeutlichung und als Vorlage einer solchen Bildreihe wurde die folgende Abbildung ausgewählt.

Abb. 3.5 Animation-Sprites

Das erste Element zeigt den Actor in stehendem Zustand, das darauf folgende zeigt die Vorderansicht. Nach den Einzelbildern der Laufbewegung, wird das Abspringen und Fallen der Figur dargestellt. Das fünfzehnte bis einundzwanzigste Einzelbild zeigt die Animationsfolge des Sterbevorganges, wohingegen danach das Ducken und das Wirken eines Heiltrankes illustriert ist. Die darauffolgenden Gegenstände, wie Ring, Geldhaufen und Schlüssel werden in den späteren Spielverlauf eingebaut.

Die Bilder wurden unter Verwendung einer einfachen Malsoftware erstellt und darauf mit dem ID Quantizer von Peter Havelaar von einem JPG Format in ein vom GBTD unterstütztes Format umgewandelt.

Wurden die Tiles nach eigenen Vorstellungen erstellt und bearbeitet wird das Projekt im *.gbr Format gesichert, bevor die Bilddaten exportiert werden. Die nötigen Einstellungen werden direkt im Dialog „File/Export to..." modifiziert. In dem Eingabefeld mit dem Führungstext „Type" muss die Option „GBDK C file (*.c)" selektiert sein, eben jenes Format für die Software, die wir zu einem späteren Zeitpunkt zum Programmieren benutzen werden. Des weiteren ist die Auswahl des „Gameboy 4 Color" Formates genauso zwingend wie die Aktivierung des „Export tiles as one unit" Feldes. In den Eingabefeldern „From" und „To" werden die Ziffern des ersten und letzten Tiles des Projektes eingetragen. Damit sind die Einstellungen im Standardformular abgeschlossen.

Kapitel III: Einführung Gameboy

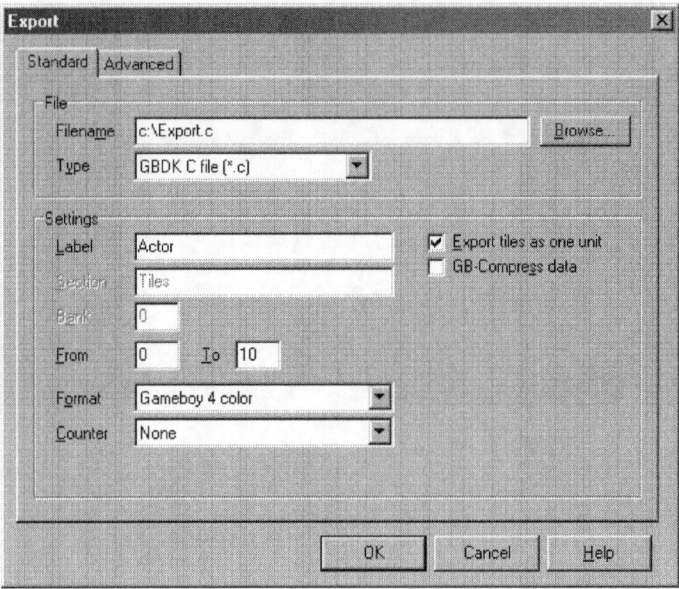

Abb 3.6 GBTD Export

Im weiterführenden Formular mit dem Namen „Advanced" wird die Option „Include palette colors" selektiert und die „CGB palettes" auf einen Wert von „4Bits per entry" eingestellt. Durch diese Einstellungen exportieren wir die Werte der erstellten Farbpaletten* und legen den Speicherbereich für die Farbeinträge fest.

Kapitel IV

4. Einführung Programmieren
4.1 Entwicklung des Pseudocodes
Was ist Pseudocode?

Als Pseudocode bezeichnet man im Allgemeinen entwickelte Programmabschnitte, die die Algorithmen sinngemäß beschreiben, jedoch keine syntaktischen Regeln befolgen. Diese Art des Codes wird zum Entwickeln der Algorithmen genutzt und wird nachträglich schrittweise verfeinert und der Syntax angepasst. Durch diese Vorgehensweise werden Ideen zum Lösen einer Problemstellung schnell festgehalten und ermöglichen einen ersten Überblick über die Aufgabenstellung sowie ihren Umfang.

In diesem Abschnitt wird die Grundstruktur eines Spiels entwickelt und dabei grundlegende Funktionalitäten und Vorgehensweisen erklärt. In den späteren Kapiteln werden diese fortgeführt und in C umgesetzt.
Kommentare, welche zur Verständlichkeit des Quelltextes eingefügt und nicht vom Compiler berücksichtigt werde sollen, werden durch /* ... */ gekennzeichnet.

4.2 Operanden und Operatoren

Ein Operator ist ein Identifikator einer Operation, die ausgeführt werden soll. Unterschieden wird hinsichtlich arithmetischer, logischer und relationaler Operatoren. Die beteiligten Elemente bezweichnet man als Operand. Die Operation beschreibt einen elemantaren Arbeitsschritt und bestimmt somit die Wirkungsweise und beeinflusst das Ergebnis. Die arithmetischen und vergleichenden Operatoren sind weitestgehend aus der Mathematik bekannt. Den folgenden Tabellen können die verschiedenen Gruppen von Operatoren mit ihren Wirkungsweisen entnommen werden.

Arithmetische Operatoren in C

Operator	Operation
+	*Addition*
-	*Subtraktion*
*	*Multiplikation*
/	*Division/Ganzzahlige Division, je nach Kontext*
%	*Rest einer ganzzahligen Division*

Logische(boolsche) Operatoren

Operator	Operation
not	Verneinung/Umkehrung
and	
or	
xor	Antivalenz

Relationale(vergleichende) Operatoren in C

Operator	Operation
==	gleich
!=	ungleich
>	größer
<	kleiner
>=	größer gleich
<=	kleiner gleich

4.3 Anweisungen und Ausdrücke

Ausdrücke und Anweisungen gehören zu den Grundelementen einer Programmiersprache, mit denen Algorithmen entwickelt und dargestellt werden.

Ein Ausdruck besteht aus Operanden und Operatoren, die miteinander verknüpft und kombiniert werden. Nach der Auswertung eines Ausdrucks ergibt sich ein Ergebniswert, der bei arithmetischen Zahlenwerten und bei logischen Ausdrücken entweder den Wert TRUE oder FALSE zurückliefert. Als Beispiel für einen arithmetischen Ausdruck sei an dieser Stelle die Zeichenfolge 3+5*x+2 genannt. Sie entspricht bei x=5 dem Wert 30. Als logischen Ausdruck hingegen bezeichnet man folgende Verknüpfung von Operatoren und Operanden, da sie sich zu TRUE auswerten läßt.

$2*x-10 == 0$ ergibt bei $x == 5$ somit $0 == 0$, also TRUE.

Ausdrücke werden somit genutzt, um mathematische Probleme zu lösen, oder Aktionen in Abhängikeiten auszuführen.

So kann eine Bedingung zum Ausführen einer bestimmten Tätigkeit des Computer, das Auswerten des oben genannten logischen Ausdruckes zu 3+5*x+2 TRUE sein. So eine Aktion oder Tätigkeit kann eine Anweisung sein. Anweisungen sind Teile eines Programms, welche dessen Zustand verändern und dienen somit zur Verarbeitung von Daten in jeglicher Form und werden grundsätzlich sequenziell, also in textueller Reihenfolge abgearbeitet.

4.3.1 Bedingte Anweisung

Die wohl am häufigsten benutzte Anweisung in der Informatik ist die bedingte Anweisung. Sie führt eine Aktion aus, wenn ein bestimmter Zustand erreicht ist. Ist dies nicht der Fall, so kann entweder eine andere Aktion ausgeführt werden oder es wird auf jegliche Zustandsänderung verzichtet. Eine bedingte Anweisung besteht somit aus einer Bedingung, einem Teil, der ausgeführt wird, wenn sich die Bedingung zu TRUE ergibt und optional aus einem Teil, der bei einer Auswertung von FALSE abgearbeitet wird.

Im Pseudocode beschreiben wir eine solche Anweisung mit

```
wenn ... dann ... ansonsten
```

In einem Spiel, wie es im Folgenden entwickelt werden soll, wird eine Abfrage des Zustandes des Joypads des Gameboy Colors benötigt, da die Aktionen der Figur im Spiel durch den Druck der Tasten gesteuert wird. Einem Aktivieren der Steuertaste in Rechtsrichtung soll die Bewegungsrichtung der Spielfigur festlegen. Als Pseudocode* wird dieses wie folgt formuliert.

```
wenn die Steuertaste nach rechts gedrückt wird,
    bewegt sich die Spielfigur nach rechts.
```

Das Drücken der Steuertaste nach rechts stellt in diesem Zusammenhang die Bedingung dar, die zu TRUE ausgewertet werden muss, um die Anweisung des Bewegens auzulösen. Diese Bedingungen werden nun für die jeweilig möglichen Richtungen definiert.

```
wenn die Steuertaste nach rechts gedrückt wird,
    dann bewegt sich die Spielfigur nach rechts.
```

```
wenn die Steuertaste nach links gedrückt wird,
    dann bewegt sich die Spielfigur nach links.
```

4.3.2 Schleifen

Wie bereits erwähnt wurde, werden Programmtexte sequenziell, also nacheinander, ausgeführt. Dieses hat in unserem Fall zur Folge, daß nur einmal geprüft wird, ob das Steuerkreuz in die entsprechende Richtung zeigt. Ist eine dieser Bedingungen wahr, so wird die Spielfigur in die entsprechende Richtung bewegt. Danach endet das Programm, da keine weiteren Anweisungen oder Ausdrücke folgen. Die eigentliche Absicht ist jedoch, daß diese Prüfung die gesamte Laufzeit*, also jene Zeit die das Spiel gestartet ist, durchgeführt wird. Eine solche Anweisung wird in der Informatik als Schleife* bezeichnet und kann umgangssprachlich wie folgt formuliert werden.

```
solange das Spiel läuft, führe das folgende aus
    /* Schleifenrumpf */
    wenn die Steuertaste nach rechts gedrückt wird,
        dann bewegt sich die Spielfigur nach rechts.
    wenn die Steuertaste nach links gedrückt wird,
        dann bewegt sich die Spielfigur nach links.
    /* Ende Schleifenrumpf */
```

In diesem dargestellten Fall findet die Prüfung, ob das Spiel ausgeführt wird am Anfang der Schleife statt. Daraus resultiert, daß der Inhalt der Schleife, man spricht hier von dem sogenannten Schleifenrumpf, nicht zwangsläuft ausgeführt werden muss. Wird die Bedingung bereits beim ersten Programmdurchlauf nicht erfüllt, springt das Programm zum Programmende. Diese Art der Schleifen sind Anweisungen mit einer Eintrittsbedingung*.

Eine weiter Schleifen-Anweisung arbeitet mit einer Austrittsbedingung*. Die Auswertung der Bedingung wird am Ende des Schleifenrumpfes durchgeführt und steuert die weitere Verarbeitung.

```
    /* Schleifenrumpf */
    wenn die Steuertaste nach rechts gedrückt wird,
        dann bewegt sich die Spielfigur nach rechts.
    wenn die Steuertaste nach links gedrückt wird,
        dann bewegt sich die Spielfigur nach links.
    /* Ende Schleifenrumpf */
führe den Schleifenrumpf aus, bis das Spiel endet.
```

Anhand des Pseudocodes läßt sich nun erkennen, daß die Bedingungen in den verschiedenen Schleifentypen genau negiert formuliert sind. In dem ersten Fall soll der Schleifenrumpf gerade solange ausgeführt werden, wie das Spiel läuft, in dem zweiten jedoch abgebrochen werden, sobald das Spiel endet. Somit wird einmal geprüft, ob der Status des Spiels dem Spielende entspricht und einmal, ob es sich noch im Spielverlauf befindet.

Eine weiter Möglichkeit der Schleifenformulierung kann eingesetzt werden, wenn die Anzahl der nötigen Rumpfdurchläufe bekannt ist. Dabei wird bei jedem Durchlaufen des Schleifenrumpfes ein Zähler erhöht oder verringert und dann anhand dieser Zahl überprüft, ob die Schleife sooft ausgeführt wurde, wie festgelegt. Diese Art der Schleifenformulierung kann jedoch durch die bereits besprochenden Schleifen-Anweisungen erzeugt werden, ist dann jedoch länger und komplizierter.

Wird eine Schleifen mit Abbruchsbedingung so formuliert, daß sie zu keinem Zeitpunkt des Programmes zu TRUE ausgewertet werden kann, so verläßt das Programm den Schleifenrumpf nicht. Wird nun von der Annahme ausgegangen, daß man in dem Schleifenrumpf den Rechner anweist einen Wert um fünf zu erhöhen, wird er jenes bis in alle Unendlichkeit ausführen. Nachfolgende Programmteile werden niemals erreicht und ausgeführt. In dem eben beschrieben Fall wird die errechnete Zahl also nicht ausgegeben, das Programm ist somit sinnlos und erfüllt keinen Zweck.

Zusammenfassend läßt sich also darauf hinweisen, daß besonders bei der Entwicklung von Bedingungen einer Schleife darauf zu achten ist, daß sie das Terminieren des Programmsbschnittes zulassen.

4.3.3 Konstanten und Variablen

In dem bisher entwickelten Programmabschnitt weisen wir den Computer an die Spielfigur entsprechend der gedrückten Taste zu Bewegen. Das bedeutet die Position des Männchens auf dem Bildschirm wird verändert. Dazu muss jedoch der Standpunkt der Figur zu Spielbeginn festgelegt werden, um dann die Koordinaten der Spielfigur zu modifizieren. Je nachdem in welche Richtung das Männchen auf dem Bildschirm bewegt wird, erhöht oder verringert sich die X- oder Y-Koordinate. In welcher Weise dieses geschieht ist der folgenden Abbildung zu entnehmen.

Kapitel IV: Einführung Programmieren

Abb.4.1 Koordinaten

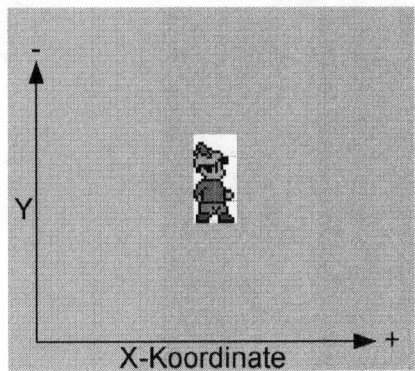

Zur Laufzeit eines Programmes werden Werte, wie die Koordinaten der Spielfigur, in Speicherzellen des Arbeitsspeichers abgelegt. Will man auf diesen Speicherplatz zugreifen, also den Wert auslesen, so muss man die Stelle, an der dieser Wert steht, kennen. Jede dieser Speicherzellen* hat eine Erkennungsnummer, die als Adresse* bezeichnet wird. Um diese Vorgehensweise zu vereinfachen, können Speicherbereichen Namen gegeben werden und die Werte dann duch Aufruf dieser Namen ausgelesen werden. Soll der Wert einer Speicherzelle während des Programmablaufes nicht geändert werden so spricht man von einer Konstanten, andernfalls verwendet man eine sogenannte Variable. Dieser können im Gegensatz zu den Konstanten Werte zugewiesen werden.

Zu jeder Konstante und Variable muss festgelegt werden, welche möglichen Werte sie besitzen können. Man spricht hier von einem Datentyp*. Jeder Datentyp besteht aus einer unterschiedlichen Menge von Zahlen oder Zeichen. Neben den bereits definierten Datentypen können weitere von dem Programmierer selbst definiert werden.

In unserem Fall möchten wir nun die Koordinaten der Spielfigur festlegen. Dazu wird eine Variable für die X-Koordinate und eine für die Y-Koordinate benötigt, da sich die Werte voneinander unabhängig verändern. Die Namen legen wir mit xpos und ypos fest. Dieses tun wir in der sogenannten Deklaration, in der wir auch den Datentypen festlegen. In diesem Fall beschreiben wir den Datentypen vorerst einfach als Zahl.

```
/* Deklaration */
Zahl xpos;
Zahl ypos;
/* Deklarationsende */
```

Kapitel IV: Einführung Programmieren

Nun legen wir die Startposition der Spielfigur fest, indem den Variablen Werte zugewiesen werden. Man beschreibt diesen Vorgang als Zuweisung.

```
/* Deklaration */
Zahl xpos;
Zahl ypos;
/* Deklarationsende */

/* Zuweisung */
xpos = 100;
ypos = 100;
/* Ende Zuweisung */

solange das Spiel läuft, führe das folgende aus
    /* Schleifenrumpf */
    wenn die Steuertaste nach rechts gedrückt wird,
        dann bewegt sich die Spielfigur nach rechts.
    wenn die Steuertaste nach links gedrückt wird,
        dann bewegt sich die Spielfigur nach links.
    /* Ende Schleifenrumpf */
```

Im nächsten Schritt werden die Variablen in die bedingten Anweisungen eingebunden. Die Koordinate der Spielfigur wird je nach Bewegungsrichtung erhöht oder verringert und dann wieder hinterlegt.

```
/* Deklaration */
Zahl xpos;
Zahl ypos;
/* Deklarationsende */

/* Zuweisung */
xpos = 100;
ypos = 100;
/* Ende Zuweisung */

solange das Spiel läuft, führe das folgende aus
    /* Schleifenrumpf */
    wenn die Steuertaste nach rechts gedrückt wird,
        dann xpos = xpos + 5.
    wenn die Steuertaste nach links gedrückt wird,
        dann xpos = xpos - 5.
    /* Ende Schleifenrumpf */
```

> Jeder Variablen und Konstanten muß bevor sie ausgelesen wird ein Wert zugewiesen werden, da der Wert ansonsten beliebig sein kann. Wird eine Variable oder Konstante erzeugt, wird eine Speicherzelle für diesen Zweck bereitgestellt. Dieser Bereich wird jedoch vor der Benutzung nicht gelöscht, sondern enthält zufällige Werte, die von anderen Anwendungen dort hineingeschrieben wurden.

4.4 Prozeduren und Funktionen

Prozeduren erreichen durch Modularisierung, Zerlegung und Strukturieren neben einer verbesserten Programmübersicht einen geringeren Codeumfang durch Mehrfachnutzung. Jede Programmiersprache besitzt eine eigenes Schema zur Definition von Prozeduren, sie bestehten jedoch immer aus einem Namen, einem Deklarationsteil und einem Anweisungsteil, in dem eine Folge von Deklarationen, Anweisungen und Ausdrücken steht. Wird der Name einer Prozedur in dem Programmcode aufgerufen, so wird der Deklarationsteil ausgeführt. In einem Programm kann eine Prozedur beliebig oft ausgeführt werden, muß jedoch vor ihrer Verwendung deklariert werden.

Werden Variablen oder Konstanten in einer im Deklarationsteil einer Prozedur deklariert, so können sie nur in dieser benutzt werden. Man bezeichnet sie als lokale Variablen und Konstanten, im Gegensatz zu den globalen, die an jeder Stelle des Programmcodes aufgerufen werden können. Damit dieses ermöglich wird, belegen sie zur gesamten Laufzeit des Programm Speicherbereiche. Lokale Variablen und Konstanten jedoch geben den belegten Speicherplatz nach Verlassen der Prozedur wieder frei und sparen dadurch Ressourcen.

Im Folgeden wir der gesamte Schleifenrumpf des bisherigen Programms in eine Prozedur ausgelagert und im Schleifenrumpf aufgerufen. Die Wirkung des folgenden Programmes entspricht somit genau der des bisherigen Programmcodes.

```
/* Prozedur */
    /* Prozedurkopf */
    bewegung()
        /* Prozedurrumpf */
            /* Anweisungsteil */
            wenn joypad == rechts,dann xpos = xpos + 5
```

Kapitel IV: Einführung Programmieren

```
            wenn joypad == links,
                 dann xpos = xpos - 5
            /* Ende Anweisungteil */
        /* Ende Prozedurrumpf */
/* Ende Prozedur */
```

Bei dem folgenden Aufruf wird der Inhalt der Prozedur an die Stelle des Prozeduraufrufs eingefügt.

```
solange das Spiel läuft, führe das folgende aus
     bewegung()    /* Prozeduraufruf */
```

Funktionen gleichen den Prozeduren in Aufbau und Struktur sehr stark. Sie werden ebenfalls durch Aufruf ihres Namens in den Programmablauf einbezogen und setzen sich aus Anweisungen und Ausdrücken zusammen. Dieser Aufruf muss innerhalb eines Ausdrucks eingebettet sein. Funktionen liefern im Gegensatz zu Prozeduren einen Wert als Ergebnis zurück. Dieser wird als Rückgabewert bezeichnet und muss in der Funktion festgelegt werden. Jede Funktion hat einen Datentyp, der angibt welchen Typs die Rückgabewerte sind.

Als Beispiel wird in den bisherigen Pseudocode eine weitere Variable eingeführt, die die Anzahl der Leben verwaltet. Das Spiel soll beendet werden, wenn die Anzahl der Leben Null entspricht. Um dieses zu überprüfen, wird nun eine Funktion entwickelt, die den Wert Eins liefert, wenn die Anzahl der Leben Null entspricht und ansonsten den Wert Null zurückgibt. Die Funktion, welche diese Aufgabe übernimmt, sieht wie folgt aus.

```
/*Deklaration */
Zahl lifes

/* Zuweisung */
lifes = 3

/* Funktion */
    /* Datentyp und Funktionsname */
    Zahl check_lifes()
        /* Funktionsrumpf */
        wenn lifes == 0,
            dann rückgabewert = 1,
            sonst rückgabewert = 0.
        /* Ende Funktionsrumpf */
/* Ende Funktion */
```

Der Aufruf der Funktion wird nun in die Bedingung der Schleife eingefügt. Da sich die Anzahl der Leben während des Programmablaufs nicht verändert, ergibt sich der Rückgabewert der Funktion stets zu Null. Daraus resultiert, daß die Schleifenbedingung* beim Aufruf immer zu TRUE ausgewertet wird und die Schleife nicht terminiert*. In dem späteren Spiel wird dieses behoben indem die Anzahl der Leben bei entsprechenden Ereignissen verringert wird.

Der entwickelte Pseudocode ist im Folgenden aufgezeigt.

```
solange check_lifes() == 0
    /* Schleifenrumpf */
    wenn die Steuertaste nach rechts gedrückt wird,
        dann xpos = xpos + 5.
    wenn die Steuertaste nach links gedrückt wird,
        dann xpos = xpos - 5.
    /* Ende Schleifenrumpf */
```

In C exisitiert das Konzept der Prozeduren nur indirekt. Um eine Prozedur zu erzeugen wird eine Funktion geschrieben, dessen Rückgabewert durch das Schlüsselwort void auf unbestimmt gesetzt ist. Dieses entspricht der Semantik einer Prozedur, ist streng genommen jedoch eine Funktion. Aus diesem Grund wird in C nur von Funktionen gesprochen.

4.5 Parameterübergabe

Wie bereits verdeutlicht, wird in der Informatik zwischen globalen und lokalen Variablen unterschieden. Globale Variablen werden am Programmanfang deklariert und ihr Charakter ermöglicht es von jeder beliebigen Stelle im Programm auf sie zuzugreifen. Lokale Variablen hingegen können nur in ausgewählten Bereichen des Quellcodes referenziert werden. Dadurch ergibt sich die Problematik des Datenaustausches zwischen solchen Bereichen. Typischer Weise tritt dieser Fall beim Aufruf von Prozeduren und Funktionen auf, wenn Werte einer Prozedur zur weiteren Verarbeitung in einem anderen Programmteil benötigt werden. Um dieses zu bewerkstelligen werden zwischen solchen Blöcken Schnittstellen* zum Datenaustausch geschaffen. Diese werden durch Parameter realisiert. Jeder Parameter ist durch einen Datentypen gekennzeichnet und somit in seinem Wertebereich* eingeschränkt wie eine Variable.

Im folgenden werden zwei Arten von Parametern Anwendungen finden.

Kapitel IV: Einführung Programmieren

Call-by-Value* Parameter werden im Funktions- oder Prozedurkopf übergeben und unterscheiden sich im Aufruf und der Zuweisung im Rumpf nicht von dem Gebrauch von Variablen. Parameter dieses Typs können referenziert und Werten zugewiesen werden. Veränderungen der Wertigkeit wirken sich nicht auf die Bereiche ausserhalb der Funktion oder Prozedur aus, sondern entsprechen nun wieder dem Wert bei der Übergabe.

Besteht die Notwendigkeit, daß sich Zuweisungen, welche innerhalb einer Funktion oder Prozedur auf Parameter getätigt wurden auch auf externe Bereiche auswirken, so wird dieses durch Call-by-Reference* Parameter gekennzeichnet.

> Der Einsatz von Parametern gilt als wichtiges Konzept der Programmierung, durch den Schnittstellen zwischen Programmbereichen kenntlich gemacht werden, da der Funktions- oder Prozedurkopf alle benötigten Werte zur Ausführung enthält.

Unter der Voraussetzung, daß in dem bisher entwickelten Pseudocode die Variable lifes nicht als global deklariert wurde, kann der Wert als Parameter übergeben werden.
Da der Parameter in der Funktion nicht verändert wird und somit der Wert beim Aufruf der Funktion immer dem beim Verlassen der Funktion entspricht, genügt der Einsatz eines Call-by-Value Parameters.

```
/* Funktion */
    /* Datentyp und Funktionsname */
    Zahl check_lifes(Zahl lifes) /*Call-by-Value*/
        /* Funktionsrumpf */
        wenn lifes == 0,
            dann rückgabewert = 1,
            sonst rückgabewert = 0.
        /* Ende Funktionsrumpf */
/* Ende Funktion */
```

Kapitel V

5. Einführung in C
5.1 Makefile
Was ist ein Compiler?

In der Programmierung unterscheidet man höhere Programmiersprachen und Maschinensprachen*, welche direkt vom Computer umgesetzt werden können. Dabei ist es jedoch äußerst kompliziert und aufwendig in Maschinensprachen zu programmieren, da jede Anweisung oder Ausdruck aus einer Vielzahl von unterschiedlichen Maschinenbefehlen* besteht. Durch die maschinennahe Entwicklung können Programme zwar optimierter und somit leistungsfähiger entwickelt werden, es ist jedoch auch wesentlich fehleranfälliger und ungleich komplexer. Aus diesem Grund findet in den meisten Fällen eine höhere Programmiersprache, wie zum Beispiel C, Anwendung. Hier werden eine Vielzahl von Maschinenbefehlen, die oft in einem logischen Zusammenhang genutzt werden, zu neuen Befehlen zusammengefasst und stehen somit zum schnellen und einfachen Gebrauch zur Verfügung.

Damit der so entstandene Programmcode vom Computer ausgeführt und von diesem verstanden werden kann, muß der Code in Maschinensprache umgewandelt werden. Geschieht dies während der Laufzeit des Programms, bezeichnet man es als Interpretieren.

In C hingegen wird dieser Vorgang vor dem Starten der eigentlichen Anwendung durchgeführt, indem ein sogenannter Compiler die Übersetzung vornimmt. Der Compiler wird mit unterschiedlichen Parametern aufgerufen und erhält so Anweisungen, in welcher Art und Weise der Programmcode bearbeitet werden soll. Diese Programmaufrufe werden in eine Datei geschrieben und gespeichert, um später geladen werden zu können. Diese so entstandene Textdatei wird als Makefile bezeichnet, da sie zum Herstellen der endgültigen, auf dem Computer ausführbaren Datei eingesetzt wird.

Die Umwandlung des entwickelten Programmcodes durch den Compiler findet in verschiedenen Schritten statt.

Im Folgenden wird nun der prinzipielle Aufbau einer solchen Datei, unter Nutzung von MS-DOS besprochen.

```
echo off
```

Durch diesen Befehl wird die Ausgabe von Texten beim Ausführen des Makefiles unterbunden.

```
d:\Programme\GameBoy_Development\GBDK\bin\lcc -Wa-l -Wl-m -Wl-j -c -o file.o file.c
```

Kapitel V: Einführung in C

Anschließend wird die Datei Lcc.exe aus dem angegebenen Pfad aufgerufen und compiliert die C Datei file.c in ein GBDK Objekt mit dem Namen file.o.

```
d:\Programme\GameBoy_Development\GBDK\bin\lcc -Wa-l -Wl-
m -Wl-j -Wf-bo1 -c -o bank1.o bank1.c
```

Analog zu der vorherigen Zeile wird nun die Datei bank1.c compilert. Als Erweiterung ist die Zeichenfolge -Wf-bo1 zu finden, welchen den Compiler anweist die bank1 mit dieser Datei zu belegen. Das Verwenden weiterer banks wird immer dann nötig, wenn auf der nullten bank kein Speicherplatz mehr zur Verfügung steht. Die Größe einer solchen Speichereinheit beträgt 16 KByte.

```
d:\Programme\GameBoy_Development\GBDK\bin\lcc -Wa-l -Wl-
m -Wl-j -Wl-yt0x01 -Wl-yo4 -Wl-yp0x143=0x80 -o Game.gbc
bank1.o file.o
```

In diesem Schritt werden die bisherigen compilierten Objekt-Dateien zu einer neuen Datei zusammengesetzt.
Die Option -Wl-yp0x143=0x80 stellt dabei sicher, daß es sich bei der Zieldatei Game.gbc um eine Gameboy Color kompatiblen Titel handelt, dessen Modus jedoch durch Ersetzen der Zeichenfolge 0x80, verändert werden kann. -Wl-yo beschreib die Anzahl der verwendeten banks auf 4 mit einer Speichergröße von 64 KByte auf dem ROM.
Die Art des verwendeten Speichermediums wird durch -Wl-yt0x01 festgelegt. Weitere Einstellungsmöglichkeiten dieses Wertes können in der folgenden Tabelle abgelesen werden.

```
-Wl-yt0x00      ROM
-Wl-yt0x01      ROM + MBC1
-Wl-yt0x02      ROM + MBC1 + RAM
-Wl-yt0x03      ROM + MBC1 + RAM + BATT
-Wl-yt0x05      ROM + MBC2
-Wl-yt0x06      ROM + MBC2 + BATT
-Wl-yt0x08      ROM + RAM
-Wl-yt0x09      ROM + RAM + BATT
-Wl-yt0x12      ROM + MBC3 + RAM
-Wl-yt0x13      ROM + MBC3 + RAM + BATT
-Wl-yt0x19      ROM + MBC5
-Wl-yt0x1A      ROM + MBC5 + RAM
```

Kapitel V: Einführung in C

```
-Wl-yt0x1B     ROM + MBC5 + RAM + BATT
-Wl-yt0x1C     ROM + MBC5 + RUMBLE
-Wl-yt0x1D     ROM + MBC5 + RUMBLE + BATT
-Wl-yt0x1E     ROM + MBC5 + RUMBLE + SRAM + BATT
```

`pause`

Dieses Kommando veranlasst den Computer auf eine beliebige Eingabe zu warten.

5.2 Datentypen
Was ist ein Datentyp?

Im Anwendungsbereich eines Programms treten Daten unterschiedlicher Art auf, die sich hinsichtlich ihrer Wertebereiche unterscheiden. Um diese im Programm zu kennzeichnen werden sogenannte Datentypen eingeführt. Jeder dieser Datentypen beschreibt einen bestimmten Wertebereich, der entweder selbst vom Programmierer definiert werden kann, oder bereits vorgegeben ist. In Abhängigkeit vom Datentyp einer Variablen oder einer Konstanten können nur bestimmte Operationen durchgeführt werden.

Die Existenz und der Wertebereich der Datentypen hängen von der jeweiligen Programmiersprache und dem dazugehörigen Compiler ab. Grundsätzlich werden jedoch immer folgende Datentypen unterschieden.

5.2.1 Ordinale Datentypen

Die wichtigsten Merkmale dieser Datentypen sind die endliche Menge der Werte und die Ordnungsmäßigkeit der Elemente. Jedem Wert des Wertebereichs ist eine Ordinalzahl zugeordnet, die die Position des Wertes in der Ordnung angibt. Ganze Zahlen entsprechen dem Konzept der Ordinalen Datentypen. Sie können enweder vorzeichenlos oder -behaftet sein.

Zeichen und boolesche Werte sind ebenfalls Bestandteil dieser Art der Datentypen.

Die folgende Tabelle zeigt die Bitzahlen und resultierende Wertebereiche der einzelnen ordinalen Datentypen in Borland C.

Signed short, short	16	-32768 .. 32767
Unsigned int	16	0 .. 65535
Signed int, int	16	-32768 .. 32767
Unsigend long int	32	0 .. 4294967295
Signed long int, long	32	-2147483648 .. 2147483647

5.2.2 Reelle Zahlen

Neben dieser Bezeichnung werden reelle Zahlen auch Fließkommazahlen genannt. Den einzelnen, in ihrer Anzahl unendlichen Elementen, werden keine Ordinalzahlen zugeordnet.

Zur internen Darstellung von Fließkommazahlen werden vier ganzzahlige Werte genutzt. Dabei handelt es sich um das Vorzeichen(a), die Mantisse(b), die Basis(c) und den Exponenten(d). In welcher Weise der zugehörige Speicherplatz auf diese vier Bestandteile aufgeteilt wird, hängt von dem jeweiligen Datentypen ab und hat direkten Einfluß auf den darstellbaren Wertebereich. Der mathematische Zusammenhang der vier Elemente ist in der folgenden Formel aufgezeigt.

$$a * b * c^d$$

Wertebereich und Bitzahlen sind der folgenden Tabelle zu entnehmen.

Datentyp	Bitzahl	Wertebereich
Float	32	$3.4 * 10^{-38} .. 3.4 * 10^{38}$
Double	64	$1.7 * 10^{-308} .. 1.7 * 10^{308}$
Long double	80	$3.4 * 10^{-4932} .. 1.1 * 10^{4932}$

5.2.3 Bereichsdatentyp

Diese Art der Datentypen setzen sich aus einer Anzahl von Elementen eines anderen Datentypens zusammen und beschreiben damit eine Unter- oder Teilmenge. Dadurch können aus einem vordefinierten Datentypen Bereichsdatentypen festgelegt werden, welche nur jene Elemente beinhalten, die tatsächlich benötigt werden.

5.2.4 Aufzählungsdatentypen

Dieses in vielen Programmiersprachen vorhandene Konzept zur Deklaration von Datenstrukturen beruht auf der Bildung endlicher geordneter Mengen. Dabei werden alle Werte der Wertemenge durch Auflistung der Elemente festgelegt.

Durch die Anwendung von Aufzählungsdatentypen werden Codierungen vermieden und somit die Lesbarkeit von Programmen unterstützt. Die Syntax zur Festlegung eines Aufzählungsdatentyps in C ist aus dem folgenden Syntaxdiagramm abzuleiten.

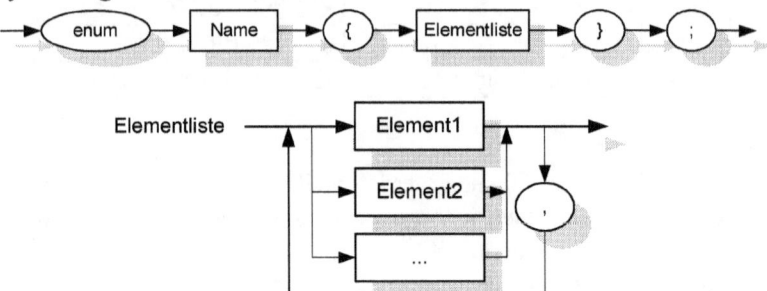

Als Beispiel sei folgender Sourcecode aufgezeigt, welcher einen neuen Datentypen mit dem Namen Farbe und vier Werten definiert.

```
enum Farbe { rot, gruen, gelb, blau };
```

Variablen dieses Datentyps können nun die in der Klammer aufgezählten Werte zugewiesen werden, wobei jeder Wert einer Zahl entspricht. Rot entspricht hier dem Wert Null, Grün der Zahl Eins, Gelb der Zwei und Blau der Drei. Hieraus läßt sich bereits ableiten, dass es sich bei einem Aufzählungsdatentyp um einen ordinalen Datentypen handelt.

5.2.5 Felder

Als Felder werden im Allgemeinen Aneinanderreihungen von gleichartigen Elementen eines Datentyps bezeichnet. Dabei kann über einen Index auf die einzelnen Komponenten zugegriffen werden. Felder können in mehreren Dimensionen aufgebaut werden, indem als Index ein kartesisches Produkt von Unterbereichen benutzt wird. Ein Feld der zweiten Dimension entspricht dem logischen Aufbau einer Tabelle, welche durch Angabe der Zeile und Spalte auf die einzelnen Tabellenzellen zugreifen kann.

In C ist nur der Einsatz von statischen Feldern bekannt und das bedeutet bei der Arraydefinition muß die Anzahl der Elemente konstant sein.

Als Beispiel zur Deklaration eines eindimensionalen Arrays sei folgender Code genannt.

```
char Feld[255];
```

Die Variable Feld belegt Speicherplatz für 255 Elemente des Datentyps char.

Kapitel V: Einführung in C

> Zu beachten sei in diesem Zusammenhang, daß der Index des ersten Elementes des Feldes Null und nicht Eins ist und das letzte mit 254 angesprochen wird.

Die Defintion mehrdimensionaler Arrays und die Zuweisung von Werten sei aus der folgenden Darstellung zu entnehmen.

```
char Feld[3][4];
Feld[1][2] = 255;
```

Abb. 5.1 Zweidimensionaler Array

	255	

Der tabellarische Aufbau von zweidimensionalen Arrays wird im Folgenden zur Abbildung des Spielfeldes genutzt. Dabei wird in jedem Element die Information für ein Teilstück gespeichert. Diese elementspezifischen Angaben setzen sich unter anderem aus Beschreibungen der Grafik und des Kollisionsverhaltens zusammen.

Außerdem werden Grafiken in der Informatik oftmals in Feldern gespeichert. Wird die Information eines Pixels in einem Element des Feldes abgelegt, bezeichnet man dies als Bitmap. Jedes dieser Elemente beinhaltet die RGB-Werte des jeweiligen Pixels und ist dadurch einfach zu verarbeiten. Bei Bitmaps* findet das Konzept der eindimensionalen Felder Anwendung, obwohl Bilder zweidimensional sind. Dies geschieht indem die Zeilen einer Grafik in einem Feld aneinander gehängt werden. Dadurch wird das Umrechnen von X- und Y-Koordinaten in den entsprechenden Index notwendig.

Abb. 5.2 Aufbau einer Bitmap

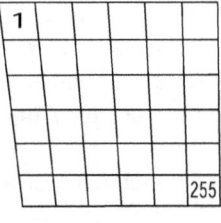

Seite 51

Die Formel zur Umrechnung der Koordinaten lautet:

```
(y - 1) * ZeilenBreite + ( x - 1)
```

Die minus Eins nach der X- und Y-Koordinate resultiert aus der Indizierung des ersten Elementes eines Feldes mit der Null.

5.3 Modularisierung und #include-Anweisung
Was versteht man unter Modularisierung?

In der Informatik wird in aller Regel der Versuch unternommen, Programmabschnitte möglichst vielfältig und vielseitig zu nutzen, um mehrfach-Programmierungen zu verhindern. Das bedeutet, dass Funktionen und Prozeduren weitestgehend unabhängig von ihrem Kontext erstellt werden und somit einen hohen Wiederverwertungsgrad erreichen. Programmabschnitte, welche häufigere Anwendung finden, werden ausgelagert, um zu jedem Zeitpunkt von einer anderen Stelle innerhalb des Programms aufgerufen werden zu können. Darüber hinaus werden Abschnitte des Quellcodes in unterschiedliche Dateien gespeichert. Es werden sogenannte Module erstellt, die jeweils Funktionalitäten eines logischen Zusammenhanges beinhalten. So werden in der Spieleprogrammierung unter anderem Module zur Verwaltung des Spielfeldes und der Grafiken erstellt.
Die erstellten Module werden zu einem späteren Zeitpunkt verknüpft und in Beziehung gesetzt, sind jedoch nicht an das jeweilige Projekt oder Spiel gebunden. Soll einmal ein weiteres Spiel mit ähnlicher Funktionalität programmiert werden, können entsprechende Module, deren Funktionalitäten benötigt werden, einfach in das neue Projekt eingebunden werden.
Module setzen sich aus den C-Dateien, welche den Quellcode beinhalten, und sogenannten Header-Dateien zusammen. Die Header-Dateien stellen eine Beschreibung der Schnittstellen der C-Dateien dar. Das bedeutet eine Auflistung der Funktions- und Prozedurköpfe, sowie wichtiger Konstanten und selbstdefinierter Datentypen. Die Header-Datei eines Moduls soll jegliche Information besitzen, welche benötigt werden, um ein Modul einzusetzen. Dabei steht im Mittelpunkt, wie eine beschriebene Funktion oder Prozedur genutzt werden kann und welche Resultate und Auswirkungend der Aufruf hat, nicht jedoch auf welche Art und Weise diese Aufgabe verwirklicht wird.

Zum Einfügen von Modulen steht die #include-Anweisung zur Verfügung.

Kapitel V: Einführung in C

Sie wird mit dem Namen der einzufügenden externen Datei aufgerufen, dabei wird der Name entweder in spitze Klammern <> oder in Anführungszeichen „" gesetzt. Die erste beschriebene Möglichkeit teilt dem Precompiler mit, dass es sich bei der zu ladenden Datei um eine C-Standardbibliothek handelt. Als Standardbibliothek bezeichnet man ein Modul, welches dem Programmierer grundlegende Funktionalitäten zur Verfügung stellt und deshalb bereits in einer Programmiersprache enthalten ist. Als Beispiel sind hier Module zur Realisierung von mathematischen Problemen zu nennen, die in einer speziellen externen Datei abgelegt sind.

Wird hingegen der Name der Datei in der #include-Anweisung in Anführungszeichen gesetzt, so wird dem Precompiler mitgeteilt, dass die angegebene Datei in dem aktuellen Verzeichnis zufinden ist.

Die Arbeitsweise einer #include-Anweisung ist durch wenige Worte zu beschreiben. Der Inhalt der in ihr angegebenen Datei wird bei der Compilierung des Programms an die durch die Anweisung gekennzeichnete Stelle eingestezt.

Kapitel VI

6. Grafiken auf dem GBC
6.1 Grafikdateien mit dem GBTD
Was bedeuten die Einträge in den GBTD-Dateien?

Wird der GBTD in der bereits beschriebenen Weise genutzt, um die Grafiken zu verarbeiten, so generiert die Anwendung zwei Dateien. Dabei handelt es sich um eine C- und um eine dazugehörige Header-Datei, die beide im folgenden aufgelistet und inhaltlich erklärt werden. Textabschnitte, welche zwischen /* und */ angeordnet sind werden als Kommentar bezeichnet und vom Compiler nicht beachtet. Daher können hier beliebige Informationen des Programmierers abgelegt werden. Diese Kommentare dienen hauptsächlich zum Verständnis und zur Erklärung.

```
/*
ACTOR.H

Include File.

Info:
  Form              : All tiles as one unit.
  Format            : Gameboy 4 color.
  Compression       : None.
  Counter           : None.
  Tile size         : 8 x 8
  Tiles             : 0 to 191

  Palette colors    : Included.
  SGB Palette       : None.
  CGB Palette       : 1 Byte per entry.

  Convert to metatiles : No.

  This file was generated by GBTD v2.2
*/
/* Bank of tiles. */
#define ActorBank 0

/* Super Gameboy palette 0 */
#define ActorSGBPal0c0 14839
#define ActorSGBPal0c1 303
#define ActorSGBPal0c2 32767
#define ActorSGBPal0c3 0
```

```c
/* Super Gameboy palette 1 */
#define ActorSGBPal1c0 11647
#define ActorSGBPal1c3 1024
#define ActorSGBPal1c1 79
#define ActorSGBPal1c2 32767

/* Super Gameboy palette 2 */
#define ActorSGBPal2c0 30
#define ActorSGBPal2c1 495
#define ActorSGBPal2c2 28573
#define ActorSGBPal2c3 0

/* Super Gameboy palette 3 */
#define ActorSGBPal3c0 31
#define ActorSGBPal3c1 527
#define ActorSGBPal3c2 32767
#define ActorSGBPal3c3 0

/* Gameboy Color palette 0 */
#define ActorCGBPal0c0 32767
#define ActorCGBPal0c1 0
#define ActorCGBPal0c2 6463
#define ActorCGBPal0c3 20158

/* Gameboy Color palette 1 */
#define ActorCGBPal1c0 32767
#define ActorCGBPal1c1 0
#define ActorCGBPal1c2 1023
#define ActorCGBPal1c3 23518

/* Gameboy Color palette 2 */
#define ActorCGBPal2c0 32767
#define ActorCGBPal2c1 0
#define ActorCGBPal2c2 21140
#define ActorCGBPal2c3 20158

/* Gameboy Color palette 3 */
#define ActorCGBPal3c0 32767
#define ActorCGBPal3c1 0
#define ActorCGBPal3c2 30
#define ActorCGBPal3c3 21140

/* Gameboy Color palette 4 */
```

Kapitel VI: Grafiken auf dem GBC

```
#define ActorCGBPal4c0 31744
#define ActorCGBPal4c1 0
#define ActorCGBPal4c2 32767
#define ActorCGBPal4c3 21140

/* Gameboy Color palette 5 */
#define ActorCGBPal5c0 32767
#define ActorCGBPal5c1 0
#define ActorCGBPal5c2 612
#define ActorCGBPal5c3 20158

/* Gameboy Color palette 6 */
#define ActorCGBPal6c0 32767
#define ActorCGBPal6c1 0
#define ActorCGBPal6c2 6676
#define ActorCGBPal6c3 2318

/* Gameboy Color palette 7 */
#define ActorCGBPal7c0 32767
#define ActorCGBPal7c1 0
#define ActorCGBPal7c2 6676
#define ActorCGBPal7c3 612
extern unsigned char ActorCGB[];
/* Start of tile array. */
extern unsigned char Actor[];
/* End of ACTOR.H */
```

Im oberen Teil der Actor.h werden die Einstellungen des GBTD protokolliert und somit auch zu einem späteren Zeitpunkt nachvollziehbar gemacht. Neben dem Format ist die Kompression, die Anzahl der Tiles, sowie die Tilegröße aufgeführt. Generelle Angaben zu den Farbpaletten sind ebenfalls aus dem oberen Kommentar zu entnehmen und zeigen auf, dass es sich bei dieser Datei um einen Quellcode für die Gameboy Color Programmierung handelt.

Im weiteren Verlauf der Actor.h findet eine Auflistung von #define-Anweisungen statt. Die #define-Anweisung realisiert in C das Konzept der Konstanten, da die direkte Deklaration von Konstanten in C nicht unterstützt wird.

Die #define-Anweisungen wird mit zwei Zeichenketten, welche durch ein Leerzeichen getrennt sind, aufgerufen. Die erste Zeichenfolge entspricht dabei dem Namen der Konstanten, während die zweite Zeichenkette deren Wert beschreibt.

Kapitel VI: Grafiken auf dem GBC

Der Precompiler ersetzt wie bei der #include-Anweisung die Zeichenfolge durch den angegebenen Wert, der in diesem Fall nicht aus einer externen Datei ausgelesen wird.

Die folgenden Abschnitte im Quellcode haben im Zusammenhang der Programmierung für den Gameboy Color keine Relevanz, da sie sich auf den Super Gameboy beziehen.

```
/* Super Gameboy palette 0 */
#define ActorSGBPal0c0 14839
#define ActorSGBPal0c1 303
#define ActorSGBPal0c2 32767
#define ActorSGBPal0c3 0
```

...

```
/* Super Gameboy palette 3 */
#define ActorSGBPal3c0 31
#define ActorSGBPal3c1 527
#define ActorSGBPal3c2 32767
#define ActorSGBPal3c3 0
```

Im nächsten Programmabschnitt sind die acht Farbpaletten aufgeführt, welche benötigt werden, um die im GBTD bearbeitete Grafik zu beschreiben. Jede Farbpalette setzt sich, wie bereits beschrieben, aus vier Farbwerten zusammen, die durch die Zahlen in den #define-Anweisungen festgelegt werden. Jeder Wert steht für eine andere Farbe und kann nun durch den entsprechenden Aufruf, wie unter anderem in diesem Fall ActorCGBPal0c0, in das Programm eingefügt werden. Es existieren 32768 unterschiedliche Farben, wobei der Wert Null für den Zustand Schwarz und die Zahl 32767 für die Farbe Weiß steht.

```
/* Gameboy Color palette 0 */
#define ActorCGBPal0c0 32767
#define ActorCGBPal0c1 0
#define ActorCGBPal0c2 6463
#define ActorCGBPal0c3 20158
```

...

```
/* Gameboy Color palette 7 */
#define ActorCGBPal7c0 32767
#define ActorCGBPal7c1 0
```

Kapitel VI: Grafiken auf dem GBC

```
#define ActorCGBPal7c2 6676
#define ActorCGBPal7c3 612
```

Die nächste Zeile des Quellcodes lautet:

```
extern unsigned char ActorCGB[];
```

Dieser Eintrag im Quellcode erzeugt eine Variable mit dem Namen ActorCGB. Es handelt sich hierbei um ein Feld, welches später genutzt wird, um festzulegen, welches Tile eines Sprites mit welcher Farbpalette im Zusammenhang steht. Unsigned* char legt bei der Deklaration den Wertebereich der einzelnen Elemente des Feldes fest. Es sind in disem Fall für jedes Element vorzeichenlose Werte zwischen Null und 255 zulässig. Durch das Schlüsselwort extern kann auf diese Variable auch von außerhalb dieser Datei zugegriffen werden.

```
extern unsigned char Actor[];
```

In dieser Zeile wird die Feld-Variable Actor deklariert, in welcher die Tiles der Grafik abgelegt werden. Die Zuweisung findet in der Datei Actor.c statt.

```
/*ACTOR.C
...*/
/* CGBpalette entries. */
const unsigned char ActorCGB[] =
{
  0x03,0x03,0x03,0x03,0x03,0x03,0x03,0x03,
  0x03,0x03,0x03,0x03,0x03,0x03,0x03,0x03,
  0x03,0x03,0x03,0x03,0x03,0x03,0x03,0x03,
  0x03,0x03,0x03,0x03,0x04,0x04,0x04,0x04,
  0x03,0x03,0x03,0x03,0x03,0x03,0x03,0x03,
  0x03,0x03,0x03,0x03,0x03,0x03,0x03,0x03,
  0x02,0x02,0x02,0x02,0x02,0x02,0x02,0x02,
  0x02,0x02,0x02,0x02,0x02,0x02,0x02,0x02,
  0x02,0x02,0x02,0x02,0x02,0x02,0x02,0x02,
  0x02,0x02,0x02,0x02,0x02,0x04,0x04,0x04,0x04,
  0x04,0x04,0x04,0x04,0x03,0x03,0x03,0x03,
  0x03,0x03,0x03,0x02,0x03,0x02,0x01,0x01,
  0x05,0x05,0x05,0x05,0x05,0x05,0x05,0x05,
  0x05,0x05,0x05,0x05,0x05,0x05,0x05,0x05,
  0x05,0x05,0x05,0x05,0x05,0x05,0x05,0x05,
```

```
  0x05,0x05,0x05,0x05,0x04,0x04,0x04,0x04,
  0x04,0x04,0x04,0x04,0x04,0x04,0x03,0x03,
  0x03,0x02,0x05,0x05,0x05,0x05,0x00,0x00,
  0x06,0x06,0x06,0x06,0x06,0x06,0x06,0x06,
  0x06,0x06,0x06,0x06,0x06,0x06,0x06,0x06,
  0x06,0x06,0x06,0x06,0x06,0x06,0x06,0x06,
  0x06,0x06,0x06,0x06,0x04,0x04,0x04,0x04,
  0x04,0x04,0x04,0x04,0x04,0x04,0x04,0x04,
  0x04,0x04,0x06,0x07,0x06,0x07,0x00,0x00
};
```

In diesem Bereich werden den einzelnen Elementen des Feldes ActorCGB Werte zugewiesen. Jeder dieser Werte ist hexadezimal angegeben. Das bedeutet, daß die Zahlen nicht wie bei der binären Zahlendarstellung zur Zahlenbasis zwei, sondern zur Basis 16 angegeben sind. Dieses wird dem Compiler durch das Vorstellen der Zeichen 0x vor der jeweiligen Zahl mitgeteilt.

Das Schlüsselwort* const vor der Variablendeklaration legt die Eigenschaft der Variablen in soweit fest, daß sie nicht verändert werden kann. Sie steht in einem geschützten Speicherbereich, auf den nicht schreibend zugegriffen werden kann.

Wie bereits erwähnt beschreibt diese Variable ActorCGB[], welches Tile mit welcher Farbpalette im Zusammenhang steht. In diesem Fall bedeutet das, daß die Farbangaben des ersten Tiles mit der dritten Farbpalette zu deuten sind.

Diese Unterscheidung ist deshalb von nöten, da die Farben im späteren Verlauf nicht mit den direkt interpretierbaren Werten zwischen Null und 32767 beschrieben werden, sondern nur angegeben wird um welchen Eintrag in einer Farbpalette es sich handelt. Wird als Beispiel davon ausgegangen, daß die erste Farbe der ersten Palette als rot festgelegt ist und die der zweiten Farbpalette als grün, so wird bei Vertauschung der Paletten ein Austausch der Farben rot und grün folgen.

```
const unsigned char Actor[] =
{
  0x00,0x00,0x00,0x00,0x00,0x00,0x30,0x00,
  0x48,0x30,0x66,0x18,0xE7,0x5A,0xFB,0x25,
  ...
  0xFC,0x00,0x42,0x3C,0x42,0x3C,0x7E,0x00
};
```

Kapitel VI: Grafiken auf dem GBC

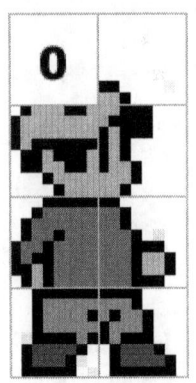

Die Variable Actor beschreibt die im GBTD gearbeitete Grafik. Durch den Aufruf mit dem entsprechendem Index kann auf die einzelnen Tiles der Grafik zugegriffen werden. Das erste Element des Feldes beschreibt somit die ersten 8x8 Pixel des Bildes, wie in der nebenstehenden Abbildung veranschaulicht wird.

Auch hier gilt die Indizierung des ersten Elementes mit der Ziffer Null.

Abb. 6.1

6.2 Das Anzeigen von Grafiken
Wie programmiert man das Anzeigen von Grafiken?

Am Anfang eines jeden Programms für den Gameboy Color wird die Standartdbibliothek eingebunden, welche Bestandteil des GBDK ist. Durch diese Einbindung kann auf eine große Anzahl von Funktionen und Prozeduren zugegriffen werden, die bereits definiert wurden. Einige dieser Funktionen ermöglichen das Anzeigen von Grafiken, wie es im folgenden geschehen soll. Eingebunden wird die Datei gb.h mit der #include-Anweisung.

```
#include <gb.h>
```

Des Weiteren müssen die mit dem GBTD erstellten Dateien einbezogen werden. Dieses geschieht durch die folgenden #include-Anweisungen.

```
#include „Actor.h"
#include „Actor.c"
```

Als nächstes werden die benötigen Variablen deklariert. In diesem Fall wird lediglich eine Variable, in welcher die einzelnen Farbwerte der genutzten Farbpaletten abgelegt werden, benötigt.

```
const UWORD Actor_Palette[] =
{
ActorCGBPal0c0,ActorCGBPal0c1,ActorCGBPal0c2,ActorCGBPal0c3,
ActorCGBPal1c0,ActorCGBPal1c1,ActorCGBPal1c2,ActorCGBPal1c3,
ActorCGBPal2c0,ActorCGBPal2c1,ActorCGBPal2c2,ActorCGBPal2c3,
ActorCGBPal3c0,ActorCGBPal3c1,ActorCGBPal3c2,ActorCGBPal3c3,
```

```
ActorCGBPal4c0,ActorCGBPal4c1,ActorCGBPal4c2,ActorCGBPal4c3,
ActorCGBPal5c0,ActorCGBPal5c1,ActorCGBPal5c2,ActorCGBPal5c3,
ActorCGBPal6c0,ActorCGBPal6c1,ActorCGBPal6c2,ActorCGBPal6c3,
ActorCGBPal7c0,ActorCGBPal7c1,ActorCGBPal7c2,ActorCGBPal7c3
};
```

Im nächsten Schritt muss eine Hauptfunktion mit dem Funktionsnamen main definiert werden. Sie ist zwingender Bestandteil eines jeden Programmes in C, da diese Funktion zu Beginn einer Anwendung aufgerufen wird.

```
int main(){
}
```

Das Schlüsselwort int beschreibt den Rückgabewert der Funktion, welcher auf Null gesetzt wird, wenn die Bearbeitung des Programmes fehlerfrei durchgeführt wurde. Die leeren Klammern direkt hinter dem Funktionsnamen legen fest, daß diese Funktionen keine Parameter zur Übergabe haben.

Zwischen den geschweiften Klammern werden nun Anweisungen und Ausdrücke eingefügt, welche zur Laufzeit des Programmes ausgeführt oder berechnet werden sollen.

Jedes Spiel setzt sich in der Grundstruktur aus einer globalen Schleife zusammen, die stetig wiederholt wird, bis das Spiel beendet ist. Diese Schleife bezeichnet man im allgemeinen als main loop. Der Inhalt des Schleifenrumpfes setzt sich in der Regel aus den selben Elementen zusammen. Neben der Anzeige der Grafiken und der Abfrage der Tastaureingaben, werden die Züge des Computers berechnet, ebenso die Aktualisierung der Positionen von Figuren und zum Beispiel die Anzahl der Punkte. Damit läßt sich der grundsätzliche Aufbau eines Spiels wie folgt beschreiben:

```
main loop{
    Grafik zeichnen;
    Tastatur abfragen;
    Berechnungen durchführen;
    Computergegner ziehen;
}
```

Der in Kapitel vier entwickelte Pseudocode entspricht eben diesem Modell. Innerhalb der Schleife wird der Status der Tastatur abgefragt und je nach Zustand Berechnungen zur Ermittlung der neuen Koordinaten der Spielfigur durchgeführt. Nach der Aktualisierung dieser Daten beginnt der Prozeß von Neuem und die Grafik wird anhand der gewonnenen Daten aktualisiert. Zur Beschreibung der richtigen Syntax einer Schleife mit Eintrittsbedingungen sei das folgende Syntaxdiagramm gegeben.

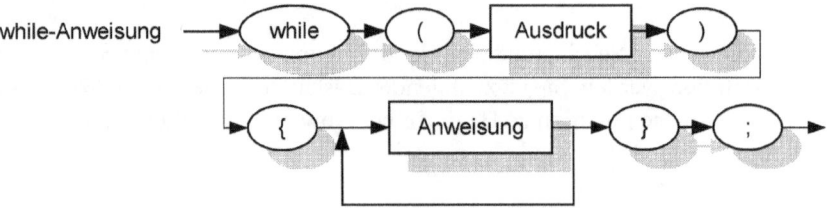

Entsprechend dem Sytaxdiagramm ergibt sich somit für das Programm folgende Schreibweise.

```
int main(){
    while(!0){
    };
}
```

Im oben genannten Quellcode besteht die Eintrittsbedingung der Schleife aus dem Ausdruck !0. Wie bereits besprochen wird der Schleifenrumpf ausgeführt, wenn die Bedingung als TRUE ausgewertet wird. Um jedoch eine boolesche Auswertung vornehmen zu können, wird ein Vergleichsoperator benötigt. Dieser ist in dem genannten Fall nicht explizit angegeben. In solch einem Fall wird automatisch eine Prüfung ungleich Null durchgeführt. Das bedeutet, die formulierte Bedingung !0 entspricht dem Ausdruck (!0 != 0). Bei genauerem Betrachten wird deutlich, dass dieser Ausdruck immer zu TRUE ausgewertet wird, da !0 (nicht Null) immer ungleich Null ist. Damit wurde in diesem Fall eine Endlosschleife, also eine Schleife die zu keinem Zeitpunkt endet, konstruiert.

Zu Beginn des Schleifenrumpfes wird die Tile-Größe auf 8x8 Pixel festgelegt.

```
SPRITES_8x8;
```

Mit dem Aufruf der Funktion set_sprite_palette() werden die Farbpaletten der Grafik geladen.

```
set_sprite_palette(0,8,Actor_Palette);
```

Kapitel VI: Grafiken auf dem GBC

Der erste Parameter des Funktionsaufrufes beschreibt die erste Farbpalette, welche geladen werden soll. Der zweite Parameter hingegen gibt die Anzahl der zu nutzenden Paletten an. Bei dem dritten Parameter handelt es sich um die Variable, in der die Farbwerte abgelegt worden sind.

Im Folgenden werden nun die verschiedenen Teile der Grafik zur Verfügung gestellt. Dazu wird die Funktion set_sprite_data() aus der Standardbibliothek gb.h aufgerufen.

```
set_sprite_data(0, 191, Actor);
```

Als Parameter wird der Index des ersten benötigten Tiles übergeben. In diesem Fall handelt es sich um die Zahl Null. Als zweiter Übergabewert beschreibt der Wert 191 die Anzahl der zu ladenden Tiles aus dem als dritten Parameter übergebenden Feld.

```
set_sprite_tile(0, 190);
```

Durch den Aufruf der Funktion set_sprite_tile() mit den abgegebenen Parametern wird das 190 Tile als erstes Sprite festgelegt. Jedes Sprite, welches genutzt werden soll, muss mit der Funktion set_sprite_tile() aufgerufen werden.
Mit der folgenden Funktion wird das erste Sprite, also mit dem Index Null, an die Koordinaten (50;50) des Bildschirms bewegt. Die Angaben der X- und Y-Koordinaten erfolgt in Pixel und muss somit für die X-Achse zwischen Eins und 160, für die Y-Achse entsprechend zwischen Eins und 144 liegen. Dies resultiert aus den Abmessungen des Bildschirms des Gameboy Colors.

```
move_sprite(0,50,50);
```

Wird nun der Monitor eingeschaltet und das Darstellen von Sprites mit den folgenden Zeilen zugelassen, so erfüllt der entwickelte Programmcode die Aufgabe des Zeichnens eines Tiles auf dem Display.

```
SHOW_SPRITES;
```

Zur besseren Übersicht sind im folgenden der zusammenhängende Quellcode, sowie das Makefile zur Compilierung abgedruckt.

```
/* Main.c */
```

Kapitel VI: Grafiken auf dem GBC

```c
#include <gb.h>
#include "Actor.h"
#include "Actor.c"

const UWORD Actor_Palette[] =
{
  ActorCGBPal0c0,ActorCGBPal0c1,ActorCGBPal0c2,ActorCGBPal0c3,
  ActorCGBPal1c0,ActorCGBPal1c1,ActorCGBPal1c2,ActorCGBPal1c3,
  ActorCGBPal2c0,ActorCGBPal2c1,ActorCGBPal2c2,ActorCGBPal2c3,
  ActorCGBPal3c0,ActorCGBPal3c1,ActorCGBPal3c2,ActorCGBPal3c3,
  ActorCGBPal4c0,ActorCGBPal4c1,ActorCGBPal4c2,ActorCGBPal4c3,
  ActorCGBPal5c0,ActorCGBPal5c1,ActorCGBPal5c2,ActorCGBPal5c3,
  ActorCGBPal6c0,ActorCGBPal6c1,ActorCGBPal6c2,ActorCGBPal6c3,
  ActorCGBPal7c0,ActorCGBPal7c1,ActorCGBPal7c2,ActorCGBPal7c3
};

/* Hauptfunktion */
int main(){
    while (!0){
            /* Schleifenrumpf */

            /* Setzten des Tile-Modus */
            SPRITES_8x8;

            /* Farbpaletten laden */
            set_sprite_palette(0,8,Actor_Palette);

            /* Farbpalette für Hintergrund laden */
            set_bkg_palette(0, 1, Actor_Palette);

            /* Grafik laden */
            set_sprite_data(0, 191, Actor);

            set_sprite_tile(0, 190);

            move_sprite(0,50,50);

            SHOW_SPRITES;

            /* Ende Schleifenrumpf */
    };
}
/* End Main.c */
```

Kapitel VI: Grafiken auf dem GBC

```
rem Makefile.bat
d:\GBDK\bin\lcc -Wa-l -Wl-m -c -o Main.o Main.c
d:\GBDK\bin\lcc -Wa-l -Wl-m -Wl-j -Wl-yt0x01 -Wl-yo4 -
Wl-yp0x143=0x80 -o Game.gbc Main.o
pause
```

Die vom Compiler erstellte Datei trägt den im Makefile angegebenen Name Game.gbc und kann jetzt in einem Emulator* geladen werden. Das Resultat wird in der nebenstehenden Abbildung verdeutlicht und zeigt einen Teil der Spielfigur aus der Grafik.

Im nächsten Schritt werden nun alle benötigten Tiles, um eine komplette Figur darzustellen, als Sprites geladen. Das stehende Männchen setzt sich aus acht Tiles zusammen. Jedes Einzelne muss mit der Funktion set_sprite_tile() aufgerufen und mit der Funktion move_sprite() an die richtige Position des Bildschirms bewegt werden. Die Sprites sind dabei von Null bis Sieben durchnummeriert, daher variiert der erste Parameter zwischen den verschiedenen Aufrufen der Funktion zwischen diesen Ziffern.

Da jeweils zwei Tiles der Spielfigur in einer Zeile dargestellt werden müssen und die Höhe eines solchen Tiles gerade acht Pixel beträgt, weicht jeder zweite Aufruf der move_sprite() Prozedur in der Y-Koordinate um acht ab. Die X-Koordinate hingegen verändert sich jeweils nur innerhalb einer Zeile und wiederholt sich dann entsprechend.

```
...
        set_sprite_data(0, 191, Actor);
        set_sprite_tile(0, 0);
        set_sprite_tile(1, 1);
        set_sprite_tile(2, 48);
        set_sprite_tile(3, 49);
        set_sprite_tile(4, 96);
        set_sprite_tile(5, 97);
        set_sprite_tile(6, 144);
        set_sprite_tile(7, 145);
        move_sprite(0,72,50);
        move_sprite(1,80,50);
```

Kapitel VI: Grafiken auf dem GBC

```
move_sprite(2,72,58);
move_sprite(3,80,58);
move_sprite(4,72,66);
move_sprite(5,80,66);
move_sprite(6,72,74);
move_sprite(7,80,74);
...
```

Beim genaueren Betrachten der Grafik auf dem Display des Gameboy Colors fällt unweigerlich auf, daß zwar die gesamte Spielfigur angezeigt wird, jedoch die Farbgebung der einzelnen Tiles nicht mit jener des originalen Bildes übereinstimmt. Dies resultiert wie bereits besprochen aus der Tatsache, daß die Farbwerte der Tiles mit der falschen Farbpalette interpretiert werden. Dieses geschieht, da zu keinem Zeitpunkt des Programms eine Verknüpfung der einzelnen Tiles zu den entsprechenden Farbpaletten erstellt wurde. Bisher wurde lediglich die Nummern der Paletten in einem seperaten Feld abgelegt. Der nächste Schritt wird nun darin bestehen, diese Informationen aus den einzelnen Elementen des Feldes ActorCGB mit den Tiles der Spielfigur in Zusammenhang zu bringen. Dies geschieht, indem die Eigenschaften der insgesamt acht Tiles der Figur, durch den Aufruf der Funktion set_sprite_prop(), neu gesetzt werden. Somit lassen sich die Parameter der Funktion leicht erläutern. Der erste Übergabewert markiert durch Zahlennennung welches Sprite in seinen Eigenschaften modifiziert werden soll. Durch den zweiten Parameter wird die Verknüpfung des Sprites zu der zugehörigen Farbpalette erstellt, indem aus der Variablen ActorCGB ausgelesen wird. Dabei entspricht der Index dieses Feldes dem der Variablen Actor, in welcher die Tiles gespeichert sind. Das bedeutet, wird ein Tile mit dem Index 100 aus dem Array Actor verwendet, taucht diese Zahl sowohl in dem Funktionsaufruf set_sprite_tile() als auch in set_sprite_prop() auf. Außerdem ist darauf zu achten, daß diese Aufrufe für jedes anzuzeigende Tile der Spielfigur getätigt werden. Eine einfache Kontrollmöglichkeit ist der azahlenmäßige Vergleich der Ausführungen der Funktion set_sprite_tile() und set_sprite_prop().
Im Anschluss wird der einzufügende Programmteil aufgeführt.

Kapitel VI: Grafiken auf dem GBC

...

```
            set_sprite_tile(7, 145);

            set_sprite_prop(0,ActorCGB[0]);
            set_sprite_prop(1,ActorCGB[1]);
            set_sprite_prop(2,ActorCGB[48]);
            set_sprite_prop(3,ActorCGB[49]);
            set_sprite_prop(4,ActorCGB[96]);
            set_sprite_prop(5,ActorCGB[97]);
            set_sprite_prop(6,ActorCGB[144]);
            set_sprite_prop(7,ActorCGB[145]);

            move_sprite(0,72,50);
            move_sprite(1,80,50);
...
```

Mit dem bisher entwickelten Quelltext besteht nun die Möglichkeit jegliche Tiles auf dem Display des Gameboy Color anzuzeigen, wodurch alle nötigen Grafiken dargestellt werden können. Damit ist der Grundstein gelegt und ein wichtiger Schritt zur Realisierung des Projektes getan. Eine Einschränkung bleibt jedoch auch weiterhin die Festlegung auf 256 anzeigbare, unterschiedliche Tiles. Dadurch können Bilder, welche die Fläche des gesamten Bildschirms bedecken sollen, bisher nicht angezeigt werden. Um dies zu erreichen, sind besondere Anstrengungen von Nöten. Eine Lösung dieses Problem wird jedoch in weiteren Teilen des Buches angeboten.

Kapitel VII

7. Steuerung mit dem GBC

Wie werden die Tasten benutzt?

Das Abfragen des Status der Tasten des Gameboy Color gehört zu den weiteren grundlegenden Aufgaben, welche im Rahmen der Spieleprogrammierung bearbeitet werden müssen. Jeder Tastendruck sollte im späteren Spiel eine direkte und sichtbare Reaktion zur Folge haben. Aktionen können unter anderem das Bewegen der Spielfigur oder das Beenden des Spiels sein. Die Bedeutung der Tasten wird bereits durch den eingangs entwickelten Pseudocode deutlich, indem jede Veränderung des Programmstatus von dem Manipulieren der Buttons auf der Handkonsole abhängt.

Der GBC verfügt neben dem Steuerkreuz zur Angabe der Steuerrichtung über vier weiter Tasten. Die zwei kreisrunden Knöpfe mit der Aufschrift A und B werden meist zur Ausführung von Aktionen wie dem Springen oder dem Schlagen von Gegnern genutzt, wohingegen die länglichen Buttons Spieloptionen manipulieren. Der mit Start beschriftete Knopf dient in der Regel, neben der Auswahl von Optionen, dem Beginnen des Spiels, auch zum Setzen des Pausenmodus. Wird hingegen der Select-Button gedrückt, ruft man meist Menüs oder Inventare auf. Diese beim Benutzer meist schon eingeprägte Belegung der Tasten sollte, wenn möglich, im eigenen Spielkonzept übernommen werden, um dem Spieler eine intuitive Nutzung des Programmes zu ermöglichen. Dadurch werden lange Eingewöhnungszeiten verhindert und der Spielspaß gefördert.

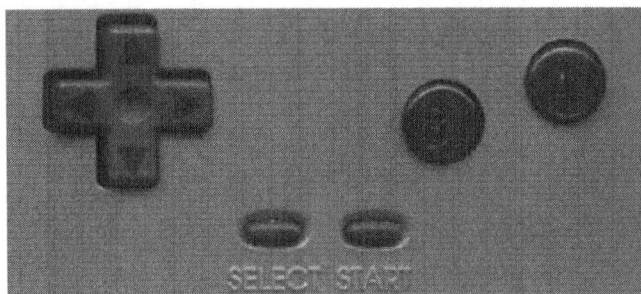

Im folgenden wird nun der Pseudocode, welcher zusammen entwickelt wurde, erneut abgedruckt, um diesen in eine syntaktisch richtige Schreibweise zu überführen. Im Anschluss werden die in Kapitel sechs gewonnenen Erkenntnisse über das Einbinden von Grafiken mit dem so entstandenen Quellcode verknüpft.

Kapitel VII: Steuerung mit dem GBC

Am Ende dieses Abschnittes besteht somit die Möglichkeit, die Spielfigur auf dem Bildschirm des Gameboy Color zu bewegen.

```
/* Deklaration */
Zahl xpos;
Zahl ypos;
/* Deklarationsende */

/* Zuweisung */
xpos = 100;
ypos = 100;
/* Ende Zuweisung */

solange das Spiel läuft, führe das folgende aus
    /* Schleifenrumpf */
    wenn die Steuertast nach rechts gedrückt wird,
        dann xpos = xpos + 5.
    wenn die Steuertast nach links gedrückt wird,
        dann xpos = xpos - 5.
    /* Ende Schleifenrumpf */
```

Die im Pseudocode angegebenen Deklarationen und Zuweisungen von Variablen werden im Folgenden überarbeitet und der Syntax von C angepasst. Als Datentyp der Koordinaten wird int gewählt. Ausserdem kann die Zuweisung direkt bei der Deklaration der Variablen erfolgen. Damit ergibt sich:

```
/* Deklaration Zuweisung */
int xpos = 100;
int ypos = 100;
```

Als Nächstes wird die Hauptfunktion mit dem Namen main erzeugt und die main loop eingefügt. Dieses entspricht der Vorgehensweise aus dem vorherigen Kapitel. Auch in diesem Fall wird die Bedingung der Schleife auf !0 gesetzt und somit eine Endlosschleife erzeugt. Im Schleifenrumpf werden nun die Tastaturabfragen integriert. Zur Abfrage des Tastenstatus wird die in der Standardbibliothek bereitgestellte Funktion joypad() genutzt. Sie gibt als Rückgabewert die momentan aktivierten Tasten an und läßt somit einen einfachen Vergleich zu. Im Folgendem sind die Bezeichnungen der Buttons aufgeführt, die entsprechend der angegebenen Groß- und Kleinschreibung zu verwenden sind.

J_A bezeichnet die A-Taste

Kapitel VII: Steuerung mit dem GBC

J_B bezeichnet die B-Taste
J_START bezeichnet die Start-Taste
J_SELECT bezeichnet die Select-Taste
J_UP bezeichnet das Aufwärts-Taste
J_DOWN bezeichnet die Abwärts-Taste
J_LEFT bezeichnet die Links-Taste
J_RIGHT bezeichnet die Rechts-Taste

Bei konsequentem Einfügen in den bisherigen Pseudocode ensteht folgender Textabschnitt:

```
/* Hauptfunktion */
int main(){
    while (!0){
        /* Schleifenrumpf */
        wenn (joypad() == J_RIGHT),
            dann xpos = xpos + 5.
        wenn (joypad() == J_LEFT),
            dann xpos = xpos - 5.
        /* Ende Schleifenrumpf */
    };
}
```

Als Operator in den Vergleichsoperationen wird ein doppeltes Gleichheitszeichen verwendet, da das einfache = bereits als Zuweisungssymbol dient. Soll also einer Variablen ein Wert zugewiesen werden, setzt man das einfache Gleichheitszeichen, wohingegen bei einem Vergleich zwei hintereinander gesetzt werden müssen. Dies tritt gerade bei Neueinsteigern als häufige Fehlerursache in den Vordergrund.

Die bedingte Anweisung wird in C durch die if-Anweisung ausgedrückt und entspricht der sprachlichen Formulierung „wenn ... dann". Dem folgendem Syntaxdiagramm kann der Aufbau dieser Anweisung entnommen werden.

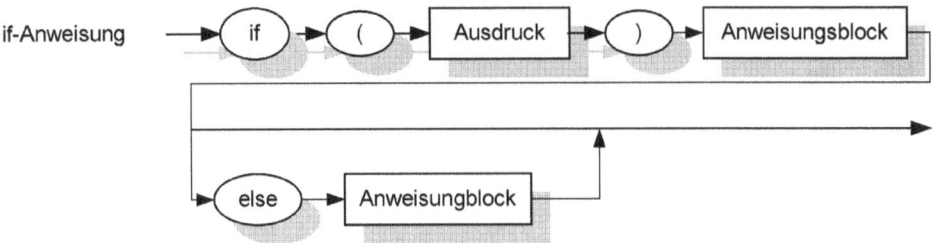

Kapitel VII: Steuerung mit dem GBC

Der Ausdruck der bedingten Anweisung muss immer in Klammern stehen, ansonsten kommt es beim compilieren zu Fehlermeldungen. Der darauffolgende Anweisungsblock besteht aus mindestens einer, bis hin zu unendlich vielen Anweisungen. Sollte dies der Fall sein und die Zahl der Anweisungen von eins abweichen, so müssen sie in geschweifte Klammern gesetzt werden.

Das Schlüsselwort else mit dem weiteren Anweisungsblock ist optional, was bedeutet, daß dieser Teil nicht zwingend notwendig ist. Die Umsetzung ist im folgenden dargestellt.

```
/* Hauptfunktion */
int main(){
    while (!0){
        /* Schleifenrumpf */
        if (joypad() == J_RIGHT) xpos = xpos + 5;
        if (joypad() == J_LEFT) xpos = xpos - 5;
        /* Ende Schleifenrumpf */
    };
}
```

Zur Vereinfachung kann der Programmtext xpos = xpos + 5 durch die Zeichenkette xpos += 5 ersetzt werden. Inhaltlich und formal bedeutet dies das gleiche und ist lediglich eine andere, kürzere Schreibweise, die durch C ermöglicht wird.

An dieser Stelle sollen nun die in Kapitel sechs entwickelten Programmabschnitte zur Anzeige von Grafiken in diesen Programmteil eingebettet werden. Dem im Vorfeld genannten allgemeinen Aufbau eines Spiels ist die Position für das Einfügen zu entnehmen.
Des weiteren muss der Funktionsaufruf move_sprite() angepasst werden. Bisher sind die Angaben der Koordinaten unabhängig von der durch die Tasten veränderbaren Variable xpos und wirken sich somit nicht auf die Sprites aus. Um dies zu erreichen, wird zu den bisherigen Werten die der Position xpos addiert, wie im Folgenden durchgeführt.
Außerdem werden alle Anweisungen und Ausdrücke aus dem Schleifenrumpf entfernt, die nur einmal ausgeführt werden müssen. Dazu siedelt man sie oberhalb der Schleife an.

Der folgende Quellcode zeigt die Veränderungen auf und setzt das Besprochene um.

Kapitel VII: Steuerung mit dem GBC

```c
/* Main.c */
#include <gb.h>
#include "Actor.h"
#include "Actor.c"

const UWORD Actor_Palette[] =
{
  ActorCGBPal0c0,ActorCGBPal0c1,ActorCGBPal0c2,ActorCGBPal0c3,
  ActorCGBPal1c0,ActorCGBPal1c1,ActorCGBPal1c2,ActorCGBPal1c3,
  ActorCGBPal2c0,ActorCGBPal2c1,ActorCGBPal2c2,ActorCGBPal2c3,
  ActorCGBPal3c0,ActorCGBPal3c1,ActorCGBPal3c2,ActorCGBPal3c3,
  ActorCGBPal4c0,ActorCGBPal4c1,ActorCGBPal4c2,ActorCGBPal4c3,
  ActorCGBPal5c0,ActorCGBPal5c1,ActorCGBPal5c2,ActorCGBPal5c3,
  ActorCGBPal6c0,ActorCGBPal6c1,ActorCGBPal6c2,ActorCGBPal6c3,
  ActorCGBPal7c0,ActorCGBPal7c1,ActorCGBPal7c2,ActorCGBPal7c3
};
/* Deklaration */
char xpos = 72;
char ypos = 0;

/* Hauptfunktion */
int main(){
    SPRITES_8x8;
    set_sprite_palette(0,8,Actor_Palette);
    set_bkg_palette(0, 1, Actor_Palette);
    set_sprite_data(0, 191, Actor);
    while (!0){
            /* Schleifenrumpf */
            set_sprite_tile(0, 0);
            set_sprite_tile(1, 1);
            set_sprite_tile(2, 48);
            set_sprite_tile(3, 49);
            set_sprite_tile(4, 96);
            set_sprite_tile(5, 97);
            set_sprite_tile(6, 144);
            set_sprite_tile(7, 145);
            set_sprite_prop(0,ActorCGB[0]);
            set_sprite_prop(1,ActorCGB[1]);
            set_sprite_prop(2,ActorCGB[48]);
            set_sprite_prop(3,ActorCGB[49]);
            set_sprite_prop(4,ActorCGB[96]);
            set_sprite_prop(5,ActorCGB[97]);
            set_sprite_prop(6,ActorCGB[144]);
            set_sprite_prop(7,ActorCGB[145]);
```

```
            move_sprite(0,xpos,50);
            move_sprite(1,xpos + 8,50);
            move_sprite(2,xpos,58);
            move_sprite(3,xpos + 8,58);
            move_sprite(4,xpos,66);
            move_sprite(5,xpos + 8,66);
            move_sprite(6,xpos,74);
            move_sprite(7,xpos + 8,74);

            SHOW_SPRITES;

            if (joypad() == J_RIGHT) xpos = xpos + 5;
            if (joypad() == J_LEFT) xpos = xpos - 5;
            /* Ende SSchleifenrumpf*/
        };
    }
```

Zur Strukturierung und Gliederung des bisher entwickelten Programmtextes ist eine Unterteilung in weitere Funktionen ratsam, welche dann aus der Hauptfunktion main() aufgerufen werden. Eine zu erstellende Funktion mit dem Namen InitGraphic() soll die Aufgaben des Setzens der Farbpaletten übernehmen, also jenen Programmabschnitt umfassen, welcher gerade aus dem Schleifenrumpf ausgelagert wurde. Außerdem sollen dann die Anweisungen zum Zeichnen der Hauptfigur in der Funktion DrawActor() zusammengefaßt werden. Eine Übergabe von Parametern ist zu diesem Zeitpunkt nicht nötig und auch die Rückgabe von Werten zeichnet sich in diesem Zusammenhang als nicht sinnvoll ab. Aus diesem Grund wird der Datentyp void als Rückgabewert angegeben.

```
void InitGraphic(){
    set_sprite_palette(0,8,Actor_Palette);
    set_bkg_palette(0, 1, Actor_Palette);
    set_sprite_data(0, 191, Actor);
}
```

Die zweite Funktion ist im folgenden Textabschnitt abgedruckt.

```
void DrawActor(){
    set_sprite_tile(0, 0);
    ...
    SHOW_SPRITES;
}
```

Kapitel VII: Steuerung mit dem GBC

Der Aufruf der Funktion aus der Hauptfunktion erfolgt dann wie angegeben.

```
/* Hauptfunktion */
int main(){

    InitGraphic();

    while (!0){
        /* Schleifenrumpf */

        DrawActor();

        if (joypad() == J_RIGHT) xpos += 5;
        if (joypad() == J_LEFT) xpos -= 5;

        /* Ende Schleifenrumpf*/
    };
}
```

> Funktionen, die aufgerufen werden sollen, müssen vorher deklariert sein. In der praktischen Anwendung bedeutet dies, dass die Funktion in der textuellen Abfolge immer vor jener Stelle stehen muss, an der die Funktion durch einen Aufruf genutzt wird. Aus diesem Grund sind in dem bisherigen Beispiel die Funktionen InitGraphic() und DrawActor vor der Funktion main() aufgeführt.

Wird am Ende des Schleifenrumpfes die Anweisung delay(50) eingefügt und die x-Koordinate jeweils nur um eins erhöht oder verringert, so wird eine gleichmäßige und flüssige Bewegung der Hauptfigur erzeugt.

```
    ...
        if (joypad() == J_LEFT) xpos -= 5;
        delay(50);
        /* Ende Schleifenrumpf*/
    ...
```

Die delay-Anweisung veranlasst den Rechner mit der weiteren Ausführung des Programmes erst nach Ablauf der in Klammern angegebenen Zeit fortzufahren. Dadurch wird die Bewegung der Figur verlangsamt und das menschliche Auge erhält die Möglichkeit sie in geeigneter Weise wahrzunehmen.

Kapitel VIII

8. Animationen auf dem GBC
Wie bewegt sich die Spielfigur?

Als Animation wird im Allgemeinen die Abfolge von Einzelbildern eines Bewegungsablaufes bezeichnet. Die Bilder werden in einem zeitlichen Intervall abgespielt, indem das menschliche Auge die Geschenisse als Bewegung interpretiert. Dieses geschieht, wenn die Bilder mit einer Rate von 25 Bilder in der Sekunde wechseln. Liegt die Wiederholungsrate* darunter erscheint der Bewegungsablauf als ruckhaft und gestört. Erst bei 3-5 Frames in der Sekunde werden die Bilder nicht mehr als zusammengehörig angesehen und werden als einzeln stehende Elemente betrachtet.

Das Display des Gameboy Colors hat eine Bildwiederholungsrate von 60 Hz. Dies bedeutet, dass pro Sekunde 60 Bilder auf dem Bildschirm angezeugt werden können und somit einen flüssigen Bewegungsablauf garantieren.

Dies geschieht allerdings nur unter der Voraussetzung, dass das entwickelte Programm auch in der vorgegebenen Zeit bearbeitet werden kann. In dem bisher entwickelten Quellcode wird das Display des Gameboy bei jedem Durchlauf des main loops genau einmal aktualisiert. Danach wird der Status der Tasten abgefragt und unterschiedliche Berechnungen durchgeführt. Diese Vorgänge brauchen unweigerlich eine endliche Menge an Zeit. Liegt die Bearbeitungszeit innerhalb der spezifischen Wiederholungsrate, also überschreitet sie nicht 1/60 Sekunde, so kann die volle Leistung des Bildschirms genutzt werden. Dauern diese Vorgänge jedoch länger, zum Beispiel 1/30 Sekunde so folgt aus dieser Tatsache, dass nur 30 Bilder in einer Sekunde gezeichnet werden können. Aus diesem Beispiel läßt sich ableiten, dass prinzipiell die Aussage getätigt werden kann: Je länger die Berechnungsschritte des Spiels andauern, desto geringer wird die Bildwiederholungsrate.

Um die Bearbeitungszeiten zu reduzieren, können entweder Algorithmen möglichst effizient entwickelt und geschrieben werden, oder die Hardware des Rechner muss beschleunigt werden. Dies ist im Bereich des PC's ohne weiteres möglich, bei Konsolen wird jedoch unter fixen Randbedingungen gearbeitet. Darin ist auch der Grund zu suchen, weshalb die Spiele auf dem Gameboy Color in grafischer Qualität und Komplexität den Vorbildern auf anderen Konsolen und dem PC unterlegen sind.

Im nächsten Schritt soll das bisherige Programm dahingehend erweitert werden, dass sobald die Richtungstasten betätigt werden sich nicht nur die Position der Figur ändert, sondern auch eine Laufbewegung startet.

Kapitel VIII: Animation auf dem GBC

Die Bilder der Laufbewegung sind bereits Bestandteil der erstellten Grafik und wurden unter Nutzung des GBTD vorbereitet.
Die Vorgehensweise zur Erstellung der Animation wird im folgenden beschrieben.

Bei jedem Durchlauf des main loops* wird bisher der Bildschirm des Gameboy Colors mit derselben Grafik des stehenden Männchens aktualisiert. Durch den Einsatz einer Variablen wird nun bei jedem Durchlauf das nächste Bild der Animationsreihe dargestellt. Dazu wird die Variable inkrementiert.

Ist das Ende der Einzelbilder erreicht, wird das erste Bild des Bewegungsablaufes angezeigt und der Prozeß beginnt von Neuem. Dies geschieht so lange bis die Richtungstaste nicht mehr aktiviert ist. Dann wird das Bild der stehenden Hauptfigur eingeblendet.

Um dies zu realisieren sind einige Änderungen und Erweiterungen des bisherigen Quellcodes notwendig.
Zuerst wird im folgendem der Funktion DrawActor durch einen Parameter erläutert, welches Bild gezeichnet werden soll. Der Wert eins entspricht dabei zum Beispiel der stehenden Hauptfigur. Die entsprechende Funktion lautet wie im folgenden aufgezeigt.

```
void DrawActor(char frame){
    char x;

    x = (frame - 1) * 2;

    set_sprite_tile(0, x);
    set_sprite_tile(1, x + 1);
    set_sprite_tile(2, x + 48);
    set_sprite_tile(3, x + 49);
    set_sprite_tile(4, x + 96);
    set_sprite_tile(5, x + 97);
    set_sprite_tile(6, x + 144);
    set_sprite_tile(7, x + 145);

    set_sprite_prop(0,ActorCGB[x]);
    set_sprite_prop(1,ActorCGB[x + 1]);
    set_sprite_prop(2,ActorCGB[x + 48]);
    set_sprite_prop(3,ActorCGB[x + 49]);
    set_sprite_prop(4,ActorCGB[x + 96]);
    set_sprite_prop(5,ActorCGB[x + 97]);
```

Kapitel VIII: Animation auf dem GBC

```
        set_sprite_prop(7,ActorCGB[x + 145]);

        move_sprite(0,xpos,50);
        move_sprite(1,xpos + 8,50);
        move_sprite(2,xpos,58);
        move_sprite(3,xpos + 8,58);
        move_sprite(4,xpos,66);
        move_sprite(5,xpos + 8,66);
        move_sprite(6,xpos,74);
        move_sprite(7,xpos + 8,74);

        SHOW_SPRITES;
}
```

Im Funktionskopf wird der Parameter frame des Datentyps char eingefügt.

```
void DrawActor(char frame){
```

Als nächstes wird die Variable x deklariert und aus dem angegebenen Frame* das entsprechend zuerst benötigte Tile berechnet. Da die Indizierung bei Null beginnt und die Spielfigur eine Breite von zwei Tiles hat, ergibt sich folgende Form.

```
char x;
x = (frame - 1) * 2;
```

Bei den Funktionen set_sprite_tile() und set_sprite_prop() wird nun die Variable x eingefügt, um die angegebenen Bilder zu laden.

Die Hauptfunktion wird um die Variable current erweitert, in der das aktuelle Bild des Bewegungsablaufes abgelegt wird. Der Startwert wird mit eins festgelegt, da dies dem Stehen der Figur entspricht.
Die Schreibweise current++ erhöht die Variable nach Ausführung um eins.

```
/* Hauptfunktion */
int main(){
    int current = 1;
    InitGraphic();
    while (!0){
        /* Schleifenrumpf */
        DrawActor(current);
        if (joypad() == J_RIGHT) {
```

```
            current++;
            xpos += 1;
        };
        if (joypad() == J_LEFT) xpos -= 1;

        delay(50);
        /* Ende SSchleifenrumpf*/
    };
}
```

Wird das Resultat des compilierten Quellcodes betrachtet, fällt auf, daß alle Einzelbilder der Grafik angezeigt werden und nach der Darstellung des letzten Bildes Fehler auftreten. Diese Fehler beruhen auf der Tatsache, daß sich die Zahl current über die Anzahl der Einzelbilder hinaus erhöht und somit nicht existente Grafiken anzuzeigen versucht. Dass dabei Tiles der Spielfigur angezeigt werden ist reiner Zufall.

Um nur jene Bilder anzuzeigen, die Bestandteil des Schrittes der Spielfigur sind, muß zu Beginn der Animation festgelegt werden, welches das Startbild des Bewegungsablaufes ist. Außerdem ist es notwendig, dass bei Erreichen des letzten Bildes, das erste Bild erneut angezeigt wird. Dies wird umgesetzt, indem die Variable current mit der Zahl des letzten Bildes verglichen wird und bei dessen Erreichen zurück auf den Wert des Anfangsbildes gesetzt wird.

Das erste Bild des Schrittes ist das dritte, das letzte und das achte. Daher ergibt sich die bedingte Anweisung wie folgt

```
if (current >= 8) current = 3;
```

Da nach einiger Zeit die Bedeutung der Zahlen schwer nachvollziehbar ist, werden diese durch #defines ersetzt.

```
#define START_RUNNING_FRAME 3
#define END_RUNNING_FRAME 8
```

Diese Zeichenketten werden nun in die bedingte Anweisung eingefügt und haben damit wesentlich an Aussagekraft gewonnen.

```
if (current >= END_RUNNING_FRAME)
    current = START_RUNNING_FRAME
```

Ändert sich nun die Ziffer des ersten Bildes der Bewegungsfolge, so muss lediglich die Zeile mit dem #define verändert werden, auch dann, wenn

Kapitel VIII: Animation auf dem GBC

die Zahl in Programmcode mehrmals verwendet wird. Um festzuhalten , welche Aktion die Spielfigur gerade ausgeführt, wird eine Variable status deklariert. Dieser wird zu Beginn des Spiels der Wert STANDING zugewiesen, beim Drücken einer Richtungstaste der Wert RUNNING. Beide diese Zeichenfolgen stehen für einen durch #define definierten Zahlenwert.

```
#define STANDING 0
#define RUNNING 1
```

In der Hauptfunktion ergeben sich folgende Änderungen.

```
int main(){
    char current = STANDING_FRAME;
    unsigned long btn;
    char status = STANDING;

    InitGraphic();

    while (!0){
        btn = joypad();

        DrawActor(current);

        if (btn == J_RIGHT){
            if (status == STANDING){
                    current = START_RUNNING_FRAME;
                    status = RUNNING;
            }
            else{ current++;};
            if (current >= END_RUNNING_FRAME)
                current = START_RUNNING_FRAME;
            xpos++;
        };
        if (btn == J_LEFT) xpos--;
        delay(100);
    };
}
```

Analog zu dieser Vorgehensweise ergibt sich der Programmtext für das Aktivieren der Richtungstaste nach links, einziger Unterschied ist die Darstellung des Männchens, da die Figur in die entgegengesetzte Richtung ausgerichet werden muss. Dieses kann durch eine Spiegelung der einzelnen

Kapitel VIII: Animation auf dem GBC

Tiles der Spielfigur erreicht werden. Umgesetzt wird dies mit Hilfe der bereits vorgestellten set_sprite_prop() Funktion und dem Parameter FLIPX der durch Addition mit der Nummer der Farbpalette verknüpft wird.

```
set_sprite_prop(0,S_FLIPX + ActorCGB[x]);
set_sprite_prop(1,S_FLIPX + ActorCGB[x + 1]);
set_sprite_prop(2,S_FLIPX + ActorCGB[x + 48]);
set_sprite_prop(3,S_FLIPX + ActorCGB[x + 49]);
set_sprite_prop(4,S_FLIPX + ActorCGB[x + 96]);
set_sprite_prop(5,S_FLIPX + ActorCGB[x + 97]);
set_sprite_prop(6,S_FLIPX + ActorCGB[x + 144]);
set_sprite_prop(7,S_FLIPX + ActorCGB[x + 145]);
```

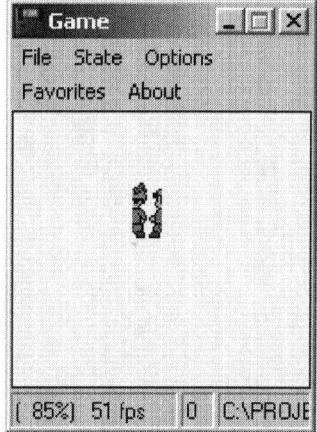

Wie aus der anstehenden Grafik zu ersehen ist, erzielt eine einfache Spiegelung der Tiles jedoch nicht vollkommen die erwünschte Wirkung. Zwar sind die Tiles in der richtigen Art und Weise ausgerichtet, die Positionierung jedoch scheint vertauscht und muss verändert werden. Dazu werden die Tiles einer X-Ebene ausgetauscht.

Des weiteren wird eine Variable direction eingeführt, welche die momentane Blickrichtung der Spielfigur angibt, da sich die Funktionsaufrufe je nach Blickrichtung unterscheiden.

Werden die Ideen umgesetzt verändert sich der Quellcode in der folgenden Weise.
Bei den Definitionen und Deklarationen:

```
#define LEFT 0
#define RIGHT 1
char direction = 0;
```

In der Funktion DrawActor:

```
...
    if (direction == RIGHT) {
            set_sprite_prop(0,ActorCGB[x]);
            set_sprite_prop(1,ActorCGB[x + 1]);
```

Kapitel VIII: Animation auf dem GBC

```
            set_sprite_prop(2,ActorCGB[x + 48]);
            set_sprite_prop(3,ActorCGB[x + 49]);
            set_sprite_prop(4,ActorCGB[x + 96]);
            set_sprite_prop(5,ActorCGB[x + 97]);
            set_sprite_prop(6,ActorCGB[x + 144]);
            set_sprite_prop(7,ActorCGB[x + 145]);

            move_sprite(0,xpos,ypos - 24);
            move_sprite(1,xpos + 8,ypos - 24);
            move_sprite(2,xpos,ypos - 16);
            move_sprite(3,xpos + 8,ypos -16);
            move_sprite(4,xpos,ypos - 8);
            move_sprite(5,xpos + 8,ypos -8);
            move_sprite(6,xpos,ypos);
            move_sprite(7,xpos + 8,ypos);
      }
      else{
            set_sprite_prop(0,S_FLIPX + ActorCGB[x]);
            set_sprite_prop(1,S_FLIPX + ActorCGB[x + 1]);
            set_sprite_prop(2,S_FLIPX + ActorCGB[x + 48]);
            set_sprite_prop(3,S_FLIPX + ActorCGB[x + 49]);
            set_sprite_prop(4,S_FLIPX + ActorCGB[x + 96]);
            set_sprite_prop(5,S_FLIPX + ActorCGB[x + 97]);
            set_sprite_prop(6,S_FLIPX + ActorCGB[x + 144]);
            set_sprite_prop(7,S_FLIPX + ActorCGB[x + 145]);

            move_sprite(0,xpos + 8,ypos - 24);
            move_sprite(1,xpos,ypos - 24);
            move_sprite(2,xpos + 8,ypos - 16);
            move_sprite(3,xpos,ypos - 16);
            move_sprite(4,xpos + 8,ypos - 8);
            move_sprite(5,xpos,ypos - 8);
            move_sprite(6,xpos + 8,ypos);
            move_sprite(7,xpos,ypos);
      };
```

Über die bereits besprochenen Modifikationen des Quellcoeds hinaus, wurde die Variable ypos eingebunden.

Kapitel IX

9. Der GBMB - Gameboy Map Builder
Wie werden Hintergründe erstellt?

Genau wie bei der Erstellung von Sprites werden die für den Hintergrund designten Grafiken mit einem Malprogramm erstellt und dann mit dem GBTD in einen C Programmtext konvertiert.
In der folgenden Abbildung sind Beispielgrafiken von Hintergrundelementen dargestellt.

Als erster Schritt werden die erstellten Grafiken aus dem GBDT, mit Hilfe der *.gbr- Datei unter „File/Map Properties", geladen.

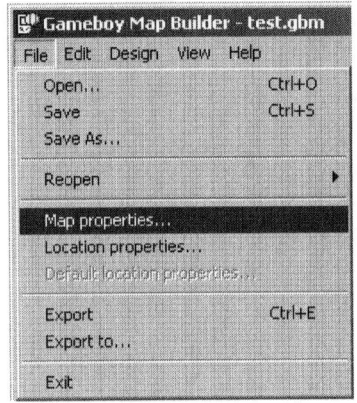
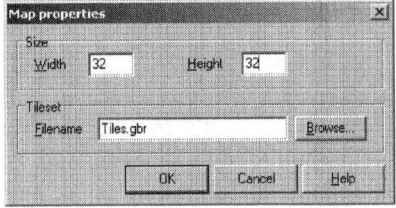

In dem aufspringenden Dialogfenster werden des weiteren sowohl Breite und Höhe des Hintergrundes angegeben. Zuerst einmal wird der Background* auf die Abmessungen 32x32 festgelegt, da der Grafikspeicher, welcher für den Hintergrund genutzt wird, nur bis zu dieser Größe Daten fassen kann.
Auf der rechten Seite der Anwendung befinden sich alle verfügbaren Tiles, welche in die Hintergrundgrafik eingesetzt werden können. Dazu wird das entsprechende Tile durch das Links-Klicken ausgewählt und durch Drücken der Rechten Maustaste eingefügt.

Anbei ist ein Beispiel für ein Hintergrundbild abgedruckt, welches im weiteren Verlauf des Kapitels benutzt wird.

Kapitel IX: Der GBMB

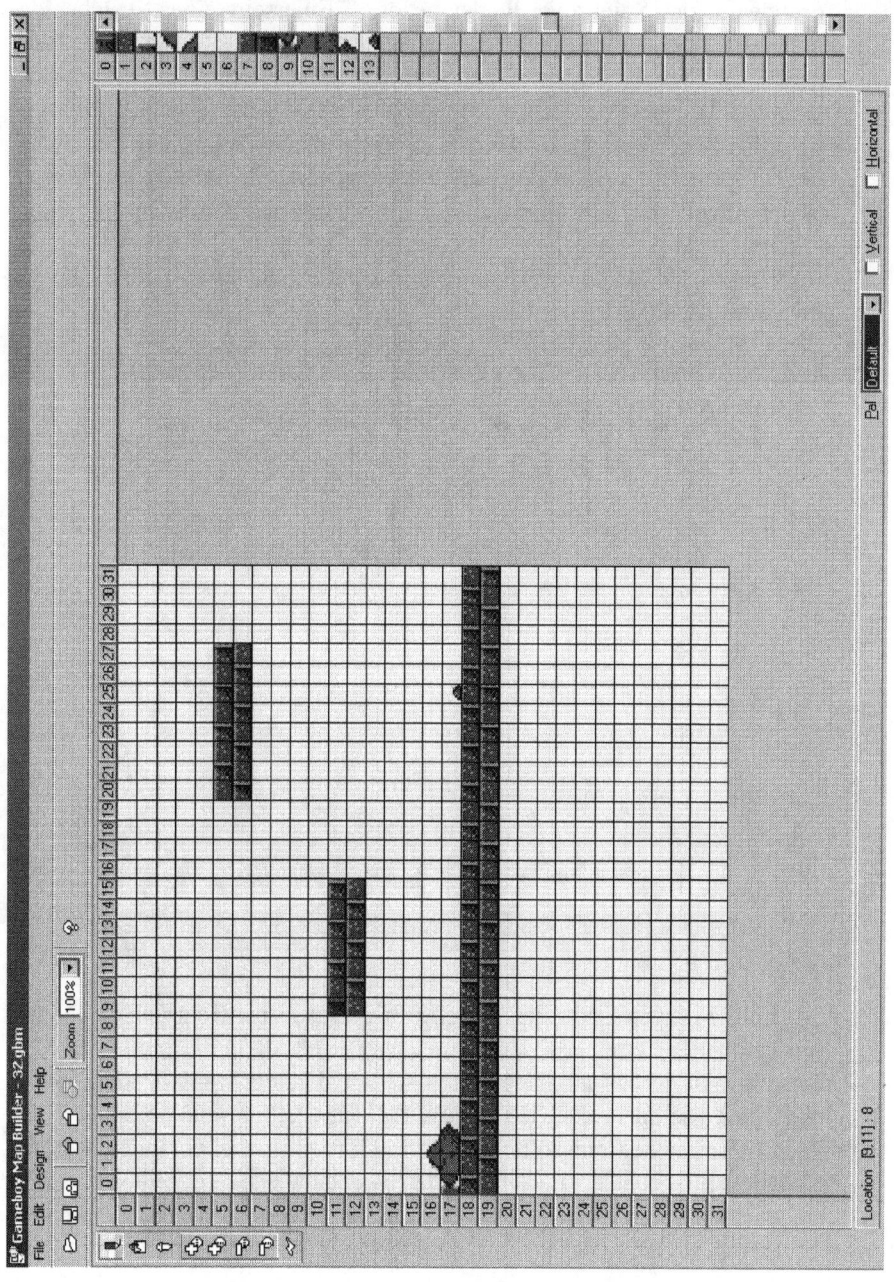

Kapitel IX: Der GBMB

Genau wie bei der Erstellung der Sprites werden zur Einbindung des Hintergrundes in das Spiel zwei Felder benötigt. Einerseits eines, welches die Platzierung der Tiles angibt, in dem in jedem Element die Nummer des dazugehörigen Tiles abgelegt wird, zum Anderen eines, welches die Verknüpfung zwischen Tile und zugehöriger Farbpalette herstellt. Die Herstellung der richtigen Farbverknüpfung geschieht nach dem selben Prinzip wie bereits bei der Darstellung der Spielfigur und der dazugehörigen Grafiken geschehen.

Welche konkreten Einstellungen getätigt werden müssen ist im folgenden erklärt.

Ruf man die Option „File/Export to" und wählt „Standard" so öffnet man das beigefügte Dialogfenster.

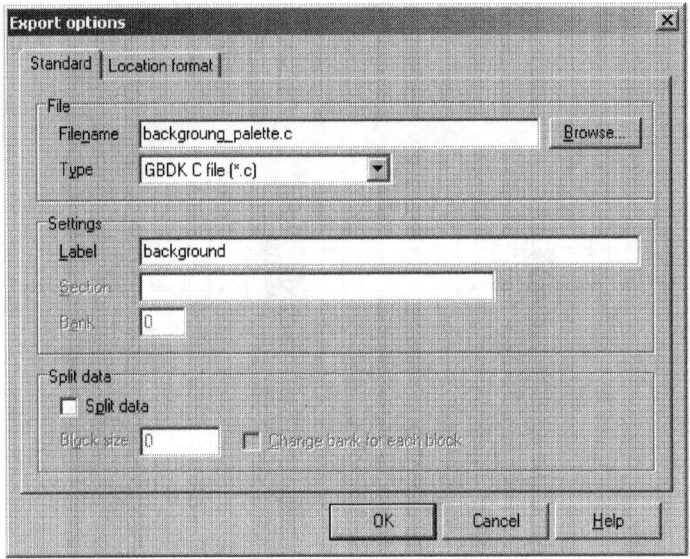

Im Feld Filename aus der Gruppe File wurde im Beispiel der Name background_palette.c als Dateiname ausgewählt, da in diesem File die Informationen der zu nutzenden Farbpaletten abgelegt werden. Als Type ist auch hier, wie bei dem GBTD, „GBDK C file (*.c) zu selektieren.

In der Gruppe Settings sollte der Eintrag im Feld Label verändert werden. Der hier angegebene Name entspricht später dem Variablennamen und sollte als Bezeichner aussagekräftig gewählt werden, so zum Beispiel backgroundCGB.

Kapitel IX: Der GBMB

Unter „Location format" müssen ebenfalls Einstellungen vorgenommen werden, da hier angegeben wird, welche Informationen in welchem Umfang exportiert werden sollen.

Wählt man unter „Properties" die Option „[GBC Palette]" so werden wie beabsichtigt die Nummern der Farbpaletten dem benannte Label zugewiesen. Darüber hinaus sollten die weiteren Felder mit dem folgendem Bild abgeglichen werden.

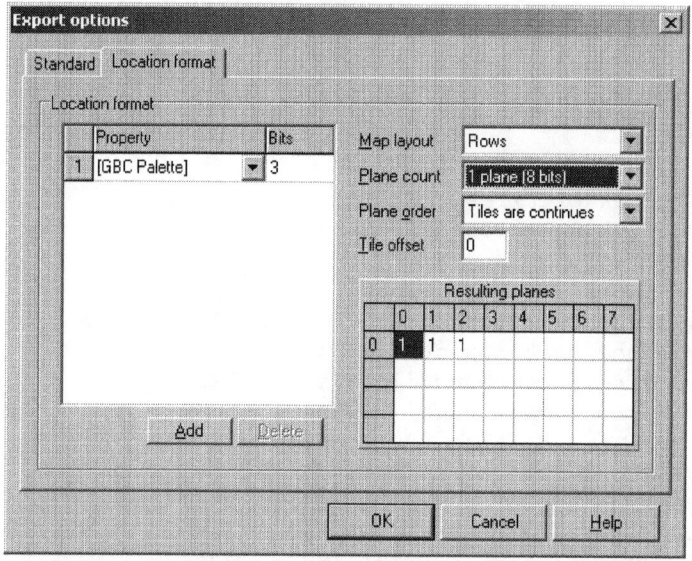

Nach dem Ausführen dieser Schritte werden, durch das Wählen der Option „[Tile number]" als „Property", die Positionen der Tiles im Hintergrund gespeichert. An dieser Stelle sollte daran gedacht werden, sowohl den Dateinamen als auch das Label zu verändern. Als Vorschlag sei hier der Filename background_nr.c und das Label background genannt, welche im weiteren Verlauf in diesem Buch Verwendung finden.

Zur besseren Übersicht sollten die so entstandenen beiden Dateien background_palette.c und background.c und die im GBTD entstandene Dateien genauso durch Kopieren und Einfügen zusammengefasst werden wie die jeweiligen Header-Dateien, wodurch sich folgende zusammenhängende Datei ergeben.

Kapitel IX: Der GBMB

```c
/* BACKGROUND.H
Map Include File.
Info:
   Section      :
   Bank         : 0
   Map size     : 32 x 32
   Tile set     : test.gbr
   Plane count  : 1 plane (8 bits)
   Plane order  : tile are continues
   Tile offset  : 0
   Split data   : No

 This file was generated by GBMB v1.8
*/

/* Bank of tiles. */
#define backgroundtileBank 0

/* Super Gameboy palette 0 */
#define backgroundtileGBPal0c0 23443
#define backgroundtileGBPal0c1 12608
#define backgroundtileGBPal0c2 32767
#define backgroundtileGBPal0c3 1084

/* Super Gameboy palette 1 */
#define backgroundtileGBPal1c0 29329
#define backgroundtileGBPal1c1 7498
#define backgroundtileGBPal1c2 32763
#define backgroundtileGBPal1c3 1065

/* Super Gameboy palette 2 */
#define backgroundtileGBPal2c0 21139
#define backgroundtileGBPal2c1 7498
#define backgroundtileGBPal2c2 32763
#define backgroundtileGBPal2c3 1057

/* Super Gameboy palette 3 */
#define backgroundtileGBPal3c0 21139
#define backgroundtileGBPal3c1 7466
#define backgroundtileGBPal3c2 32747
#define backgroundtileGBPal3c3 2114

/* Gameboy Color palette 0 */
#define backgroundtileCGBPal0c0 23443
```

```
#define backgroundtileCGBPal0c1 12608
#define backgroundtileCGBPal0c2 32767
#define backgroundtileCGBPal0c3 1084

/* Gameboy Color palette 1 */
#define backgroundtileCGBPal1c0 29329
#define backgroundtileCGBPal1c1 7498
#define backgroundtileCGBPal1c2 32763
#define backgroundtileCGBPal1c3 1065

/* Gameboy Color palette 2 */
#define backgroundtileCGBPal2c0 21139
#define backgroundtileCGBPal2c1 7498
#define backgroundtileCGBPal2c2 32763
#define backgroundtileCGBPal2c3 1057

/* Gameboy Color palette 3 */
#define backgroundtileCGBPal3c0 21139
#define backgroundtileCGBPal3c1 7466
#define backgroundtileCGBPal3c2 32747
#define backgroundtileCGBPal3c3 2114

/* Gameboy Color palette 4 */
#define backgroundtileCGBPal4c0 23286
#define backgroundtileCGBPal4c1 4584
#define backgroundtileCGBPal4c2 32767
#define backgroundtileCGBPal4c3 128

/* Gameboy Color palette 5 */
#define backgroundtileCGBPal5c0 19027
#define backgroundtileCGBPal5c1 7466
#define backgroundtileCGBPal5c2 32767
#define backgroundtileCGBPal5c3 1058

/* Gameboy Color palette 6 */
#define backgroundtileCGBPal6c0 1540
#define backgroundtileCGBPal6c1 5608
#define backgroundtileCGBPal6c2 30713
#define backgroundtileCGBPal6c3 1217

/* Gameboy Color palette 7 */
#define backgroundtileCGBPal7c0 24310
#define backgroundtileCGBPal7c1 7560
#define backgroundtileCGBPal7c2 32767
```

Kapitel IX: Der GBMB

```
#define backgroundtileCGBPal7c3 1121
/* CGBpalette entries. */
extern unsigned char backgroundCGB[];
/* Start of tile array. */
extern unsigned char background[];

extern unsigned char backgroundtile[];
```

Der Inhalt der zweiten Datei lautet:

```
/*

  BACKGROUND.C

  Map Source File.

  Info:
    Section      :
    Bank         : 0
    Map size     : 32 x 32
    Tile set     : test.gbr
    Plane count  : 1 plane (8 bits)
    Plane order  : Tiles are continues
    Tile offset  : 0
    Split data   : No

  This file was generated by GBMB v1.8

*/

#define backgroundCGBWidth 32
#define backgroundCGBHeight 32
#define backgroundCGBBank 0

/* CGBpalette entries. */
unsigned char BackgroundtileCGB[] =
{
  0x22,0x54,0x40,0x02,0x37,0x66,0x75
};
/* Start of tile array. */
unsigned char Backgroundtile[] =
{
  0x18,0x00,0xFB,0x00,0xFB,0x30,0xFB,0x00,
  0xFA,0x30,0xFB,0x50,0xFB,0xB0,0xFF,0xFB,
```

```c
    0x00, 0x00, 0xFF, 0x00, 0xBF, 0x00, 0xF6, 0x00,
    0xFF, 0x00, 0xEF, 0x00, 0xBF, 0x00, 0xFF, 0xFF,
    0x00, 0x3F, 0x40, 0x1F, 0xC0, 0x1F, 0xC0, 0x1F,
    0xC0, 0x1F, 0xC0, 0x1F, 0xC0, 0x5F, 0xC3, 0xDF,
    0x00, 0xFF, 0x00, 0xFF, 0x03, 0xFD, 0x0F, 0xFC,
    0x1F, 0xD8, 0x1F, 0xD0, 0x3F, 0xA0, 0xFF, 0xE0,
    0x00, 0xFF, 0x00, 0xFF, 0xC0, 0xBF, 0xE0, 0x7F,
    0xF0, 0x1F, 0xF0, 0x17, 0xF8, 0x0B, 0xFF, 0xC6,
    0x00, 0xFF, 0x00, 0xFF, 0x00, 0xFF, 0x00, 0xFF,
    0x00, 0xFF, 0x00, 0xFF, 0x00, 0xFF, 0x00, 0xFF,
    0x00, 0xFF, 0x00, 0xFF, 0x00, 0xFF, 0x00, 0xFF,
    0x00, 0xFF, 0x00, 0xFF, 0x00, 0xFF, 0x00, 0xFF,
    0x00, 0x00, 0xF6, 0x00, 0xFF, 0x00, 0xFB, 0x00,
    0xEF, 0x00, 0xFF, 0x00, 0xFF, 0x01, 0xFF, 0xFF,
    0x04, 0x00, 0xDC, 0x04, 0xFD, 0x0C, 0xBC, 0x04,
    0xFD, 0x0C, 0xBD, 0x34, 0xFC, 0x4C, 0xFF, 0xFD,
    0x07, 0x1C, 0xCF, 0x08, 0xFF, 0x18, 0xFF, 0x31,
    0xFF, 0x10, 0xCF, 0x08, 0xC7, 0x1E, 0xE1, 0xDE,
    0x78, 0x60, 0x1C, 0x1C, 0x00, 0x00, 0x03, 0x00,
    0x03, 0x03, 0x07, 0x01, 0x7F, 0x00, 0xFF, 0xFF,
    0x47, 0x40, 0x07, 0x03, 0x13, 0x00, 0x02, 0x00,
    0xCF, 0x8B, 0xDF, 0x85, 0xFF, 0x2B, 0xFF, 0xFF,
    0xC0, 0xFF, 0xE0, 0x3F, 0xF0, 0x57, 0xF0, 0xB7,
    0xE0, 0x7F, 0xC0, 0xFF, 0xC0, 0x7F, 0x80, 0x7F,
    0x00, 0xFF, 0x00, 0xFF, 0x00, 0xFF, 0x00, 0xFF,
    0x18, 0xEB, 0x2E, 0xE5, 0x5F, 0xC3, 0x7E, 0xFD
};

const unsigned char backgroundCGB[] =
{
    0x00, 0x00, 0x00, 0x00, 0x00, 0x00, 0x00, 0x00, 0x00, 0x00,
    0x00, 0x00, 0x00, 0x00, 0x00, 0x00, 0x00, 0x00, 0x00, 0x00,
    0x00, 0x00, 0x00, 0x00, 0x00, 0x00, 0x00, 0x00, 0x00, 0x00,
    0x00, 0x00, 0x00, 0x00, 0x00, 0x00, 0x00, 0x00, 0x00, 0x00,
    0x00, 0x00, 0x00, 0x00, 0x00, 0x00, 0x00, 0x00, 0x00, 0x00,
    0x00, 0x00, 0x00, 0x00, 0x00, 0x00, 0x00, 0x00, 0x00, 0x00,
    0x00, 0x00, 0x00, 0x00, 0x00, 0x00, 0x00, 0x00, 0x00, 0x00,
    0x00, 0x00, 0x00, 0x00, 0x00, 0x00, 0x00, 0x00, 0x00, 0x00,
    0x00, 0x00, 0x00, 0x00, 0x00, 0x00, 0x00, 0x00, 0x00, 0x00,
    0x00, 0x00, 0x00, 0x00, 0x00, 0x00, 0x00, 0x00, 0x00, 0x00,
    0x00, 0x00, 0x00, 0x00, 0x00, 0x00, 0x00, 0x00, 0x00, 0x00,
    0x00, 0x00, 0x00, 0x00, 0x00, 0x00, 0x00, 0x00, 0x00, 0x00,
    0x00, 0x00, 0x00, 0x00, 0x00, 0x00, 0x00, 0x00, 0x00, 0x00,
    0x00, 0x00, 0x00, 0x00, 0x00, 0x00, 0x00, 0x00, 0x00, 0x00,
```

Kapitel IX: Der GBMB

```
0x00,0x00,0x00,0x00,0x00,0x00,0x00,0x00,0x00,0x00,
0x00,0x00,0x00,0x00,0x00,0x00,0x00,0x00,0x00,0x00,
0x00,0x00,0x00,0x00,0x00,0x00,0x00,0x00,0x00,0x00,
0x00,0x00,0x00,0x00,0x00,0x00,0x00,0x00,0x00,0x00,
0x02,0x03,0x02,0x03,0x02,0x03,0x02,0x03,0x00,0x00,
0x00,0x00,0x00,0x00,0x00,0x00,0x00,0x00,0x00,0x00,
0x00,0x00,0x00,0x00,0x00,0x00,0x00,0x00,0x00,0x00,
0x00,0x00,0x03,0x02,0x03,0x02,0x03,0x02,0x03,0x02,
0x00,0x00,0x00,0x00,0x00,0x00,0x00,0x00,0x00,0x00,
0x00,0x00,0x00,0x00,0x00,0x00,0x00,0x00,0x00,0x00,
0x00,0x00,0x00,0x00,0x00,0x00,0x00,0x00,0x00,0x00,
0x00,0x00,0x00,0x00,0x00,0x00,0x00,0x00,0x00,0x00,
0x00,0x00,0x00,0x00,0x00,0x00,0x00,0x00,0x00,0x00,
0x00,0x00,0x00,0x00,0x00,0x00,0x00,0x00,0x00,0x00,
0x00,0x00,0x00,0x00,0x00,0x00,0x00,0x00,0x00,0x00,
0x00,0x00,0x00,0x00,0x00,0x00,0x00,0x00,0x00,0x00,
0x00,0x00,0x00,0x00,0x00,0x00,0x00,0x00,0x00,0x00,
0x00,0x00,0x00,0x00,0x00,0x00,0x00,0x00,0x00,0x00,
0x00,0x00,0x00,0x00,0x00,0x00,0x00,0x00,0x00,0x00,
0x00,0x00,0x00,0x00,0x00,0x00,0x00,0x00,0x00,0x00,
0x00,0x00,0x00,0x00,0x00,0x00,0x00,0x00,0x00,0x00,
0x00,0x03,0x02,0x03,0x02,0x03,0x02,0x03,0x00,0x00,
0x00,0x00,0x00,0x00,0x00,0x00,0x00,0x00,0x00,0x00,
0x00,0x00,0x00,0x00,0x00,0x00,0x00,0x00,0x00,0x00,
0x00,0x00,0x00,0x02,0x03,0x02,0x03,0x02,0x03,0x02,
0x00,0x00,0x00,0x00,0x00,0x00,0x00,0x00,0x00,0x00,
0x00,0x00,0x00,0x00,0x00,0x00,0x00,0x00,0x00,0x00,
0x00,0x00,0x00,0x00,0x00,0x00,0x00,0x00,0x00,0x00,
0x00,0x00,0x00,0x00,0x00,0x00,0x00,0x00,0x00,0x00,
0x00,0x00,0x00,0x00,0x00,0x00,0x00,0x00,0x00,0x00,
0x00,0x00,0x00,0x00,0x00,0x00,0x00,0x00,0x00,0x00,
0x00,0x00,0x00,0x00,0x00,0x00,0x00,0x00,0x00,0x00,
0x00,0x00,0x00,0x00,0x00,0x00,0x00,0x00,0x00,0x00,
0x00,0x00,0x00,0x00,0x00,0x00,0x00,0x00,0x00,0x00,
0x00,0x00,0x00,0x04,0x04,0x00,0x00,0x00,0x00,0x00,
0x00,0x00,0x00,0x00,0x00,0x00,0x00,0x00,0x00,0x00,
0x00,0x00,0x00,0x00,0x00,0x00,0x00,0x00,0x00,0x00,
0x00,0x00,0x00,0x00,0x07,0x06,0x06,0x07,0x00,0x00,
0x00,0x00,0x00,0x00,0x00,0x00,0x00,0x00,0x00,0x00,
0x00,0x00,0x00,0x00,0x00,0x00,0x00,0x00,0x00,0x05,
0x00,0x00,0x00,0x00,0x00,0x00,0x03,0x02,0x03,0x02,
```

```
0x03, 0x02, 0x03, 0x02, 0x03, 0x02, 0x03, 0x02, 0x03, 0x02,
0x03, 0x02, 0x03, 0x02, 0x03, 0x02, 0x03, 0x02, 0x03, 0x02,
0x03, 0x02, 0x03, 0x02, 0x03, 0x02, 0x03, 0x02, 0x02, 0x03,
0x02, 0x03, 0x02, 0x03, 0x02, 0x03, 0x02, 0x03, 0x02, 0x03,
0x02, 0x03, 0x02, 0x03, 0x02, 0x03, 0x02, 0x03, 0x02, 0x03,
0x02, 0x03, 0x02, 0x03, 0x02, 0x03, 0x02, 0x03, 0x02, 0x03,
0x00, 0x00, 0x00, 0x00, 0x00, 0x00, 0x00, 0x00, 0x00, 0x00,
0x00, 0x00, 0x00, 0x00, 0x00, 0x00, 0x00, 0x00, 0x00, 0x00,
0x00, 0x00, 0x00, 0x00, 0x00, 0x00, 0x00, 0x00, 0x00, 0x00,
0x00, 0x00, 0x00, 0x00, 0x00, 0x00, 0x00, 0x00, 0x00, 0x00,
0x00, 0x00, 0x00, 0x00, 0x00, 0x00, 0x00, 0x00, 0x00, 0x00,
0x00, 0x00, 0x00, 0x00, 0x00, 0x00, 0x00, 0x00, 0x00, 0x00,
0x00, 0x00, 0x00, 0x00, 0x00, 0x00, 0x00, 0x00, 0x00, 0x00,
0x00, 0x00, 0x00, 0x00, 0x00, 0x00, 0x00, 0x00, 0x00, 0x00,
0x00, 0x00, 0x00, 0x00, 0x00, 0x00, 0x00, 0x00, 0x00, 0x00,
0x00, 0x00, 0x00, 0x00, 0x00, 0x00, 0x00, 0x00, 0x00, 0x00,
0x00, 0x00, 0x00, 0x00, 0x00, 0x00, 0x00, 0x00, 0x00, 0x00,
0x00, 0x00, 0x00, 0x00, 0x00, 0x00, 0x00, 0x00, 0x00, 0x00,
0x00, 0x00, 0x00, 0x00, 0x00, 0x00, 0x00, 0x00, 0x00, 0x00,
0x00, 0x00, 0x00, 0x00, 0x00, 0x00, 0x00, 0x00, 0x00, 0x00,
0x00, 0x00, 0x00, 0x00, 0x00, 0x00, 0x00, 0x00, 0x00, 0x00,
0x00, 0x00, 0x00, 0x00, 0x00, 0x00, 0x00, 0x00, 0x00, 0x00,
0x00, 0x00, 0x00, 0x00, 0x00, 0x00, 0x00, 0x00, 0x00, 0x00,
0x00, 0x00, 0x00, 0x00, 0x00, 0x00, 0x00, 0x00, 0x00, 0x00,
0x00, 0x00, 0x00, 0x00, 0x00, 0x00, 0x00, 0x00, 0x00, 0x00,
0x00, 0x00, 0x00, 0x00, 0x00, 0x00, 0x00, 0x00, 0x00, 0x00,
0x00, 0x00, 0x00, 0x00, 0x00, 0x00, 0x00, 0x00, 0x00, 0x00,
0x00, 0x00, 0x00, 0x00, 0x00, 0x00, 0x00, 0x00, 0x00, 0x00,
0x00, 0x00, 0x00, 0x00, 0x00, 0x00, 0x00, 0x00, 0x00, 0x00,
0x00, 0x00, 0x00, 0x00, 0x00, 0x00, 0x00, 0x00, 0x00, 0x00,
0x00, 0x00, 0x00, 0x00, 0x00, 0x00, 0x00, 0x00, 0x00, 0x00,
0x00, 0x00, 0x00, 0x00, 0x00, 0x00, 0x00, 0x00, 0x00, 0x00,
0x00, 0x00, 0x00, 0x00, 0x00, 0x00, 0x00, 0x00, 0x00, 0x00,
0x00, 0x00, 0x00, 0x00, 0x00, 0x00, 0x00, 0x00, 0x00, 0x00,
0x00, 0x00, 0x00, 0x00, 0x00, 0x00, 0x00, 0x00, 0x00, 0x00,
0x00, 0x00, 0x00, 0x00, 0x00, 0x00, 0x00, 0x00, 0x00, 0x00,
0x00, 0x00, 0x00, 0x00, 0x00, 0x00, 0x00, 0x00, 0x00, 0x00,
0x00, 0x00, 0x00, 0x00, 0x00, 0x00, 0x00, 0x00, 0x00, 0x00,
0x00, 0x00, 0x00, 0x00, 0x00, 0x00, 0x00, 0x00, 0x00, 0x00,
0x00, 0x00, 0x00, 0x00, 0x00, 0x00, 0x00, 0x00, 0x00, 0x00,
```

Kapitel IX: Der GBMB

```
    0x00,0x00,0x00,0x00
};

const unsigned char background[] =
{
    0x05,0x05,0x05,0x05,0x05,0x05,0x05,0x05,0x05,0x05,
    0x05,0x05,0x05,0x05,0x05,0x05,0x05,0x05,0x05,0x05,
    0x05,0x05,0x05,0x05,0x05,0x05,0x05,0x05,0x05,0x05,
    0x05,0x05,0x05,0x05,0x05,0x05,0x05,0x05,0x05,0x05,
    0x05,0x05,0x05,0x05,0x05,0x05,0x05,0x05,0x05,0x05,
    0x05,0x05,0x05,0x05,0x05,0x05,0x05,0x05,0x05,0x05,
    0x05,0x05,0x05,0x05,0x05,0x05,0x05,0x05,0x05,0x05,
    0x05,0x05,0x05,0x05,0x05,0x05,0x05,0x05,0x05,0x05,
    0x05,0x05,0x05,0x05,0x05,0x05,0x05,0x05,0x05,0x05,
    0x05,0x05,0x05,0x05,0x05,0x05,0x05,0x05,0x05,0x05,
    0x05,0x05,0x05,0x05,0x05,0x05,0x05,0x05,0x05,0x05,
    0x05,0x05,0x05,0x05,0x05,0x05,0x05,0x05,0x05,0x05,
    0x05,0x05,0x05,0x05,0x05,0x05,0x05,0x05,0x05,0x05,
    0x05,0x05,0x05,0x05,0x05,0x05,0x05,0x05,0x05,0x05,
    0x05,0x05,0x05,0x05,0x05,0x05,0x05,0x05,0x05,0x05,
    0x05,0x05,0x05,0x05,0x05,0x05,0x05,0x05,0x05,0x05,
    0x05,0x05,0x05,0x05,0x05,0x05,0x05,0x05,0x05,0x05,
    0x07,0x08,0x07,0x08,0x07,0x08,0x07,0x08,0x05,0x05,
    0x05,0x05,0x05,0x05,0x05,0x05,0x05,0x05,0x05,0x05,
    0x06,0x06,0x06,0x06,0x06,0x06,0x06,0x06,0x06,0x06,
    0x06,0x05,0x08,0x07,0x08,0x07,0x08,0x07,0x08,0x07,
    0x05,0x05,0x05,0x05,0x05,0x05,0x05,0x05,0x06,0x06,
    0x06,0x06,0x06,0x06,0x06,0x06,0x06,0x06,0x06,0x06,
    0x06,0x06,0x06,0x05,0x05,0x05,0x05,0x05,0x05,0x05,
    0x05,0x05,0x05,0x05,0x05,0x05,0x05,0x05,0x05,0x05,
    0x05,0x05,0x05,0x06,0x06,0x06,0x06,0x06,0x06,0x06,
    0x06,0x06,0x05,0x05,0x05,0x05,0x05,0x05,0x05,0x05,
    0x05,0x05,0x05,0x05,0x05,0x05,0x05,0x05,0x05,0x05,
    0x05,0x05,0x05,0x05,0x05,0x05,0x06,0x06,0x06,0x06,
    0x06,0x06,0x06,0x06,0x06,0x05,0x05,0x05,0x05,0x05,
    0x05,0x05,0x05,0x05,0x05,0x05,0x05,0x05,0x05,0x05,
    0x05,0x05,0x05,0x05,0x05,0x05,0x05,0x05,0x06,0x06,
    0x06,0x06,0x06,0x06,0x06,0x06,0x06,0x06,0x05,0x05,
    0x05,0x05,0x05,0x05,0x05,0x05,0x05,0x05,0x05,0x05,
    0x05,0x05,0x05,0x05,0x05,0x05,0x05,0x05,0x05,0x05,
    0x05,0x08,0x07,0x08,0x07,0x08,0x07,0x08,0x06,0x06,
    0x05,0x05,0x05,0x05,0x05,0x05,0x05,0x05,0x05,0x05,
    0x05,0x05,0x05,0x05,0x05,0x05,0x05,0x05,0x05,0x05,
```

Kapitel IX: Der GBMB

```
0x05, 0x05, 0x05, 0x07, 0x08, 0x07, 0x08, 0x07, 0x08, 0x07,
0x06, 0x06, 0x06, 0x05, 0x05, 0x05, 0x05, 0x05, 0x05, 0x05,
0x05, 0x05, 0x05, 0x05, 0x05, 0x05, 0x05, 0x05, 0x05, 0x05,
0x05, 0x05, 0x05, 0x05, 0x05, 0x05, 0x05, 0x05, 0x05, 0x05,
0x05, 0x05, 0x05, 0x05, 0x06, 0x05, 0x05, 0x05, 0x05, 0x05,
0x05, 0x05, 0x05, 0x05, 0x05, 0x05, 0x05, 0x05, 0x05, 0x05,
0x05, 0x05, 0x05, 0x05, 0x05, 0x05, 0x05, 0x05, 0x05, 0x05,
0x05, 0x05, 0x05, 0x05, 0x05, 0x05, 0x05, 0x05, 0x05, 0x05,
0x05, 0x05, 0x05, 0x05, 0x05, 0x05, 0x05, 0x05, 0x05, 0x05,
0x05, 0x05, 0x05, 0x05, 0x05, 0x05, 0x05, 0x05, 0x05, 0x05,
0x05, 0x05, 0x05, 0x05, 0x05, 0x05, 0x05, 0x05, 0x05, 0x05,
0x05, 0x05, 0x05, 0x05, 0x05, 0x05, 0x05, 0x05, 0x05, 0x05,
0x05, 0x05, 0x05, 0x03, 0x04, 0x05, 0x05, 0x05, 0x05, 0x05,
0x05, 0x05, 0x05, 0x05, 0x05, 0x05, 0x05, 0x05, 0x05, 0x05,
0x05, 0x05, 0x05, 0x05, 0x05, 0x05, 0x05, 0x05, 0x05, 0x05,
0x05, 0x05, 0x05, 0x05, 0x09, 0x0A, 0x0B, 0x0C, 0x05, 0x05,
0x05, 0x05, 0x05, 0x05, 0x05, 0x05, 0x05, 0x05, 0x05, 0x05,
0x05, 0x05, 0x05, 0x05, 0x05, 0x05, 0x05, 0x05, 0x05, 0x0D,
0x05, 0x05, 0x05, 0x05, 0x05, 0x05, 0x08, 0x07, 0x08, 0x07,
0x08, 0x07, 0x08, 0x07, 0x08, 0x07, 0x08, 0x07, 0x08, 0x07,
0x08, 0x07, 0x08, 0x07, 0x08, 0x07, 0x08, 0x07, 0x08, 0x07,
0x08, 0x07, 0x08, 0x07, 0x08, 0x07, 0x08, 0x07, 0x07, 0x08,
0x07, 0x08, 0x07, 0x08, 0x07, 0x08, 0x07, 0x08, 0x07, 0x08,
0x07, 0x08, 0x07, 0x08, 0x07, 0x08, 0x07, 0x08, 0x07, 0x08,
0x07, 0x08, 0x07, 0x08, 0x07, 0x08, 0x07, 0x08, 0x07, 0x08,
0x05, 0x05, 0x05, 0x05, 0x05, 0x05, 0x05, 0x05, 0x05, 0x05,
0x05, 0x05, 0x05, 0x05, 0x05, 0x05, 0x05, 0x05, 0x05, 0x05,
0x05, 0x05, 0x05, 0x05, 0x05, 0x05, 0x05, 0x05, 0x05, 0x05,
0x05, 0x05, 0x05, 0x05, 0x05, 0x05, 0x05, 0x05, 0x05, 0x05,
0x05, 0x05, 0x05, 0x05, 0x05, 0x05, 0x05, 0x05, 0x05, 0x05,
0x05, 0x05, 0x05, 0x05, 0x05, 0x05, 0x05, 0x05, 0x05, 0x05,
0x05, 0x05, 0x05, 0x05, 0x05, 0x05, 0x05, 0x05, 0x05, 0x05,
0x05, 0x05, 0x05, 0x05, 0x05, 0x05, 0x05, 0x05, 0x05, 0x05,
0x05, 0x05, 0x05, 0x05, 0x05, 0x05, 0x05, 0x05, 0x05, 0x05,
0x05, 0x05, 0x05, 0x05, 0x05, 0x05, 0x05, 0x05, 0x05, 0x05,
0x05, 0x05, 0x05, 0x05, 0x05, 0x05, 0x05, 0x05, 0x05, 0x05,
0x05, 0x05, 0x05, 0x05, 0x05, 0x05, 0x05, 0x05, 0x05, 0x05,
0x05, 0x05, 0x05, 0x05, 0x05, 0x05, 0x05, 0x05, 0x05, 0x05,
0x05, 0x05, 0x05, 0x05, 0x05, 0x05, 0x05, 0x05, 0x05, 0x05,
0x05, 0x05, 0x05, 0x05, 0x05, 0x05, 0x05, 0x05, 0x05, 0x05,
0x05, 0x05, 0x05, 0x05, 0x05, 0x05, 0x05, 0x05, 0x05, 0x05,
```

Kapitel IX: Der GBMB

```
        0x05, 0x05, 0x05, 0x05, 0x05, 0x05, 0x05, 0x05, 0x05, 0x05,
        0x05, 0x05, 0x05, 0x05, 0x05, 0x05, 0x05, 0x05, 0x05, 0x05,
        0x05, 0x05, 0x05, 0x05, 0x05, 0x05, 0x05, 0x05, 0x05, 0x05,
        0x05, 0x05, 0x05, 0x05, 0x05, 0x05, 0x05, 0x05, 0x05, 0x05,
        0x05, 0x05, 0x05, 0x05, 0x05, 0x05, 0x05, 0x05, 0x05, 0x05,
        0x05, 0x05, 0x05, 0x05, 0x05, 0x05, 0x05, 0x05, 0x05, 0x05,
        0x05, 0x05, 0x05, 0x05, 0x05, 0x05, 0x05, 0x05, 0x05, 0x05,
        0x05, 0x05, 0x05, 0x05, 0x05, 0x05, 0x05, 0x05, 0x05, 0x05,
        0x05, 0x05, 0x05, 0x05, 0x05, 0x05, 0x05, 0x05, 0x05, 0x05,
        0x05, 0x05, 0x05, 0x05, 0x05, 0x05, 0x05, 0x05, 0x05, 0x05,
        0x05, 0x05, 0x05, 0x05, 0x05, 0x05, 0x05, 0x05, 0x05, 0x05,
        0x05, 0x05, 0x05, 0x05, 0x05, 0x05, 0x05, 0x05, 0x05, 0x05,
        0x05, 0x05, 0x05, 0x05, 0x05, 0x05, 0x05, 0x05, 0x05, 0x05,
        0x05, 0x05, 0x05, 0x05, 0x05, 0x05, 0x05, 0x05, 0x05, 0x05,
        0x05, 0x05, 0x05, 0x05, 0x05, 0x05, 0x05, 0x05, 0x05, 0x05,
        0x05, 0x05, 0x05, 0x05, 0x05, 0x05, 0x05, 0x05, 0x05, 0x05,
        0x05, 0x05, 0x05, 0x05
};
/* End of BACKGROUND.C */
```

Vor die folgenden zwei Zeilen muss das Wort const eingefügt werden, damit der Compiler diese Felder in den überschreibbaren Speicherplatz schreibt. Wird dies nicht umgesetzt, so wird der Compiler nach einer sehr langen Bearbeitungszeit mit Fehlermeldung abbrechen.

```
...
const unsigned char backgroundtile[] =
...
const unsigned char backgroundCGB[] =
...
const unsigned char background[] =
...
```

Kapitel X

10. Hintergrund-Grafiken
Was muss bei Hintergründen beachtet werden?

10.1 Background 32x32

Um die Illusion einer laufenden Spielfigur zu erzeugen soll im nächsten Schritt der Hintergrund in das Spiel eingebunden werden und bei Drücken der Richtungstasten entgegengesetzt bewegt werden. Dazu stellt die Standardbibliothek Funktionen zur Verfügung die zu diesem Zweck einbeziehbar sind.

Im Vorfeld sollen jedoch die Eigenschaften des Hintergrundes auf dem Gameboy Color veranschaulicht werden, da diese später beachtet werden müssen, um Backgrounds mit einer Abmessung größer 32x32 Tiles einzubinden.

Der Gameboy Color stellt für den Hintergrund einen Speicher zu Verfügung, welcher 1024 Tiles fassen kann, also 32x32 Tiles. Da das Display mit den Maßen 160x144 Pixeln in der Breite 20 Tiles und in der Höhe 18 anzeigen kann, bleibt ein Rahmen, der zum Scrollen genutzt werden kann. Wird über die Breite des Hintergrundes hinaus verschoben, wiederholt er sich, als ob der Anfang an das Ende angehängt wird. Diese Eigenschaft läßt sich anhand eines Zylinders erklären, wenn davon ausgegangen wird, daß der Hintergrund auf diesen aufgespannt ist und beim Scrollen um seine Y-Achse rotiert.

Abb. 10.1 Hintergrund

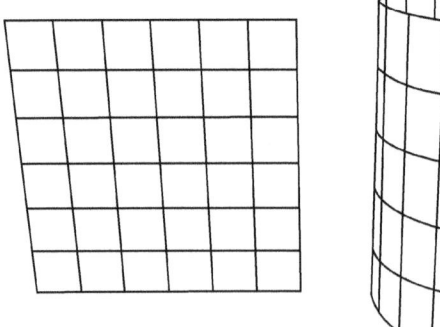

Im folgenden soll eine Funktion geschrieben werden, welche die Tiles des Hintergrundes in den Speicher lädt, die Verknüpfungen zu den Farbpaletten

Kapitel X: Hintergrund-Grafiken

herstellt und die Daten an den entsprechenden Stellen des Bildschirms anzeigt.

```
void InitBkg(void){
}
```

Der Rückgabewert der Funktion wird genauso wie die Parameter auf void gesetzt, da beide in diesem Fall nicht benötigt werden.

Die anstehenden Programmzeilen werden in den Rumpf der Funktion InitBkg() eingefügt.

```
wait_vbl_done();
```

Diese Funktion schaltet das Display genau wie DISPLAY_OFF aus, wartet jedoch, vereinfacht gesagt, mit der Ausführung bis alle anderen Operationen beendet sind, um keine Störungen zu erzeugen.

```
set_bkg_palette(0, 8, Background_Palette);
```

Wie bei der Funktion set_sprite_palette(), wird die angegebene Anzahl von Farbpalette aus dem Feld Background_Palette ausgelesen und abgelegt. Der erste Parameter gibt die Nummer der ersten benötigten Palette an.

```
set_bkg_data(0, 14, backgroundtile);
```

Die Tiles für den Hintergrund werden geladen. Die Funktion entspricht in Aufruf und Wirkung der an anderer Stelle bereits besprochenen set_sprite_data().

```
VBK_REG=0;
```

Durch diese Zeile wird die erste bank des Hintergrundes angesprochen. In diese werden die Positionen der Tiles abgelegt, während in die zweite die Farbinformationen geschrieben werden.

```
set_bkg_tiles(0,0,32,32,background);
```

Dieser Aufruf lädt die Positionen der Tiles aus dem Array background. Die ersten beiden Parameter geben die X- und Y-Koordinate des ersten Tiles an, der dritte und vierte die Breite und Höhe des Hintergrundes.

Kapitel X: Hintergrund-Grafiken

```
VBK_REG=1;
```

Es wird auf die zweite bank umgeschaltet, um die Informationen über die Zugehörigkeit der Farbpaletten ablegen zu können.

```
set_bkg_tiles(0,0,32,32,backgroundCGB);
```

Die Verknüpfung mit den Farbpaletten werden hergestellt.

```
SHOW_BKG;
```

Durch diese Zeile wird der Hintergrund angezeigt.

```
DISPLAY_ON;
```

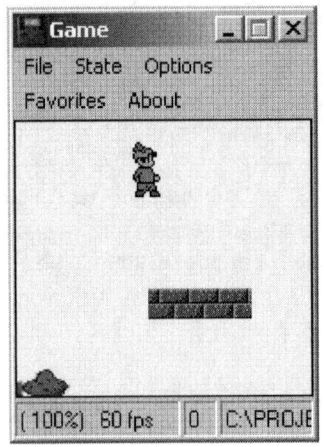

Das Display wird eingeschaltet.

Das Resultat kann der links stehenden Abbildung entnommen werden und zeigt die richtige Darstellung des Hintergrundes. Problematisch erscheint die Positionierung der Spielfigur, da diese in der Luft zu schweben scheint und nicht, wie erwartet, bis auf die steinerne Plattform fällt. Doch zu diesem Zeitpunkt sei über diese Tatsache hinweg gesehen.

Wird eine der Richtungstasten gedrückt, so bewegt sich weiterhin die Spielfigur in die angegebene Richtung. Dies soll in den nächsten Schritten geändert werden, da sich nicht die Position der Figur ändern, sondern der Hintergrund angepasst werden soll. Dazu verwendet man die Funktion scroll_bkg() bei der die Verschiebung in X- und Y-Richtung in Pixeln angegeben wird.

Als Quellcode ergibt sich nach Veränderungen in der Hauptfunktion main() folgendes:

```
int main(){
        ...
                if (current >= END_RUNNING_FRAME)
                    current = START_RUNNING_FRAME;
                scroll_bkg(1,0);
        };
```

```
            ...
                if (current >= END_RUNNING_FRAME)
                    current = START_RUNNING_FRAME;
                scroll_bkg(-1,0);
            };

            delay(100);
            /* Ende SSchleifenrumpf*/
        };
    }
```

10.2 Background 100x50

In diesem Abschnitt soll das Nutzen einer Hintergrundgrafik mit den Abmessungen 100x50 Tiles besprochen werden. Wie bereits erwähnt liegt die Problematik in der Tatsache, dass der Speicherbereich für den Hintergrund nur für 32x32 Tiles ausgelegt ist. Daraus resultiert die Notwendigkeit zur Laufzeit des Programmes die Hintergrundgrafik ständig mit den momentan benötigten Tiles zu aktualisieren.
Eine Vorgehensweise zur Umsetzung wäre die Neuzeichnung des Gesamten Bildschirmes, die jedoch extrem langsam ist und daher ein Flimmern verursacht.
Im Folgenden soll der Hintergrund aus Abb. 10.3 mit einem schnelleren Algorithmus eingebunden werden.

Stellt man sich den zur Verfügung stehenden Speicherplatz für den Hintergrund als Tabelle mit 32x32 einzelnen Feldern vor, so belegt der Ausschnitt, welcher auf dem Display auf einmal angezeigt werden kann, die ersten 20x18 Blöcke. Dieser Bereich ist in Abb. 10.4 hellgrau unterlegt und mit dem Wort „Screen" beschriftet. Wird nun eine Richtungstaste betätigt, so verschibt sich dieser Ausschnitt in die entsprechende Richtung um die angegebene Pixelanzahl. In diesem Beispiel sei von einer Verschiebung um jeweils einen Pixel in jede Richtung ausgegangen.
Damit bei dieser Bewegung die Randbereiche angezeigt werden können, müssen dort die Informationen für die Grafik hinterlegt sein (dunkelgraue Bereiche in Abb. 10.4). Da ein Tile sowohl die Breite als auch die Höhe von acht Pixeln hat, verschiebt sich der angezeigte Ausschnitt nach achtmaligen betätigen der rechten Richtungstaste um ein Tile nach rechts, wie es in Abb.10.5 dargestellt ist. Von dieser Position aus kann nun der Prozeß von Neuem beginnen, also eine Verschiebung in die Richtungen des Steuerkreuzes,

Kapitel X: Hintergrund-Grafiken

Abb. 10.3 Hintergrund 100x50

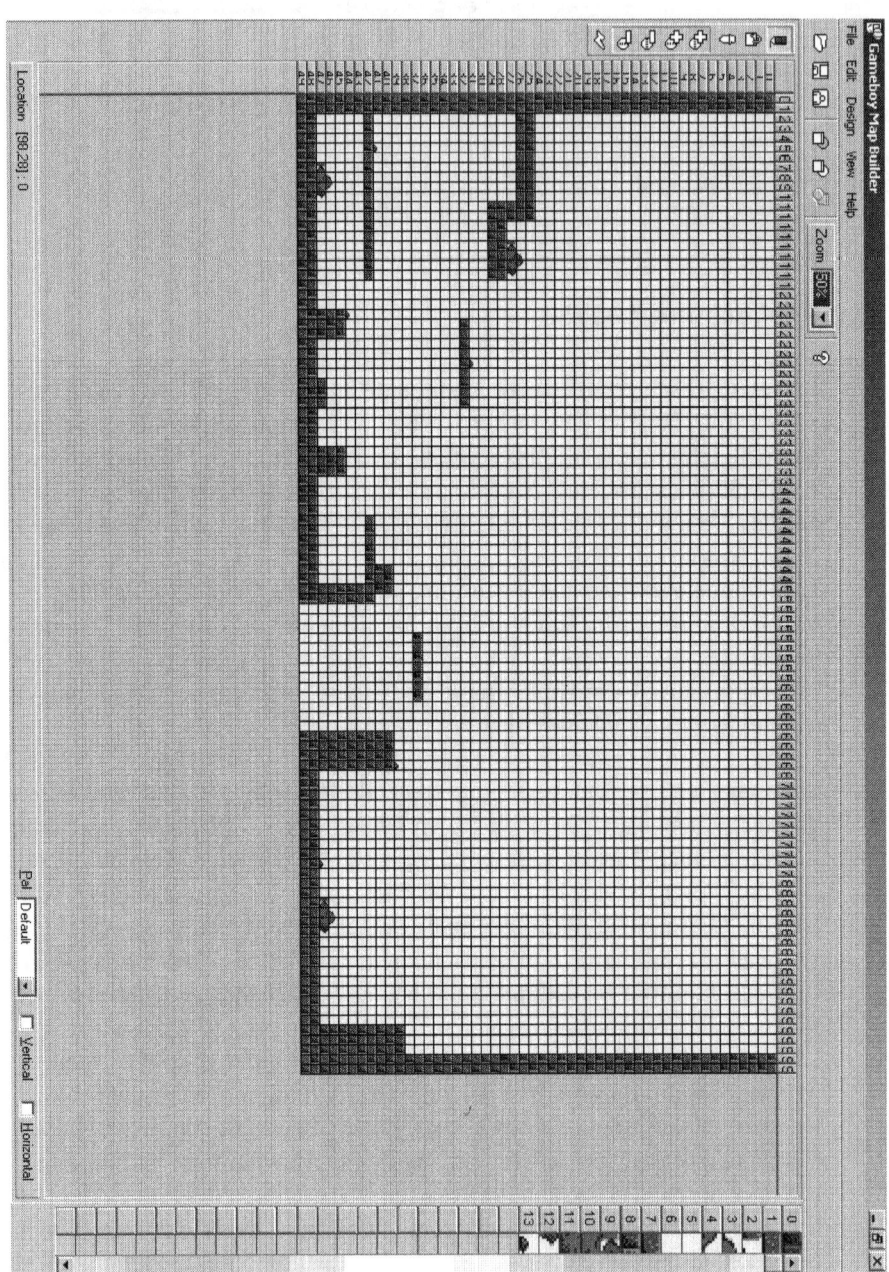

Kapitel X: Hintergrund-Grafiken

Abb. 10.4

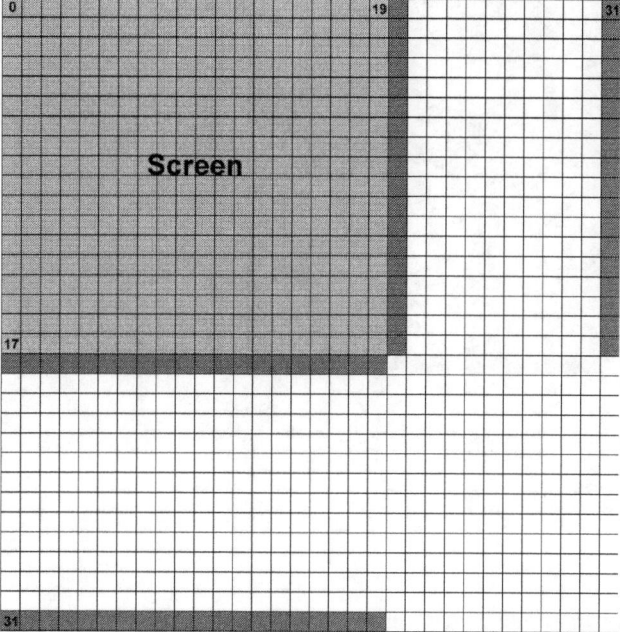

Abb. 10.5

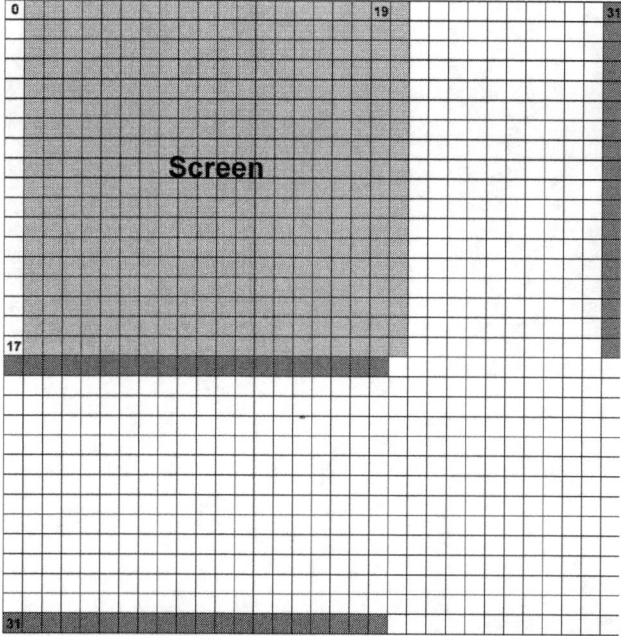

Kapitel X: Hintergrund-Grafiken

Abb. 10.6

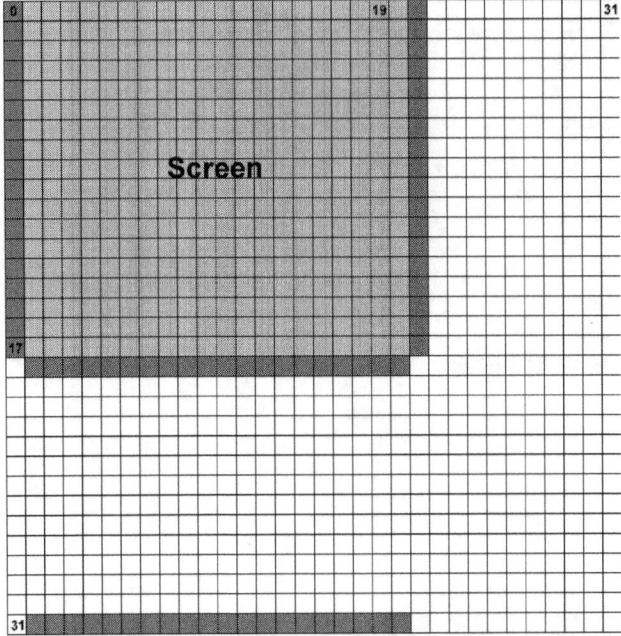

Abb. 10.7

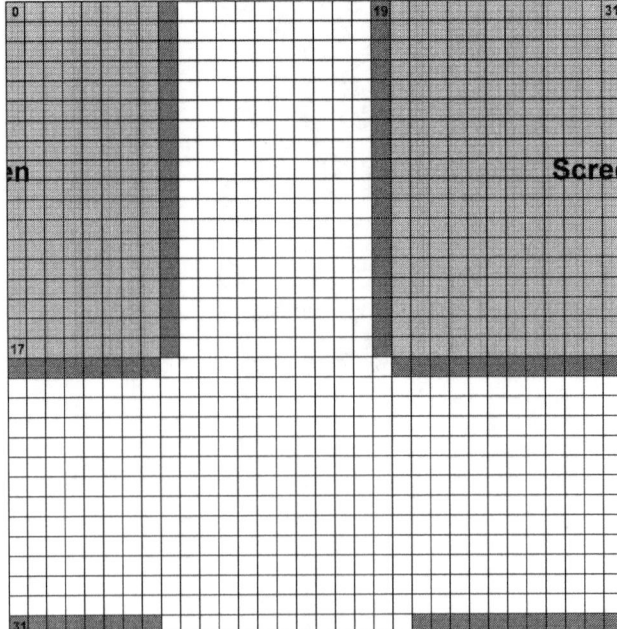

Kapitel X: Hintergrund-Grafiken

stattfinden. Damit auch hier wieder das Anzeigen der Hintergrundgrafiken garantiert werden kann, müssen die Bereiche um den momentanen Ausschnitt des Hintergrundes geladen werden. Dies wird in Abb.10.6 abgebildet.

Ein wichtiges Augenmerk bei dieser Betrachtung liegt auf den Randbereichen des 32x32 großen Feldes. Wird die Abb.10.4 erneut betrachtet und davon ausgegangen, dass eine Bewegung des Screens nach oben stattfindet, so bewegt sich das Display scheinbar aus dem Bereich des Grafikspeichers. Nach Abb.10.1 wird jedoch die unterste Zeile der Tabelle dargestellt.

Aus diesem Grund müssen die Informationen, welche oberhalb des momentanen Ausschnittes liegen, in der untersten Zeile abgelegt werden.

Das Randverhalten ist außerdem in Abbildung 10.7 aufgezeigt.

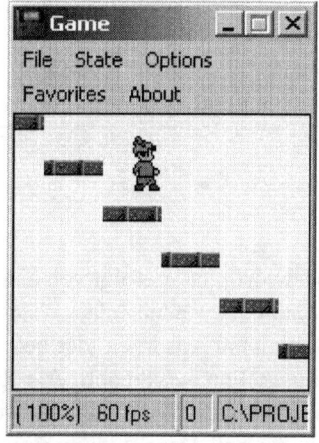

Wird nun der neu erstellte Hintergrund in das bisherige Projekt eingefügt, so erhält man beim Starten des Emulators das anstehende Bild. Der dargestellte Hintergrund stimmt in Farbe und verwendeten Tiles mit dem, im GBMB generierten, Vorbild überein, die Positionierung der Tiles weicht jedoch vom Original ab.

Um dies zu erklären ist Abb. 5.2 heranzuziehen, welche den Aufbau einer Bitmap darstellt. Der Grafikspeicher entspricht logisch dem Aufbau eines zweidimensionalen Feldes, also einer Tabelle, wird jedoch im Rechner als ein einfaches Feld abgelegt.

Der im Programm verwendete Aufruf der Funktion:

```
set_bkg_tiles(0,0,32,32,background);
```

veranlasst den Gameboy Color die ersten 32x32 Tiles in den Grafikspeicher zu laden. Bisher entsprach das genau der Anzahl, welche im Hintergrund verwendet wurde. Der hier entscheidende Punkt ist jedoch, daß bei einer Hintergrundkarte mit diesen Ausmaßen eine Zeile nach 32 Tiles endet, so wie es der Gameboy Color erwartet. Wird nun eine größere Karte benutzt, setzt der Rechner weiterhin voraus, daß eine Zeile eine Breite von 32 Tiles hat, da dies gerade die Breite des zur Verfügung gestellten Grafikspeichers für den Hintergrund ist. Der neue Background hat jedoch eine Breite von

Kapitel X: Hintergrund-Grafiken

100 Tiles und führt somit die Verschiebung herbei. Um dies zu berichtigen, muss der Hintergrund künstlich in ein Format von 32x32 Tiles umgewandelt werden. Dazu werden einfach alle überflüssigen Tiles einer Zeile weggelassen.

Umgesetzt wird dies im Folgenden, indem eine Funktion entwickelt wird, welche spaltenweise arbeitet und eine übergebene Anzahl von cells zeichnet. Außerdem soll die X- und Y-Koordinate des Tiles angegeben werden, welches in der linken, oberen Ecke des Display liegt.

Zur Realisierung wird die for-Schleife eingesetzt, welche immer dann genutzt wird, wenn die Anzahl der Schleifendurchläufe bei der Ausführung bekannt ist. Da die Wiederholungen durch die übergebene Breite und Höhe sowie die Maße des Displays vorgegeben sind, ist die Voraussetzung erfüllt.

Der Aufbau einer for-Schleife sei dem angegebenen Syntaxdiagramm zu entnehmen.

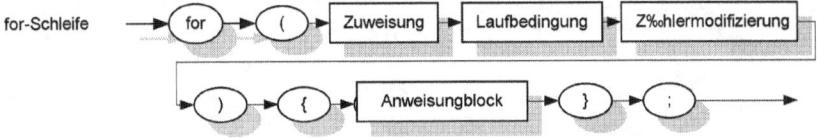

Die for-Schleife besteht aus dem Schlüsselwort „for" gefolgt von einer öffnenden Klammer. Danach findet eine Variablenzuweisung statt, welche den Startwert der Schleife festlegt, gefolgt von einem Ausdruck, der beschreibt unter welcher Bedingung die Schleife ausgeführt werde soll. Als Zählermodifizierung gilt der Ausdruck, welcher angibt, wie die Variable aus der Zuweisung, die Laufvariable, verändert werden soll. Der Schleifenrumpf setzt sich wie bisher aus einem Anweisungsblock zusammen.

Der Funktionsname DrawCell() wurde gewählt.

```
void DrawCell(int x,int y,int w, int h){
}
```

Am Anfang des Funktionsrumpfes werden die Laufvariablen der for-Schleifen deklariert.

```
int k; int m;
```

Kapitel X: Hintergrund-Grafiken

Darauf folgen zwei ineinander geschachtelte for-Schleifen.

```
for (k = x; k < (x + w); k++) {
    for (m = y; m < (y + h); m++) {
        ...
    };
};
```

In dem Kopf der ersten Schleife wird der Laufvariablen k der übergebene Wert x zugewiesen. Bei jedem Schleifendurchlauf wird diese Variable um eins erhöht, da die Zählermodifizierung k++ lautet. Dieses geschieht solange wie k kleiner als x + w ist, wobei w ebenfalls ein Wert ist, welcher beim Aufruf der Funktion übergeben wird.

Jedesmal, wenn die erste Schleife ausgeführt wird, durchläuft man, die in dem Schleifenrumpf der for-Anweisung eingebettete, zweite for-Schleife.

Die äußere Schleife wird gerade w-mal ausgeführt, die zweite h-mal, wobei w die zu zeichnenden Spalten und h die darzustellenden Zeilen beschreibt.

Im Schleifenrumpf sollen die einzelnen Tiles und die zugehörige Farbinformation geladen werden.

```
VBK_REG=1;
```

Zur Erinnerung: Durch diese Zeile wird mitgeteilt, dass es sich bei dem Aufruf der set_bkg_tiles() um die Bearbeitung der Farbpaletten handelt.

```
set_bkg_tiles(k % 32,m % 32,1,1,
    backgroundCGB + (m * backgroundWidth) + k);
```

Die Auswirkungen dieses Funktionaufrufes sind bereits bekannt, die Parameter sollen zur Erklärung jedoch einzeln betrachtet werden.

```
k % 32
```

Dieser Ausdruck wird k modulo* 32 gelesen. Er führt die ganzzahlige Division durch und liefert den Rest als Ergebnis. Als Beispiel ist vier modulo 32 gleich vier und 37 modulo* 32 gleich 5.

Notwendig wird diese Berechnung, da sobald der rechte Rand des Grafikspeichers für den Hintergrund erreicht ist, wieder in die erste Spalte mit dem Index Null geschrieben werden muss.

Kapitel X: Hintergrund-Grafiken

Das Gleiche gilt auch für die Y-Position, also wird hier die selbe Vorgehensweise gewählt.

Die beiden nächsten Parameter geben an, daß sowohl in X- als auch in Y-Richtung nur ein Tile geladen werden soll. Da dies durch die innere for-Schleife gerade entsprechend der Spaltenhöhe-mal getan wird, wird die gesamte Spalte geladen. Die äußere for-Anweisung veranlaßt, dass sich dies für jede Spalte wiederholt, wodurch insgesamt eine zweidimensionale Fläche entsteht.

Der letzte Parameter set_bkg_tile() Funktion gibt an, welches Tile geladen werden soll.

```
background + (m * backgroundWidth) + k
```

Background steht in diesem Fall für eine Zahl, welche dem ersten Tile des Hintergrundes entspricht. Dazu wird der Index des gewünschten Tiles addiert. Dieser muss wie in Kapitel 5.2 mit x * Breite + y aus den Koordinaten berechnet werden.

```
VBK_REG=0;
```

Die erste bank des Grafikspeichers wird aktiviert, damit, wie in den nächsten Zeilen vorgeführt, die Positionen der Tiles des Hintergrundes geladen werden können.

```
set_bkg_tiles(k % 32,m % 32,1,1,
    background + (m * backgroundWidth) + k);
```

Damit ist die Programmierung der Funktion DrawCell() abgeschlossen und der Aufruf in InitBkg() kann gestaltet werden. Dazu werden zwei weitere Variablen eingeführt, die global deklariert werden. In ihnen werden die Koordinaten des in der oberen, linken Ecke des Displays dargestellten Tiles, abgelegt. Zum Anfang sollen diese Koordinaten in X- und Y-Richtung Null betragen, also der Bildschirm den oberen, linken Bereich des Hintergrundes zeigen.

```
char xtilepos = 0;
char ytilepos = 0;
```

Entsprechend der Abbildung 10.4 werden nun die benötigten Tiles in den Grafikspeicher geladen, wobei den in der Darstellung weiß gezeichneten Feldern kein Wert zugewiesen wird.

Vor der genauen Erläuterung wird die überarbeitete Funktion InitBkg() komplett abgedruckt.

```
void InitBkg(void){
    int i;

    i = 0;

    wait_vbl_done();

    DISPLAY_OFF;

    HIDE_BKG;

    set_bkg_palette( 0, 8, Background_Palette);

    set_bkg_data(0,14,backgroundtile);


    enable_interrupts();

    for(i = 0; i < 21;i++){
        DrawCell(i + xtilepos,ytilepos,1,19);
        DrawCell(i + xtilepos,31,1,1);
    };

    DrawCell((xtilepos - 1), 0, 1, 19);


    DISPLAY_ON;

    SHOW_BKG;
}
```

Da jede Laufvariable, welche in einer for-Schleife benutzt wird, vor ihrer Benutzung deklariert werden muss, findet dies am Anfang der Funktion statt. Wie gewohnt werden danach die Farbpaletten gesetzt und die Tiles der Hintergrundgrafik geladen.

Durch die erste Anweisung im Rumpf der for-Schleife wird der in Abbildung 10.4 hellgrau makierte Bereich und die anliegenden dunkelgrauen Abschnitte positioniert. Die zweite Anweisung setzt die dunkelgraue Fläche am unteren linken Rand der Abbildung um, wohingegen der dritte Aufruf der

Kapitel X: Hintergrund-Grafiken

Funktion DrawCell() außerhalb der Schleife die dunkelgraue Fläche am rechten oberen Rand verwirklicht.

Als letztes sollen in diesem Kapitel die Änderungen in der Hauptfunktion main() besprochen werden.

Um nach Verschieben des Hintergrundes um acht Pixel die Tiles im Grafikspeicher aktualisieren zu können, wird eine Variable countx benötigt. Diese ermöglicht das Zählen der Verschiebung in X-Richtung. Erreicht der Wert dieser Variablen acht, so wird die Funktion DrawCell() mit den entsprechenden Parametern aufgerufen und die Zahl Null zugewiesen. Außerdem inkrementiert man die Variable xtilepos um eins, da sich der Hintergrund um ein ganzes Tile nach rechts verschoben hat. Wird die linke Richtungstaste des Steuerkreuzes betätigt, so wird countx verringert genauso wie xtilepos, wenn countx den Wert minus acht erreicht.

```
int main(){
     ...
         if (btn == J_RIGHT){
             direction = RIGHT;
             if (status == STANDING){
                     current = START_RUNNING_FRAME;
                     status = RUNNING;
             }
             else{
                 current++;
             };
             countx++;
             if (current >= END_RUNNING_FRAME)
                 current = START_RUNNING_FRAME;
             scroll_bkg(1,0);
         };
         if (btn == J_LEFT){
             direction = LEFT;
             if (status == STANDING){
                     current = START_RUNNING_FRAME;
                     status = RUNNING;
             }
             else{
                 current++;
             };
             countx--;
```

```
            if (current >= END_RUNNING_FRAME)

            current = START_RUNNING_FRAME;
            scroll_bkg(-1,0);
    };

    if (countx == 8){
        countx = 0;
        DrawCell(xtilepos + 21,ytilepos - 1,1,20);
        xtilepos++;
    };

    if (countx == -8){
        countx = 0;
        DrawCell(xtilepos - 2,ytilepos - 1,1,1,20);
        xtilepos--;
    };
    ...
}
```

Wird dieser Quellcode compiliert und auf dem Emulator ausgeführt, so fällt auf, dass beim Drücken der linken Steuerungstaste im sichtbaren Bereich Darstellungsfehler auftreten. Diese resultieren aus der Tatsache, dass das Spielfeld dort beendet ist und in diesem Bereich keine Informationen für den Hintergrund mehr vorliegen.

Kapitel XI

Kapitel XI: Kollision

11. Kollisionen
Warum fällt die Spielfigur nicht?

Ein weiteres wichtiges Kapitel in der Spieleentwicklung ist die Kollisionsabfrage*. Unter diesem Begriff faßt man alle Algorithmen und Funktionen zusammen, welche sich mit der Zulässigkeit von Bewegungen auseinandersetzen. Gemeint ist damit die Abfrage, ob die Spielfigur sich in die entsprechende Richtung bewegen darf, oder ob der Weg dorthin versperrt ist. Dadurch wird verhindert, dass die Figur durch Wände oder Gegenstände läuft.

Unterschieden werden sollten dabei zwei Arten von Kollisionsabfragen. Das Merkmal ist hierbei jeweils ihre Aufgabe. Die Eine testet, dass die Spielfigur nur soweit in eine Richtung bewegt wird, dass der Hintergrund nicht verlassen wird, die Andere überprüft das unmittelbare Umfeld der Spielfigur nach Durchlässigkeit. Da das bisher entwickelte Spielfeld rechteckig ist, läßt sich die erste Art der Kollisionsabfrage relativ einfach in wenigen Zeilen Code umsetzen. Der Name der Funktion soll Collision() heißen.

Erstmals bei der Programmierung dieses Spiels ist der Einsatz eines Rückgabewertes erforderlich, dessen Datentyp als integer gewählt wird. Außerdem muss der Funktion als Parameter übergeben werden, wohin sich die Spielfigur bewegt, da nur in der entsprechenden Richtung eine Kollisionsabfrage durchgeführt werden muss.

Die sich so ergebende Funktion lautet wie folgt:

```
int Collision(char direction){
    ...
}
```

Im Funktionsrumpf muß, wenn die Spielfigur nach links ausgerichtet ist, geprüft werden, ob das in der linken oberen Ecke des Display angezeigte Tile größer als Null ist. Ist dies der Fall wird der Wert Null als Rückgabewert eingesetzt. Dies geschieht durch die Zeichenkette return 0. Entspricht der Wert nicht dieser Bedingung, so wird der äußerste linke Bereich des Hintergrundes bereits angezeigt und ein weiteres Scrollen nach links ist nicht mehr möglich. Um das zu signalisieren wird der Rückgabewert in diesem Fall auf Eins gesetzt.

```
    ...
    if (direction == LEFT) && (xtilepos > 0)) return 0
        else return 1;
```

Kapitel XI: Kollision

Ist der Wert der Variablen Direction RIGHT, also die Figur nach Rechts ausgerichtet, darf die Variable xtilepos den Wert der Breite des Hintergrundes weniger der Bildschirmbreite in Tiles nicht erreichen oder überschreiten. Diese Bedingung wird in die eben entwickelte if-Anweisung eingefügt, indem sie mit „oder" verknüpft werden. In C wird dies durch zwei parallele, senkrechte Balken symbolisiert.

Die gesamte Funktion ist im Folgenden abgedruckt.

```
int Collision(char direction){
    if (((direction == LEFT) && (xtilepos > 0)) ||
        ((direction == RIGHT) &&
        (xtilepos < backgroundWidth - 20))) return 0
    else return 1;
}
```

Der Aufruf dieser Funktion findet in der Hauptfunktion main() statt. Wird eine Richtungstaste gedrückt, so soll dies weiterhin Auswirkungen auf die Variable direction haben, alle weiteren Aktionen, die bisher beim Tastendruck ausgeführt wurden, werden jetzt jedoch in Abhängigkeit zu dem Rückgabewert der Funktion Collision() gesetzt.
Im Quellcode sieht der Sachverhalt wie anstehend dargestellt aus.

```
...
    if (btn == J_RIGHT){
        direction = RIGHT;
        if (!Collision(direction)){
            if (status == STANDING){
                current = START_RUNNING_FRAME;
                status = RUNNING;
            }
            else{current++;};
            countx++;
            if (current >= END_RUNNING_FRAME)
                current = START_RUNNING_FRAME;
            scroll_bkg(1,0);
        };
    };

    if (btn == J_LEFT){
        direction = LEFT;
        if (!Collision(direction)){
```

Kapitel XI: Kollision

```
                if (status == STANDING){
                    current = START_RUNNING_FRAME;
                    status = RUNNING;
                }
                else{current++;};
                countx--;

                if (current >= END_RUNNING_FRAME)
                    current = START_RUNNING_FRAME;
                scroll_bkg(-1,0);
            };
            ...
        }
```

Im nächsten Schritt soll das Fallen der Figur in der Funktion Gravity() umgesetzt werden, indem mit dem GBMB eine Map für die Kollisionsabfrage erstellt wird. Dafür wird die bereits erstellte Hintergrundgrafik mit dem Programm geladen und an die Stelle eines jeden soliden Tiles eine Eins und ansonsten eine Null geschrieben. Dazu werden dort die entsprechenden Elemente aus der rechten Liste eingefügt.
Die exportierten Daten werden in die C- und Header-Dateien des Background, unter dem Namen backgroundCOLL, eingefügt.

Die Funktion Gravity() beginnt mit einer Deklaration der Variablen x, welche zur Speicherung von Zwischenergebnissen dient. Die Berechnung erfolgt in der darauffolgenden Zeile und ermitteln den Index des Hintergrund-Elements, das sich unter der linken Ecke der Spielfigur befindet.

```
x = (ytilepos + START_Y_POS - 1) * backgroundWidth
    + (xpos / TILEWIDTH) + xtilepos - 1;
```

Erweisen sich die Tiles unterhalb der Figur als durchlässig, wird die Variable current auf den Wert FALLING_FRAME gesetzt und der Hintergrund um acht Pixel in Y-Richtung bewegt. Aus diesem Grund muss bei jedem Durchlauf eine weitere Zeile an den auf dem Display angezeigten Ausschnitt gehängt werden. Dazu wird die selbstgeschriebene Funktion DrawCell() aufgerufen.
Desweiteren inkrementiert man die Variable ytilepos, da eine Verschiebung um ein Tiel stattgefunden hat, und setzt den Status der Spielfigur auf STANDING.
Wird bei der Prüfung der Elemente hingegen festgestellt, dass mindestens

Kapitel XI: Kollision

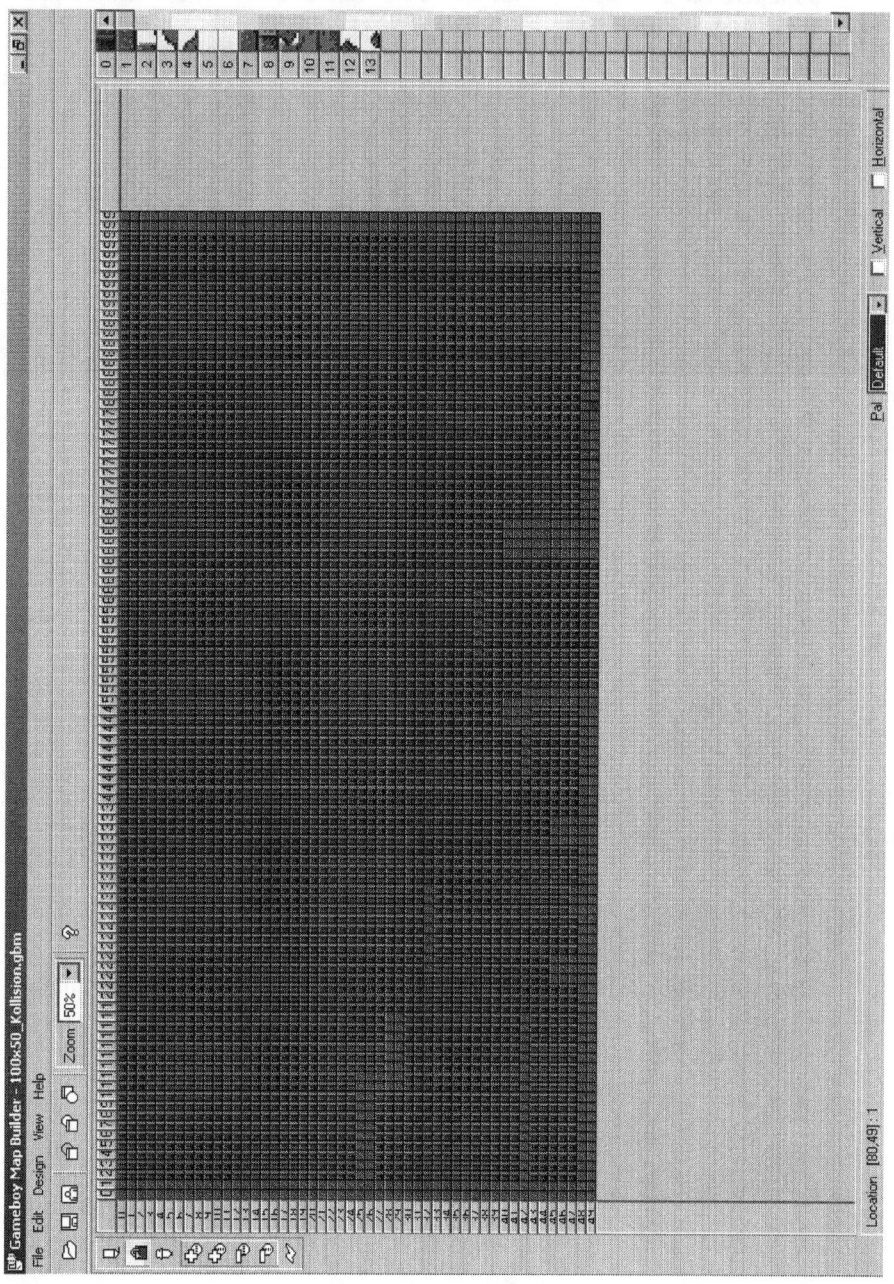

eines der Elemente das Fallen der Figur verhindert, wird current auf STANDING_FRAME gesetzt und STANDING als Wert auf die Variable status zugewiesen.

Eingebettet in eine Funktion ergibt sich folgender Programmabschnitt:

```
void Gravity(){
    int x;

    x = (ytilepos + START_Y_POS - 1) * backgroundWidth
        + (xpos / TILEWIDTH) + xtilepos - 1;

    if ((backgroundCOLL[x] == 0x00)
        && (backgroundCOLL[x + 1] == 0x00)){


            current = FALLING_FRAME;

            scroll_bkg(0,8);

            DrawCell(xtilepos - 2,ytilepos
                + 0x13, 0x17,1);
            ytilepos++;
            status = FALLING;
    }
    else{
        if (status == FALLING){
            current = STANDING_FRAME;
            status = STANDING;
        };
    };
}
```

Der Aufruf dieser Funktion muss bei jedem Durchlauf des main loops in der Hauptfunktion main() stattfinden. Das Abspielen der Laufbewegung hingegen wird duch das Einfügen einer weiteren Bedingung nur dann ausgeführt, wenn die Spielfigur nicht fällt.

```
/* Hauptfunktion */
int main(){

...
    while (!0){
```

Kapitel XI: Kollision

```
            Gravity();
            ...
            if (btn == J_RIGHT){
                direction = RIGHT;
                if (!Collision(direction)){
                    if (status != FALLING){
                        ...
                    };
                    countx++;
                    scroll_bkg(1,0);
                };
            };

            if (btn == J_LEFT){
                direction = LEFT;
                if (!Collision(direction)){
                    if (status != FALLING){
                        ...
                    };
                    countx--;
                    scroll_bkg(-1,0);
                };
            };
            ...
        };
    };
}
```

Wird dieser Quellcode compiliert und auf dem Emulator gestartet, bewegt sich die Spielfigur so lange nach unten, bis unter ihr ein undurchdringliches Element erscheint. Diese Blockade der Bewegungsrichtung wirkt sich jedoch nicht auf links oder rechts von der Spielfigur liegende Objekte aus und muss deshalb noch erweitert werden. Dazu wird analog zur Funktion Gravity() der Index des zu betrachtenden Tiles berechnet und dessen Eigenschaften überprüft. Eingebettet kann dies in die Funktion Collision() werden. Damit ergibt sich an dieser Stelle der im Folgenden abgedruckte Quellcode.

Kapitel XI: Kollision

```
int Collision(char direction){
    int x;

    x = (ytilepos + START_Y_POS - 2) * backgroundWidth
        + (xpos / TILEWIDTH) + xtilepos - 2;

    if (((direction == LEFT)
         && (xtilepos >= 0x01)
         && (backgroundCOLL[x] == 0x00))
        || ((direction == RIGHT)
         && (xtilepos < backgroundWidth - 0x14)
         && (backgroundCOLL[x + 0x03] == 0x00)))
            return 0;
    return 1;
}
```

> Bei der Entwicklung der Programmabschnitte in diesem Kapitel kam es zu vielen unerklärlichen Fehlern, welche eigentlich nicht hätten auftreten dürfen. In den meisten Fällen erwies sich der Compiler als fehlerhaft und schwierig im Umgang mit Dezimalzahlen. Aus diesem Grund wurde in den meisten Zeilen des Programms die dezimale Darstellung von Zahlen in eine hexadezimale umgewandelt. Bei der weiteren Programmierung und Entwicklung sollte dieses als mögliche Fehlerquelle in Betracht gezogen werden.

Damit die Bewegung der Spielfigur während des Fallens nicht eingeschränkt ist und auch nach links oder rechts erfolgen kann, wird die Funktion Gravity() umgeschrieben.

```
void Gravity(){
    int x;
    int y = 0;

    x = (ytilepos + START_Y_POS - 1) * backgroundWidth
        + (xpos / TILEWIDTH) + xtilepos - 1;
    if ((backgroundCOLL[x] == 0x00)
        && (backgroundCOLL[x + 1] == 0x00)){
            current = FALLING_FRAME;
            if (!Collision(direction)){
                if (btn == J_RIGHT){
```

Kapitel XI: Kollision

```
                y = 2;
                countx += 2;
            };
            if (btn == J_LEFT){
                y = -2;
                countx -= 2;
            };
        };
        CheckDrawing();
        scroll_bkg(y,0x08);
        DrawCell(xtilepos - 2,ytilepos
                    + 0x13, 0x17,1);
        ytilepos++;
        status = FALLING;
    }
    else{
        if (status == FALLING){
            current = STANDING_FRAME;
            status = STANDING;
        };
    };
}
```

Die Funktion CheckDrawing() lagert einige Zeilen aus der Hauptfunktion main() aus, welche ebenfalls an dieser Stelle benötigt werden. Der Inhalt der Funktion ist im Folgendem aufgezeigt.

```
void CheckDrawing(){
        if (countx == 0x08){
            countx = 0;
            DrawCell(xtilepos + 0x15,
                    ytilepos - 1,1,0x14);
            xtilepos++;
        };
        if (countx == -8){
            countx = 0;
            DrawCell(xtilepos - 3,ytilepos - 1,1,0x14);
            xtilepos--;
        };
}
```

Dieser Programmabschnitt sollte an der entsprechenden Stelle der Hauptfunktion aufgerufen werden.

Kapitel XI: Kollision

Das Springen der Spielfigur soll als nächstes in das Programm eingebunden werden. Dazu wird eine weitere bedingte Anweisung in die Hauptfunktion eingefügt, welche beim Druck der Tasten „A", auch in Verbindung mit einer Richtungstaste, die Funktion Jumping() aufruft.

```
if (((btn == J_A) || (btn == J_A + J_LEFT)
    || (btn == J_A + J_RIGHT)) && (status != FALLING)){
        Jumping();
    };
```

Zu Beginn der Funktion Jumping() wird eine Variable x deklariert, welche genau wie in der Funktion Gravity() zur Speicherung von Zwischenwerten dient.

```
int x;
```

Die zweite Variable y wird im weiteren Verlauf dieser Funktion dazu genutzt, um festzuhalten, um wieviel Pixel der Hintergrund nach links oder rechts gescrollt werden soll. Als Standard soll keine Verschiebung stattfinden. Also wird die Variable mit dem Wert Null initalisiert.

```
int y = 0;
```

Als Laufvariable wird die Variable des Datentyps Integer deklariert.

```
int i = 0;
```

Damit die richtige Grafik für den Sprung angezeigt wird, setzt man die Variable current auf den Wert START_JUMPING_FRAME, welcher über ein #define am Anfang des Quellcodes definiert wird.

```
#define START_JUMPING_FRAME 0xB
#define END_JUMPING_FRAME 0x0C

current = START_JUMPING_FRAME;
```

Nun wird eine for-Schleife genutzt, um das Aufsteigen der Figur umzusetzten. Dabei wird die Laufvariable von Null bis 11 gezählt, da sich die Figur in 12 Schritten nach oben Bewegen soll.

```
for(i = 0; i < 12; i++){};
```

Kapitel XI: Kollision

In den Schleifenrumpf führt man zu Beginn eine Zuweisung des Tastaturstatus auf die Variable btn durch.

```
btn = joypad();
```

Danach berechnet man den Index des sich links oberhalb der Figur befindendenden Tiles des Hintergrundes und speichert diesen Wert zwischen.

```
x = (ytilepos + START_Y_POS - 0x06) * backgroundWidth
    + (xpos / TILEWIDTH) + xtilepos - 1;
```

Durch die folgende if-Anweisung wird geprüft, ob die Tiles direkt über der Spielfigur durchlässig sind.

```
if ((backgroundCOLL[x] == 0x00)
    && (backgroundCOLL[x + 1] == 0x00)){};
```

Ist dies der Fall, wird der Status der Spielfigur auf JUMPING gesetzt und jedesmal, wenn i modulo zwei ungleich Null ist und das momentane Bild der Sprung-Animation noch nicht das Ende erreicht hat, die Variable current um Eins erhöht. Dadurch werden die verschiedenen Einzelbilder angezeigt.

```
if ((i % 2) && (current < END_JUMPING_FRAME)) current++;
```

Danach wird das Drücken der Richtungstasten und die Kollision abgefragt. Dies geschieht wie bisher, nur dass in den else-Zweigen der if-Anweisungen der Variablen y der Wert Null zugewiesen wird. Durch diesen Schritt, wird der Hintergrund immer dann, wenn keine Richtungstaste aktiviert ist, nicht verschoben. Bisher war dies nicht nötig, da die Variable mit Null initialisiert wurde und kein mehrfacher Schleifendurchlauf stattfand.

```
if (!Collision(direction)){
    if ((btn == J_RIGHT)
        || (btn == J_RIGHT + J_A)){
            direction = RIGHT;
            countx += 0x02;
            CheckDrawing();
            y = 0x02;
    }
    else{
        if ((btn == J_LEFT)
            || (btn == J_LEFT + J_A)){
```

Kapitel XI: Kollision

```
            direction = LEFT;
            countx -= 0x02;
            CheckDrawing();
            y = -2;
         }
         else y = 0;
      };
   }
   else y = 0;
```

Der anstehende Programmabschnitt verringert den Zähler in Y-Richtung um vier Punkte und setzt diesen auf Null zurück, wenn der Zähler -8 erreicht hat, sich also um ein ganzes Tile verschoben hat. Dann wird eine weitere Zeile an den aktuellen Bildschirmausschnitt angefügt und die Variable ytilepos decrementiert.

```
county -= 0x04;
   if (county == -8){
      county = 0;
      DrawCell(xtilepos - 2,ytilepos - 2, 0x17,1);
      ytilepos--;
   };
```

Das Aufrufen der Funktion DrawActor() mit dem Parameter current und das Verschieben des Hintergrundes erfolgt anschließend.

```
   DrawActor(current);
   scroll_bkg(y,-4);
```

Nachdem Aufruf der Funktion Jumping() in der Hauptfunktion main() wird der Rechner durch delay() angewiesen einen Moment zu unterbrechen. Dadurch kann ein weiterer Sprung nur nach einer Pause durchgeführt werden.

```
...
   delay(100);
...
```

Kapitel XII

Kapitel XII: Bildschirmausrichtung

12. Bildschirmausrichtung
Was heißt Bildschirmausrichtung?

Unter Bildschirmausrichtung ist in diesem Zusammenhang, das Verschieben des Bildschirmsausschnittes je nach Bewegungsrichtung und Position der Spielfigur gemeint. Dadurch sollen die Teile des Spielfeldes angezeigt werden, welche in der aktuellen Situation von besonderer Bedeutung sind. Zu Veranschaulichung sind folgende Darstellungen erstellt worden.

Kapitel XII: Bildschirmausrichtung

Bewegt sich die Spielfigur nach rechts wird diese auf dem Bildschirm nach links verschoben, um ein weiteres Blickfeld zu erzeugen. Dies wird durch ein Verändern der Variablen xpos erreicht. Gleichzeitig muss der Hintergrund um vier Pixel nach links gescrollt und die Variable countx um vier erhöht werden. Dadurch wird die Spielfigur weiterhin bei Tastendruck um zwei Pixel relativ zum Hintergrund versetzt. Analog hierzu erfolgt die Bewegung in die entgegengesetzte Richtung.

Erreicht die Spielfigur einen Rand des Spielfeldes soll die Spielfigur weiterlaufen, während der Hintergrund stillsteht. Dazu wird die Variable xpos je nach Richtung um zwei Pixel erhöht oder verringert.

Eingebunden wird dies in die Hauptfunktion main() zwischen den Statusabfrage der Richtungstasten.

```
...
if (btn == J_RIGHT){
    direction = RIGHT;
    if (!Collision(direction)){
        if (status != FALLING){
            if (status == STANDING){
                current=START_RUNNING_FRAME;
                status = RUNNING;
            }
            else{
                current++;
            };

            if (current >= END_RUNNING_FRAME)
                current = START_RUNNING_FRAME;
            delay(100);

            if(xtilepos > backgroundWidth - 0x16)
                {xpos += 2;}
            else{
                if(xpos > START_X_POS * TILEWIDTH - 30){
                    scroll_bkg(4,0); xpos -= 2;
                    countx += 4;
                }
                else{
                    if(xpos < START_X_POS
                        * TILEWIDTH - 32)
                        {xpos += 2;}
```

Kapitel XII: Bildschirmausrichtung

```
                        else {scroll_bkg(2,0); countx +=
    2;};
                    };
                };
            };
        };
    };

    if (btn == J_LEFT){
        direction = LEFT;
        if (!Collision(direction)){
            if (status != FALLING){
                if (status == STANDING){
                    current = START_RUNNING_FRAME;
                    status = RUNNING;
                }
                else{
                    current++;
                };

                if (current >= END_RUNNING_FRAME)
                    current = START_RUNNING_FRAME;
                delay(100);

                if(xtilepos < 0x02) {xpos -= 2;}
                else{
                    if(xpos < START_X_POS * TILEWIDTH +
    30){
                        scroll_bkg(-4,0); xpos += 2;
    countx -= 4;
                    }
                    else{scroll_bkg(-2,0); countx -= 2;};
                };
            };
        };
    };
```

Mit der folgenden bedingten Anweisung aus dem oben genannten Programmabschnitt wird geprüft, ob der rechte Rand des Hintergrunds erreicht wurde.

```
if(xtilepos > backgroundWidth - 0x16){};
```

Die anstehende if-Anweisung wird genutzt um die Position des Spielfigur

Kapitel XII: Bildschirmausrichtung

auf dem Bildschirm zu erfassen und sicherzustellen, dass wenn sich die Figur im mittleren Bereich des Displays befindet, diese an den Rand verschoben wird.

```
if(xpos > START_X_POS * TILEWIDTH - 30){};
```

Die Fragestellung der Positionierung der Figur am linken Rand, wird im Folgenden bearbeitet.

```
if(xpos < START_X_POS * TILEWIDTH - 32){};
```

Der Quellcode zur Bearbeitung der Bewegung in Links-Richtung ist dazu analog entwickelt.

Durch das Addieren und Subtrahieren von den Zahlen zwei und vier von der Variablen countx kann sich ein Wert größer als acht ergeben. Dies wird bisher in der Funktion CheckDrawing() nicht berücksichtigt, kann jedoch geschehen, in dem die Bedingungen umgeschrieben werden. Wichtig ist dabei zu beachten, daß der Compiler kein größergleich und kleinergleich kennt. Aus diesem Grund werden die Grenzen nicht weiterhin mit acht sondern mit sieben angegeben.

```
void CheckDrawing(){
        if (countx > 7){
              countx -= 8;
              DrawCell(xtilepos+0x15,ytilepos- 1,1,0x14);
              xtilepos++;
        };

        if (countx < -7){
              countx += 8;
              DrawCell(xtilepos - 3,ytilepos - 1,1,0x14);
              xtilepos--;
        };
}
```

Kapitel XIII

13. Score and Lifes
Wie zeigt man die Punkte an?

In nächsten Schritt soll die Anzeige der Punkte und die Anzahl der Leben eingebunden werden. Dazu werden alle Ziffern zwischen Null und Neun benötig, sowie ein Symbol für die gesammelten Punkte und Leben. Diese werden mit Hilfe des GBTD erstellt und in eine C-Datei exportiert. Als Label wurde in dem Beispiel der Name Zahlen gewählt.

Jede der Ziffern belegt einen Block von 8x8 Pixeln und entspricht mit diesem Abmessungen genau einem Tile. Dadurch kann eine Ziffer durch den entsprechenden Index angezeigt werden.

Die in diesem Buch verwendete Grafik ist im Folgendem abgebildet.

0 1 2 3 4 5 6 7 8 9 x ♥ ▢

Zur Umsetzung werden zwei globale Variablen mit den Namen lifes und points benötig, welchen die aktuellen Werte des Punkte- und Lebensstandes zugewiesen werden. Zur Erinnerung: globale Variablen werden am Anfang des Quellcodes deklariert.

Die Funktion DrawPoints() soll die oben beschriebenen Aufgaben übernehmen. Dazu benötigt sie keine Übergabeparameter und keinen Rückgabewert, da die benötigten Größen global und somit von jedem Programmabschnitt zugreifbar sind.

Innerhalb des Funktionsrumpfes werden vier Variablen benötigt. Zwei Laufvariablen des Datentyps char, eine zum Zwischenspeichern des selben Typs und eine weitere mit dem Namen buffer, welche mit dem Datentyp int ausgezeichnet ist. Die Laufvariablen werden mit i und x benannt, während y die Bezeichnung des zweiten Zwischenspeichers ist. Somit ergeben sich folgende Deklarationen in der Funktion DrawPoints():

```
char x;
char y;
char i;
int buffer;
```

Nun wird die Größe der Tiles der Ziffern festgelegt. Sie entspricht genau den Abmessungen, welche im bisherigen Programm verwendet wurden. Aus diesem Grund kann in diesem Zusammenhang eigentlich auf ein erneutes

Kapitel XIII: Score and Lifes

Festlegen verzichtet werden. Um jedoch sicherzustellen, daß bei einer Verwendung in einem anderen Projekt, durch unterschiedliche Größenverhältnisse im abweichenden Programmtext keine Fehler auftreten, sollte an dieser Stellte die Nennung der folgenden Zeichenkette erfolgen.

```
SPRITES_8x8;
```

Die Grafiken der einzelnen Ziffern werden wie gewohnt in den Grafikspeicher geladen. Dazu wird die vorgefertigte Funktion set_sprite_data() aus der Standartdbibliothek gb.h benutzt.

```
set_sprite_data(192, 13, Zahlen);
```

Der erste Parameter wird in diesem Fall auf die Zahl 192 gesetzt, da die ersten 191 Speicherplätze mit den Tiles der Spielfigur belegt sind. Mit dem Zahlenwert 13 wird die Anzahl der zu ladenden Tiles aus dem Feld Zahlen, welches als dritter Parameter angegeben wird, genannt.

Durch einen Kommentar wird in der nächsten Zeile festgehalten, daß der darunterliegende Quelltext zur Darstellung der Punkteanzahl dient.

```
/* Points */
```

Durch den Aufruf der Funktion set_sprite_tile() mit den angegebenen Parametern werden das Punktesymbol und das Malzeichen mit den Werten acht und neun ansprechbar. Der zweite Parameter gibt den entsprechenden Index der Grafik an und ergibt sich aus den 191 geladenen Tiles der Spielfigur addiert mit dem Index des benötigten Tiles in der Zahlengrafik. Für die Münze, als Icon für die Punktezahl, berechnet sich die Ziffer somit aus 191 + 13.

```
set_sprite_tile(8, 204);
set_sprite_tile(9, 202);
```

Zum Setzten der Farbpaletten wird eine for-Schleife unter Verwendung der Laufvariablen x genutzt. Die Angabe der zugehörigen Palette geschieht in diesem Fall Hexadezimal.

```
for (x = 0; x < 2; x++){
    set_sprite_prop(8 + x,0x01);
};
```

Mit der Funktion move_sprite() werden die beiden Zeichen an die gewünschte

Kapitel XIII: Score and Lifes

Stelle des Displays gerückt. Die Angabe der X- und Y-Koordinaten wird in Pixeln getätigt.

```
move_sprite(8,10,18);
move_sprite(9,17,18);
```

Damit die Anzahl der Punkte auch nach Bearbeitung durch diese Funktion unverändert bleibt, weist man den Wert der Variablen points auf den Zwischenspeicher buffer zu. Alle Veränderungen nimmt man an dieser Variablen vor und behält den ursprünglichen Wert des Punktestandes gespeichert.

```
buffer = points;
```

Die Anzeige der Anzahl der gesammelten Münzen soll mit fünf Stellen geschehen. Aus diesem Grund wird eine Schleife mit fünf Durchläufen konstruiert. Innerhalb des Schleifenrumpfes wird die Punkteanzahl modulo zehn gerechnet und der Variablen y zugewiesen. Dadurch erhält man die Ziffer, welche an erster Stelle der Gesamtpunktezahl steht. Darauf wird der Punktestand durch die Basis des Dezimalzahlensystems geteilt und somit die Anzahl der Punkte um eine Stelle nach rechts geshiftet. Im nächsten Schritt wird die Ziffer auf dem Monitor ausgegeben. Dazu wird die Funktion set_sprite_tile() aufgerufen. Der erste Parameter muß bei jedem Schleifendurchlauf inkrementiert werden, da sich die Anzahl der angezeigten Sprites jeweils um eins erhöht. Die Ziffer, welche angezeigt werden soll, entspricht dem Index des Tiles in der Zahlengrafik. Soll die drei angezeigt werden, so muß auf das dritte Element des Feldes zugegriffen werden. Dabei ist die bereits erwähnte Verschiebung um 192 Tiles, in welchen die Grafiken der Spielfigur abgelegt sind, zu berücksichtigen.

Mit dem Aufruf der Funktion move_sprite(), werden die Ziffern an den gewünschten Stellen plaziert. Dabei wird die X-Koordinate bei jedem Durchlauf des Schleifenrumpfes um sechs verringert, damit die Ziffern nebeneinander gezeichnet werden.

Der Folgende Quelltext setzt das gerade Besprochene um.

```
for (i = 0; i < 5; i++){
    y = buffer % 10;
    buffer = buffer / 10;
    set_sprite_tile(10 + i, 192 + y);
    move_sprite(10 + i, 47 - 6 * i, 18);};
```

Die einzelnen Werte der Variablen sollen für einen Beispielpunktestand von

Kapitel XIII: Score and Lifes

54363 bei jedem Schleifendurchlauf angegeben werden, um die Arbeitsweise der Schleife zu veranschaulichen.

buffer = 54363

```
1. Schleifendurchlauf
i = 0
y = 3
```
buffer = 5436
Bildschirmausgabe: 3

```
2. Schleifendurchlauf
i = 1
y = 6
```
buffer = 543
Bildschirmausgabe: 63

```
3. Schleifendurchlauf
i = 2
y = 3
```
buffer = 54
Bildschirmausgabe: 363

```
4. Schleifendurchlauf
i = 3
y = 4
```
buffer = 5
Bildschirmausgabe: 4363

```
5. Schleifendurchlauf
i = 4
y = 5
```
buffer = 0
Bildschirmausgabe: 54363

Die Anzahl der Leben soll nur mit einer Stelle angezeigt werden. Daher kann direkt mit der Variablen lifes auf die gewünschte Ziffer zugegriffen werden und eine Berechnung der einzelnen Stellen und der X-Koordinate entfällt. Ansonsten entspricht die Umsetzung der zum Zeigen des Punktestandes.

```
set_sprite_tile(16, 203);
```

Kapitel XIII: Score and Lifes

```
set_sprite_tile(17, 202);
set_sprite_tile(18, 192 + lifes);

move_sprite(16,142,18);
                        move_sprite(17,150,18);
                        move_sprite(18,157,0x12);
```

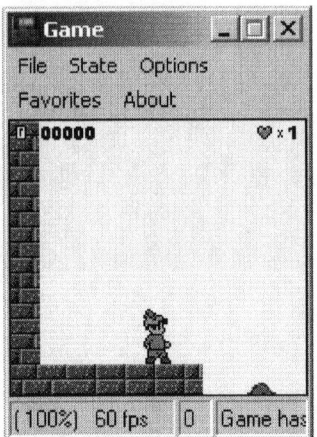

Werden am Ende der Funktion die Sprites mit SHOW_SPRITES; sichtbar geschaltet, zeigt der Emulator nach dem Compilieren des Quellcodes und Laden der entstandenen ausführbaren Datei das anstehend abgedruckte Bild.

Kapitel XIV

14. Dying, Ducking und Waiting
Wie endet das Spiel?

Zum Realisieren des Sterbens der Spielfigur, werden Elemente benötigt, bei dessen Kontakt es zum Verlust eines Lebens kommt. Dazu werden weitere Grafiken für den Hintergrund erstellt und wie bisher verarbeitet. Die hier genutzte Datei ist im Folgenden abgebildet und wurde neben Strukturen für den Hintergrund um einen spitzen Pfeiler erweitert.

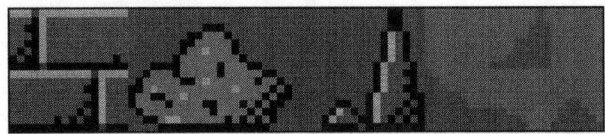

Dieser wird mit Hilfe des GBMB in den Hintergrund eingefügt und als C-Datei exportiert. Ausserdem wird das File für die Kollisionsabfrage angepasst, wobei Elemente, bei deren Berührung, die Spielfigur sterben soll, in der Kollisionsmap mit dem Tile Nummer drei gekennzeichnet werden. Der Sachverhalt ist in Abbildung 14.2 dargestellt.

Im Rumpf der Funktion Dying() wird die Laufvariable i deklariert. Sie gehört zum Datentyp char, da nur eine geringe Menge an Elementen benötigt wird.

```
char i;
```

Danach wird die Anzahl der Leben decrementiert.

```
lifes--;
```

Zum Anzeigen der Animation wird eine for-Schleife mit der Laufvariablen i benutzt, welche die Werte von Null bis Sechs annimmt, da sieben Einzelbilder zur Animationsfolge gehören. Das erste und letzte Bild wird mit der #define-Anweisung festgelegt. Dies geschieht, wie gewohnt, am Anfang des Quellcodes. Gleiches gilt für die Sprungfolge.

```
#define START_DYING_FRAME 0x0F
#define END_DYING_FRAME 0x15
#define START_DUCKING_FRAME 0x16
#define END_DUCKING_FRAME 0x17
```

Kapitel XIV: Dying, Ducking und Waiting

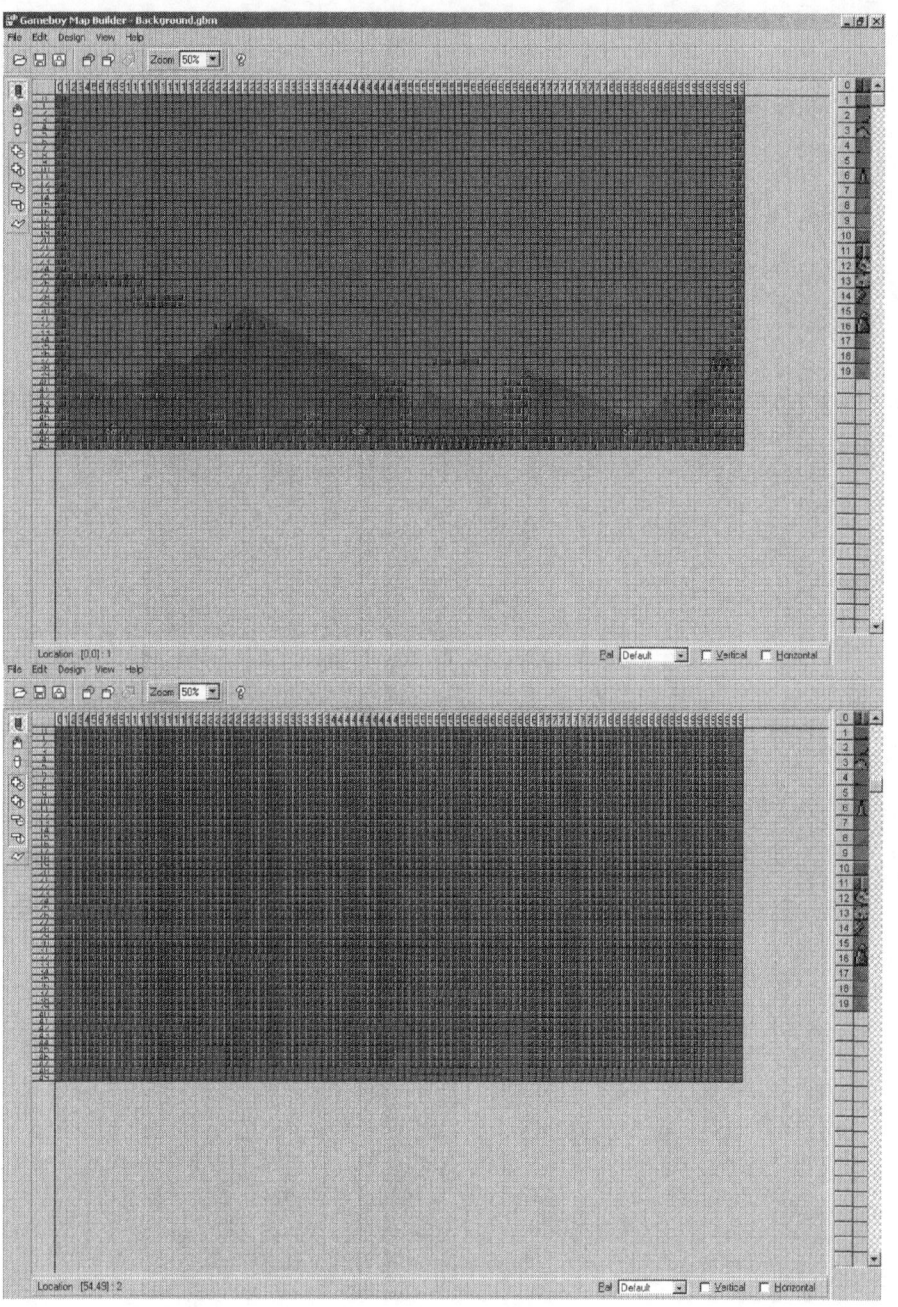

Kapitel XIV: Dying, Ducking und Waiting

Innerhalb des Schleifenrumpfes wird die Spielfigur gezeichnet und durch den Einsatz einer delay-Anweisung eine zeitliche Verzögerung eingefügt. Dadurch wird sichergestellt, dass die Animation nicht zu schnell abläuft.

```
for(i = 0; i < 7; i++){
        DrawActor(START_DYING_FRAME + i);
        delay(100);
};
```

Direkt in der nächsten Zeile wird ein weiteres Mal eine delay-Anweisung eingebettet, um nach dem Beenden des Spiels eine Pause zu integrieren.

```
delay(2000);
```

Bevor das Spiel neu gestartet wird, werden Hintergrund und Sprites durch die entsprechenden Befehle nicht mehr angezeigt.

```
HIDE_SPRITES;
HIDE_BKG;
reset();
```

Der Aufruf der Funktion findet in Gravity() statt. Dazu wird geprüft, ob sich die Spielfigur oberhalb eines Tiles befindet, welches in der Kollisionsmap die Nummer Drei trägt. Als Programmtext sieht das wie folgt aus.

```
...
    x = (ytilepos + START_Y_POS - 1) * backgroundWidth
      + (xpos / TILEWIDTH) + xtilepos - 1;

    if ((backgroundCOLL[x] == 0x02)
       || (backgroundCOLL[x + 1] == 0x02)) Dying();

    if ((backgroundCOLL[x] == 0x00)
       && (backgroundCOLL[x + 1] == 0x00)){
...
```

Das Ducken der Spielfigur läßt sich gleichfalls einfach in den bisherigen Programmtext einbinden. Um die Aktion beim Drücken der Steuerungstasten nach Unten auszuführen, wird eine weitere bedingte Anweisung in die Hauptfunktion main() eingebunden. Sie ruft, wenn sie zu TRUE ausgewertet wird, eine weitere Funktion mit dem Namen Ducking() auf.

Kapitel XIV: Dying, Ducking und Waiting

Dort wird die Spielfigur neu gezeichnet und eine While-Schleife solange durchlaufen, bis durch Überwachen der Tasten sichergestellt ist, daß die Richtungstaste nach unten nicht mehr aktiviert ist.

```
void Ducking(){
    DrawActor(START_DUCKING_FRAME);

    while (btn == J_DOWN){
        DrawActor(END_DUCKING_FRAME);
        btn = joypad();
    };
}
```

Der erwähnte Aufruf in der Hauptfunktion main() sollte wie angegeben erfolgen.

```
...
    if (btn == J_DOWN){
        Ducking();
    };
...
```

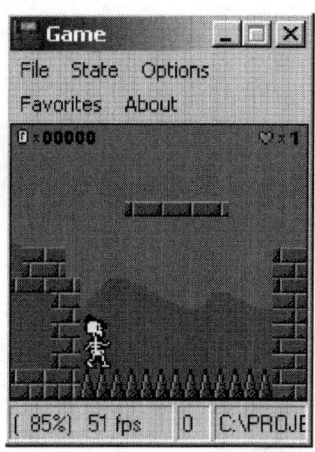

Die linke Abbildung zeigt das Resultat.

Zum Abschluß soll in diesem Kapitel eingefügt werden, daß sich die Spielfigur nach einer gewissen Zeit dreht und den Spieler anschaut, als würde sie warten. Dazu werden in der Hauptfunktion die Variablen i und k deklariert. Beide werden mit dem Wert Null initialisiert.

Innerhalb des main loops wird die Variable k bei jedem Durchlauf um eins erhöht, bis sie den Wert 80 erreicht. Dann wird sie erneut auf Null gesetzt und die Variable i bitweise XOR (^=) mit der Zahl Eins verknüpft. Dadurch wechselt der Wert der Variablen alle 80 Durchläufe zwischen eins und null und kann genutzt werden, um nach dieser Periode die Grafik der Spielfigur zu ändern. Des weiteren wird der Status der Figur auf STANDING gesetzt, wenn keine der Tasten gedrückt wird.

Kapitel XIV: Dying, Ducking und Waiting

Zur beispielhaften Umsetzung ist folgender Programmabschnitt gewählt worden.

```
int main(){
    char k = 0;
    UWORD i = 0;
...
    while (!0){
        if ((k % 80) == 0){
            i ^= 1;
            k = 0;
        };
        btn = joypad();
        if ((btn == 0x00) && (status != FALLING)){
            current = STANDING_FRAME;
            status = STANDING;
        };
        k++;
        if ((i) && (status == STANDING)){
            DrawActor(WAITINGFRAME);
        }
        else{
            DrawActor(current);
        };
        Gravity();
...
```

Kapitel XV

15. Fading
Wie wird der Bildschirm dunkel?

Als Fading wird im Allgemeinen das Überblenden in eine Farbe bezeichnet. Es soll eingesetzt werden, wenn das Spiel beendet ist und den Bildschirm solange abdunkeln, bis nur noch eine schwarze Fläche zu sehen ist. Dies wird erreicht, indem die Farbpaletten des Hintergrundes verändert werden.

Jede im Hintergrund dargestellte Farbe ist mit seinem spezifischen Wert in der Farbpalette abgelegt, wobei sich jeder Wert aus den Farbanteilen Rot, Grün und Blau zusammensetzt. Zu Beginn werden diese Farben voneinander getrennt, damit sie einzeln bearbeitet werden können, um dann nach dem zusammenfügen die neuen Farbwerte zu ergeben. Dies geschieht für alle 32 Farben des Hintergreunde in insgesamt 15 Schritten und kann mit zwei ineinander verschachtelte for-Schleifen umgesetzt werden.

Die neue Funktion Fade() benötigt die Farben des Hintergrundes als Übergabeparameter. Es handelt sich dabei um ein Feld des Datentyps UWORD mit 32 Elementen.

```
void Fade(UWORD palette[32]){...};
```

Innerhalb des Funktionsrumpfes werden neben zwei Laufvariablen drei weitere deklariert, in welchen die einzelnen Farbanteile abgelegt werden sollen. Sie heißen r, g und b.

```
int i,o;
UWORD r,g,b;
```

Die globale Variable blendpalette[] wird zum Ablegen von temporären Daten genutzt.

```
UWORD blendpalette[32];
```

Danach folgen die eingangs erwähnten for-Schleifen mit den Laufvariablen o und i, wobei o bei jedem Schleifendurchgang dekrementiert und i inkrementiert wird.

```
for (o=15;o>=0;o--){
    for (i=0;i<32;i++){...};
};
```

Kapitel XV: Fading

Im Schleifenrumpf wird den Variablen r, g und b der Farbwert zugewiesen. Durch das Einsetzen der Laufvariablen i als Index des Feldes palette[] werden alle 32 Farben des Hintergrundes bearbeitet.

```
r=palette[i];
g=palette[i];
b=palette[i];
```

Um in den Variablen die Farbanteile Rot, Grün und Blau zu extrahieren, wird die b ganzzahlig durch 32, und g durch 1024 geteilt. Durch diese mathematische Operation werden die jeweiligen beschreibenden fünf Bit nach rechts verschoben und können dann durch Maskierung selektiert werden.

Zur Verdeutlichung sei folgendes Beispiel genannt.

Jede Farbe des Hintergrundes wird mit 15 Bits dargestellt, wobei jeweils fünf den Rot-, Grün- und Blauanteil beschreiben.

```
Rot:      01011
Grün:     11010
Blau:     00011
Gesamt:   010111101000011
```

Allen drei Variablen r, g und b werden die 15 Bits zugewiesen.

```
r = 010111101000011
g = 010111101000011
b = 01011110100001 1
```

Der Wert g wird nun durch 32 geteilt, was dem fünfaches shiften nach rechts entspricht, r durch 1024.

```
r = 000000000001011
g = 000000101111010
b = 010111101000011
```

Durch das Maskieren werden die letzten fünf Stellen extrahiert.

```
r = 0000000000 01011
g = 0000000000 11010
b = 0000000000 00011
```

Kapitel XV: Fading

Die Maskierung wird durch eine bitweise AND-Operation durchgeführt. Jede Stelle, die erhalten bleiben soll, wird auf Eins, jede andere auf Null gesetzt.

Da in diesem Fall die letzten fünf Stellen betroffen sind, wird mit der Dezimalzahl 31_{10}, die der Hexadezimalzahl $0x1f_{16}$ und der Binärzahl 11111_2 gerechnet.

rAND	gAND	bAND
0000000000001011_2	0000000101111010_2	0101111010000011_2
0000000000011111_2	0000000000011111_2	0000000000011111_2
0000000000001011_2	0000000000011010_2	0000000000000011_2

Nach dem Separieren werden die Farbanteile bei jedem Schleifendurchlauf mit einem Wert, der im direkten Zusammenhang mit der Laufvariablen o steht, multipliziert. Dadurch liegt der Wert bei den Durchläufen zwischen Eins und Null und verringern schrittweise die Intensität der Farbanteile.

```
r = r*o/15;
g = g*o/15;
b = b*o/15;
```

Diese Farbanteile werden nun zu einem neuen 15 stelligen Wert zusammengesetzt und in die Farbpalette eingefügt. Dazu wird die Variable g mit 32 und r mit 1024 multipliziert. Danach werden diese durch eine bitweise OR-Operation zu dem neuen Farbpaletteneintrag zusammengefügt, welcher mit der Funktion set_bkg_palette() übernommen wird.

Als kompletter Quellcode ergibt sich somit der Folgende.

```
void Fade(UWORD palette[32]){
    int i,o;
    UWORD r,g,b;

    for (o=15;o>=0;o--){
        for (i=0;i<32;i++){

            /*zerlegen in einzelne Farben.*/
            r=palette[i];
            g=palette[i];
```

```
            b=palette[i];

        g=g/32;
            b=b/1024;

        r=r&0x001f;
        g=g&0x001f;
        b=b&0x001f;

    /*Wert verringern.*/
        r=r*o/15;
        g=g*o/15;
        b=b*o/15;

            g=g*32;

            b=b*4;
            b=b*4;
            b=b*4;
            b=b*4;
            b=b*4;

            blendpalette[i]=b | g | r;
        };
        set_bkg_palette( 0, 1, &blendpalette[0] );
        set_bkg_palette( 1, 1, &blendpalette[4] );
        set_bkg_palette( 2, 1, &blendpalette[8] );
        set_bkg_palette( 3, 1, &blendpalette[12] );
        set_bkg_palette( 4, 1, &blendpalette[16] );
        set_bkg_palette( 5, 1, &blendpalette[20] );
        set_bkg_palette( 6, 1, &blendpalette[24] );
        set_bkg_palette( 7, 1, &blendpalette[28] );

        delay(50);
    };
}
```

Kapitel XVI

Kapitel XVI: Das Titelbild

16. Das Titelbild
Wie zeigt man Bilder mit 360 Tiles an?

Um eine Grafik, welche den gesamten Bildschirm des Gameboy Colors belegt, anzeigen zu können, sind besondere Schritte von Nöten. Der Grund dafür ist, dass zu einem Zeitpunkt eigentlich nur 256 unterschiedliche Tiles im Hintergrund angezeigt werden können. Im Folgenden wird der Weg dorthin aufgezeigt. Zur besseren Übersicht wird der Quellcode in einem seperaten Projekt erstellt und somit eine eigenständige Anwendung erzeugt.

Zu Beginn eines neuen Projektes wird die Standard-Bibliothek gb.h eingebunden und die Hauptfunktion main() geschrieben. Innerhalb derer die Größe der Sprites auf 8x8 Pixel gesetzt wird und die Funktion, welche den Namen DrawPics() erhalten soll, aufgerufen wird.

Diese Funktion wird in einer anderen C-Datei deklariert und ist somit beim Compilieren in dieser Datei nicht bekannt und erzeugt eine Fehlermeldung. Damit dies nicht geschieht wird eine Forward-Deklaration durchgeführt, die signalisiert, daß die Beschreibung der Funktion zu einem späteren Zeitpunkt in einer anderen Datei erfolgt. Dazu wird der Funktionsname mit seinem Rückgabewert und den Übergabeparametern, gefolgt von einem Semikolon unterhalb der #include-Anweisungen, angegeben.

```
#include <gb.h>

void DrawPics(void);

int main(void){

    SPRITES_8x8;
    DrawPics();
    return(0);
}
```

Kapitel XVI: Das Titelbild

Die zweite C-Datei bekommt den Namen bank2.c und wie gewohnt, wird die Standardbibliothek eingebunden. Ausserdem werden die exportierten Grafikdaten aus dem GBTD mit der #include-Anweisung eingefügt.

```
#include <gb.h>

#include "Startbild.h"
#include "Startbild.c"
```

Im nächsten Schritt werden die Farbpaletten des Titelbildes aus der Header-Datei Startbild.h geladen und in der Feld Startbild_Palette[] abgelegt.

```
const UWORD Startbild_Palette[] =
{
StartbildCGBPal0c0,StartbildCGBPal0c1,StartbildCGBPal0c2,StartbildCGBPal0c3,
StartbildCGBPal1c0,StartbildCGBPal1c1,StartbildCGBPal1c2,StartbildCGBPal1c3,
StartbildCGBPal2c0,StartbildCGBPal2c1,StartbildCGBPal2c2,StartbildCGBPal2c3,
StartbildCGBPal3c0,StartbildCGBPal3c1,StartbildCGBPal3c2,StartbildCGBPal3c3,
StartbildCGBPal4c0,StartbildCGBPal4c1,StartbildCGBPal4c2,StartbildCGBPal4c3,
StartbildCGBPal5c0,StartbildCGBPal5c1,StartbildCGBPal5c2,StartbildCGBPal5c3,
StartbildCGBPal6c0,StartbildCGBPal6c1,StartbildCGBPal6c2,StartbildCGBPal6c3,
StartbildCGBPal7c0,StartbildCGBPal7c1,StartbildCGBPal7c2,StartbildCGBPal7c3
};
```

Danach wird ein Array kreiert, welches angibt, an welcher Position sich welches Tile befindet. Da die ersten 240 und die folgenden 120 Tiles an unterschiedlichen Speicherplätzen abgelegt werden müssen, beginnt die Nummerierung ab der 241sten Stelle erneut bei Null.

```
const unsigned char Startbild_Tilemap[] =
{
0,1,2,3,4,5,6,7,8,9,10,11,12,13,14,15,16,17,18,19,
20,21,22,23,24,25,26,27,28,29,30,31,32,33,34,35,36,37,38,39,
40,41,42,43,44,45,46,47,48,49,50,51,52,53,54,55,56,57,58,59,
60,61,62,63,64,65,66,67,68,69,70,71,72,73,74,75,76,77,78,79,
80,81,82,83,84,85,86,87,88,89,90,91,92,93,94,95,96,97,98,99,
100,101,102,103,104,105,106,107,108,109,110,111,112,113,114,115,116,117,118,119,
120,121,122,123,124,125,126,127,128,129,130,131,132,133,134,135,136,137,138,139,
140,141,142,143,144,145,146,147,148,149,150,151,152,153,154,155,156,157,158,159,
160,161,162,163,164,165,166,167,168,169,170,171,172,173,174,175,176,177,178,179,
180,181,182,183,184,185,186,187,188,189,190,191,192,193,194,195,196,197,198,199,
200,201,202,203,204,205,206,207,208,209,210,211,212,213,214,215,216,217,218,219,
220,221,222,223,224,225,226,227,228,229,230,231,232,233,234,235,236,237,238,239,
```

```
0,1,2,3,4,5,6,7,8,9,10,11,12,13,14,15,16,17,18,19,
20,21,22,23,24,25,26,27,28,29,30,31,32,33,34,35,36,37,38,39,
40,41,42,43,44,45,46,47,48,49,50,51,52,53,54,55,56,57,58,59,
60,61,62,63,64,65,66,67,68,69,70,71,72,73,74,75,76,77,78,79,
80,81,82,83,84,85,86,87,88,89,90,91,92,93,94,95,96,97,98,99,
100,101,102,103,104,105,106,107,108,109,110,111,112,113,114,115,116,117,118,119,
};
```

Das eigentliche Zeichnen des Bildschirms wird in der Funktion DrawFullScreen() umgesetzt. Als Übergabeparameter werden die Farbpaletten, die Tiles, die Tilemap, die Palettenmap und die Anzahl der verwendeten Farbpaletten für die Grafik benutzt, wobei die Farbpaletten als Call-By-Reference-Parameter übergeben wird. Dies geschieht, indem im Funktionskopf vor den Parameter ein Stern gesetzt und im Funktionrumpf beim Aufruf der Variablen ein kaufmännisches und verwendet wird.

```
void DrawFullScreen(UWORD *palette, const unsigned char
name[], const unsigned char tilemap[], const unsigned
char nameCGB[], char anzahl_paletten){...}
```

Innerhalb der Funktion werden drei Laufvariablen benutzt, welche nun deklariert werden. Sie sind vom Datentyp Integer.

```
int x;
int y;
int i;
```

Durch die folgende Zeichenkette wird der Gamboy Color veranlasst solange zu warten bis der Bildschirm nicht mehr aktualisiert wird.

```
wait_vbl_done();
```

Nun wird das Display ausgeschaltet und auf die VBK_Reg 0 umgeschaltet, um dort die Farbpaletten für den Hintergrund abzulegen.

```
DISPLAY_OFF;

VBK_REG=0;

for(i = 0; i < anzahl_paletten; i++){
    set_bkg_palette( i, 1, &palette[i * 4] );
};
```

```
set_bkg_data(0, 240, name);
```
In VBK_Reg 1 werden nun die Farbinformationen geladen. Als Resultat werden keine Tiles angezeigt, jedoch die entsprechenden Farbwerte dargestellt.

```
VBK_REG=1;

set_bkg_data(0,120, name+(240*16));
```

Im nächsten Schritt werden die 360 Tiles gesetzt. Zuerst 240 in Bank0, danach die restlichen 120 in Bank 1. Dazu wird die Background-Tile-Map mit der Funktion set_bkg_tiles() in den Quellcode einbezogen und somit bestimmt, welches Tile an welcher Stelle des Bildschirms angesiedelt werden soll.

```
VBK_REG = 0;

set_bkg_tiles(0, 0, 20, 18, tilemap);
```

Hier werden nun zuerst die Tiles von Null bis 239 und dann von 0 bis 119 verarbeitet. Dies geschieht, indem vier for-Schleifen eingesetzt werden, wobei innerhalb der fünfte Parameter der Funktioset_bkg_tiles() im zweiten Fall um plus acht abweicht. Dadurch wird in den Zeilen von 12 bis 17 das dritte Bit gesetzt und dadurch die Tiles aus Bank 1 anstatt aus Bank 0 verwendet.

```
VBK_REG = 1;

for (x=0;x<20;x++){
    for (y=0;y<12;y++){
        set_bkg_tiles(x,y,1,1,tilemap
                    + nameCGB[x+(y*20)]);
    };
};

for (x=0;x<20;x++){
    for (y=12;y<18;y++){
        set_bkg_tiles(x,y,1,1,tilemap
                    + nameCGB[x+(y*20)]+8);
    };
};
```

Jetzt wird der Hintergrund eingeschaltet, gewartet bis der Gameboy Color das Aktualisieren des Bildschirms beendet hat und danach der Bildschirm eingeschaltet.

```
VBK_REG = 0;

SHOW_BKG;

wait_vbl_done();

DISPLAY_ON;
```

Vor dem Aufruf der Funktion DrawFullScreen() aus der Funktion DrawPics(), werden die Sprites verdeckt.

Durch den unten stehenden Quelltext wird das Titelbild nach dem Drücken der Start-Taste ausgeblendet. Dazu muss die Funktion Fade() in das jetzige Projekt integriert werden.

```
void DrawPics(void){

    HIDE_SPRITES;

    DrawFullScreen(startbild_palette, Startbild,
            startbild_tilemap, StartbildCGB, 8);

    while(joypad() != J_START){
    };

    Fade(startbild_palette);
}
```

Um dieses Projekt compilieren zu können, werden die zwei C-Dateien Main.c und Bank2.c in zwei unterschiedliche Banks geschrieben. Dies muss bereits im Makefile angegeben und im Quelltext berücksichtigt werden.

Im Programmtext der Datei Main.c wird aus einer anderen Bank eine Funktion aufgerufen. Dies muss direkt vor dem Funktionsaufruf durch SWITCH_ROM_MBC1(2); angegeben werden. Die zwei in den Klammern gibt die Nummer der Bank an, in welcher sich die Funktion befindet.

Aus diesem Grund muss die Datei Bank2.c auf die zweite Bank geschrieben werden. Dies geschieht indem im makefile der Compiler mit dem Parameter -Wf-bo2 aufgerufen wird.

```
d:\Programme\GameBoy_Development\GBDK\bin\lcc -Wa-l -Wl-
m -Wl-j -Wf-bo2 -c -o bank2.o bank2.c
d:\Programme\GameBoy_Development\GBDK\bin\lcc -Wa-l -c
-o Main.o Main.c
d:\Programme\GameBoy_Development\GBDK\bin\lcc -Wa-l -Wl-
m -Wl-j -Wl-yt0x01 -Wl-yo4 -Wl-yp0x143=0x80 -o Game.gbc
bank2.o Main.o
pause
```

Anhang I

Anhang I: Quellcode des Projektes

```c
/*

    ACTOR.H

    Include File.

    Info:
     Form                : All tiles as one unit.
     Format              : Gameboy 4 color.
     Compression         : None.
     Counter             : None.
     Tile size           : 8 x 8
     Tiles               : 0 to 191

     Palette colors      : Included.
     SGB Palette         : None.
     CGB Palette         : 1 Byte per entry.

     Convert to metatiles : No.

    This file was generated by GBTD v2.2

*/


/* Bank of tiles. */
#define ActorBank 0

/* Super Gameboy palette 0 */
#define ActorSGBPal0c0 14839
#define ActorSGBPal0c1 303
#define ActorSGBPal0c2 32767
#define ActorSGBPal0c3 0

/* Super Gameboy palette 1 */
#define ActorSGBPal1c0 11647
#define ActorSGBPal1c1 79
#define ActorSGBPal1c2 32767
#define ActorSGBPal1c3 1024

/* Super Gameboy palette 2 */
#define ActorSGBPal2c0 30
#define ActorSGBPal2c1 495
#define ActorSGBPal2c2 28573
```

```c
#define ActorSGBPal2c3 0

/* Super Gameboy palette 3 */
#define ActorSGBPal3c0 31
#define ActorSGBPal3c1 527
#define ActorSGBPal3c2 32767
#define ActorSGBPal3c3 0

/* Gameboy Color palette 0 */
#define ActorCGBPal0c0 32767
#define ActorCGBPal0c1 0
#define ActorCGBPal0c2 6463
#define ActorCGBPal0c3 20158

/* Gameboy Color palette 1 */
#define ActorCGBPal1c0 32767
#define ActorCGBPal1c1 0
#define ActorCGBPal1c2 1023
#define ActorCGBPal1c3 23518

/* Gameboy Color palette 2 */
#define ActorCGBPal2c0 32767
#define ActorCGBPal2c1 0
#define ActorCGBPal2c2 21140
#define ActorCGBPal2c3 20158

/* Gameboy Color palette 3 */
#define ActorCGBPal3c0 32767
#define ActorCGBPal3c1 0
#define ActorCGBPal3c2 30
#define ActorCGBPal3c3 21140

/* Gameboy Color palette 4 */
#define ActorCGBPal4c0 31744
#define ActorCGBPal4c1 0
#define ActorCGBPal4c2 32767
#define ActorCGBPal4c3 21140

/* Gameboy Color palette 5 */
#define ActorCGBPal5c0 32767
#define ActorCGBPal5c1 0
#define ActorCGBPal5c2 612
#define ActorCGBPal5c3 20158
```

Anhang I: Quellcode des Projektes

```c
        /* Gameboy Color palette 6 */
        */
        extern unsigned char ActorCGB[];
        /* Start of tile array. */
        extern unsigned char Actor[];

        /* End of ACTOR.H */

        /*

         ACTOR.C

         Tile Source File.

         Info:
          Form                  : All tiles as one unit.
          Format                : Gameboy 4 color.
          Compression           : None.
          Counter               : None.
          Tile size             : 8 x 8
          Tiles                 : 0 to 191

          Palette colors        : Included.
          SGB Palette           : None.
          CGB Palette           : 1 Byte per entry.

          Convert to metatiles  : No.

         This file was generated by GBTD v2.2

        */

        /* CGBpalette entries. */
        const unsigned char ActorCGB[] =
        {
          0x03,0x03,0x03,0x03,0x03,0x03,0x03,0x03,
          0x03,0x03,0x03,0x03,0x03,0x03,0x03,0x03,
          0x03,0x03,0x03,0x03,0x03,0x03,0x03,0x03,
          0x03,0x03,0x03,0x03,0x04,0x04,0x04,0x04,
          0x03,0x03,0x03,0x03,0x03,0x03,0x03,0x03,
          0x03,0x03,0x03,0x03,0x03,0x03,0x03,0x03,
          0x02,0x02,0x02,0x02,0x02,0x02,0x02,0x02,
          0x02,0x02,0x02,0x02,0x02,0x02,0x02,0x02,
          0x02,0x02,0x02,0x02,0x02,0x02,0x02,0x02,
```

```
    0x02,0x02,0x02,0x02,0x04,0x04,0x04,0x04,
    0x04,0x04,0x04,0x04,0x03,0x03,0x03,0x03,
    0x03,0x03,0x03,0x02,0x03,0x02,0x01,0x01,
    0x05,0x05,0x05,0x05,0x05,0x05,0x05,0x05,
    0x05,0x05,0x05,0x05,0x05,0x05,0x05,0x05,
    0x05,0x05,0x05,0x05,0x05,0x05,0x05,0x05,
    0x05,0x05,0x05,0x05,0x04,0x04,0x04,0x04,
    0x04,0x04,0x04,0x04,0x04,0x04,0x03,0x03,
    0x03,0x02,0x05,0x05,0x05,0x05,0x00,0x00,
    0x06,0x06,0x06,0x06,0x06,0x06,0x06,0x06,
    0x06,0x06,0x06,0x06,0x06,0x06,0x06,0x06,
    0x06,0x06,0x06,0x06,0x06,0x06,0x06,0x06,
    0x06,0x06,0x06,0x06,0x04,0x04,0x04,0x04,
    0x04,0x04,0x04,0x04,0x04,0x04,0x04,0x04,
    0x04,0x04,0x06,0x07,0x06,0x07,0x00,0x00
};
/* Start of tile array. */
const unsigned char Actor[] =
{
    0x00,0x00,0x00,0x00,0x00,0x00,0x30,0x00,
    0x48,0x30,0x66,0x18,0xE7,0x5A,0xFB,0x25,
    0x00,0x00,0x00,0x00,0x00,0x00,0x00,0x00,
    0x00,0x00,0x00,0x00,0xC0,0x00,0xE0,0xC0,
    0x00,0x00,0x00,0x00,0x00,0x00,0x38,0x00,
    0x4B,0x30,0x2F,0x11,0x2F,0x17,0x3F,0x0F,
    0x00,0x00,0x00,0x00,0x00,0x00,0x00,0x00,
    0x80,0x00,0xC0,0x80,0xC0,0x80,0xE0,0xC0,
    0x00,0x00,0x00,0x00,0x00,0x30,0x00,0x48,0x30,
    0x66,0x18,0xE7,0x5A,0xFB,0x25,0x7F,0x39,
    0x00,0x00,0x00,0x00,0x00,0x00,0x00,0x00,
    0x00,0x00,0xC0,0x00,0xF8,0xC0,0xF8,0xC0,
    0x00,0x00,0x00,0x00,0x30,0x00,0x48,0x30,
    0x66,0x18,0xE7,0x5A,0xFB,0x25,0x7F,0x39,
    0x00,0x00,0x00,0x00,0x00,0x00,0x00,0x00,
    0x00,0x00,0xC0,0x00,0xF8,0xC0,0xF8,0xC0,
    0x00,0x00,0x00,0x00,0x00,0x00,0x30,0x00,
    0x48,0x30,0x66,0x18,0xE7,0x5A,0xFB,0x25,
    0x00,0x00,0x00,0x00,0x00,0x00,0x00,0x00,
    0x00,0x00,0x00,0x00,0xC0,0x00,0xE0,0xC0,
    0x00,0x00,0x00,0x00,0x00,0x00,0x30,0x00,
    0x48,0x30,0x66,0x18,0xE7,0x5A,0xFB,0x25,
    0x00,0x00,0x00,0x00,0x00,0x00,0x00,0x00,
    0x00,0x00,0x00,0x00,0xC0,0x00,0xE0,0xC0,
    0x00,0x00,0x00,0x00,0x30,0x00,0x48,0x30,
```

Anhang I: Quellcode des Projektes

```
0x66,0x18,0xE7,0x5A,0xFB,0x25,0x7F,0x39,
0x00,0x00,0x00,0x00,0x00,0x00,0x00,0x00,
0x00,0x00,0xC0,0x00,0xF8,0xC0,0xF8,0xC0,
0x00,0x00,0x00,0x00,0x30,0x00,0x48,0x30,
0x66,0x18,0xE7,0x5A,0xFB,0x25,0x7F,0x39,
0x00,0x00,0x00,0x00,0x00,0x00,0x00,0x00,
0x00,0x00,0xC0,0x00,0xF8,0xC0,0xF8,0xC0,
0x00,0x00,0x00,0x00,0x00,0x00,0x30,0x00,
0x48,0x30,0x66,0x18,0xE7,0x5A,0xFB,0x25,
0x00,0x00,0x00,0x00,0x00,0x00,0x00,0x00,
0x00,0x00,0x00,0x00,0xC0,0x00,0xE0,0xC0,
0x00,0x00,0x00,0x00,0x00,0x00,0x30,0x00,
0x48,0x30,0x66,0x18,0xE7,0x5A,0xFB,0x25,
0x00,0x00,0x00,0x00,0x00,0x00,0x00,0x00,
0x00,0x00,0x00,0x00,0xC0,0x00,0xE0,0xC0,
0x00,0x00,0x00,0x00,0x00,0x00,0x18,0x00,
0x24,0x18,0x33,0x0C,0x73,0x2D,0x7D,0x12,
0x00,0x00,0x00,0x00,0x00,0x00,0x00,0x00,
0x00,0x00,0x00,0x00,0xE0,0x00,0xF0,0xE0,
0x00,0x00,0x00,0x00,0x18,0x00,0x24,0x18,
0x33,0x0C,0x73,0x2D,0x7D,0x12,0x3F,0x1C,
0x00,0x00,0x00,0x00,0x00,0x00,0x00,0x00,
0x00,0x00,0xE0,0x00,0xFC,0xE0,0xFC,0xE0,
0x00,0x00,0x00,0x00,0x18,0x00,0x24,0x18,
0x33,0x0C,0x73,0x2D,0x7D,0x12,0x3F,0x1C,
0x00,0x00,0x00,0x00,0x00,0x00,0x00,0x00,
0x00,0x00,0xE0,0x00,0xFC,0xE0,0xFC,0xE0,
0x00,0x00,0x00,0x30,0x00,0x48,0x30,0x66,0x18,
0xE7,0x5A,0xFB,0x25,0x7F,0x39,0xFF,0x7F,
0x00,0x00,0x00,0x00,0x00,0x00,0x00,0x00,
0xE0,0x00,0xF0,0xE0,0xF0,0xE0,0xE0,0x80,
0x00,0x00,0x00,0x00,0x00,0x00,0x30,0x00,
0x78,0x00,0x7E,0x00,0xFF,0x00,0xE1,0x1E,
0x00,0x00,0x00,0x00,0x00,0x00,0x00,0x00,
0x00,0x00,0x00,0x00,0xC0,0x00,0xE0,0x00,
0x00,0x00,0x00,0x00,0x00,0x00,0x30,0x00,
0x78,0x00,0x7E,0x00,0xFF,0x00,0xFF,0x00,
0x00,0x00,0x00,0x00,0x00,0x00,0x00,0x00,
0x00,0x00,0x00,0x00,0xC0,0x00,0xE0,0x00,
0x00,0x00,0x00,0x00,0x00,0x00,0x00,0x00,
0x00,0x00,0x00,0x00,0x00,0x00,0x00,0x00,
0x00,0x00,0x00,0x00,0x00,0x00,0x00,0x00,
0x00,0x00,0x00,0x00,0x00,0x00,0x00,0x00,
0x00,0x00,0x00,0x00,0x00,0x00,0x00,0x00,
```

Anhang I: Quellcode des Projektes

```
0x00, 0x00, 0x00, 0x00, 0x00, 0x00, 0x00, 0x00,
0x00, 0x00, 0x00, 0x00, 0x00, 0x00, 0x00, 0x00,
0x00, 0x00, 0x00, 0x00, 0x00, 0x00, 0x00, 0x00,
0x00, 0x00, 0x00, 0x00, 0x00, 0x00, 0x00, 0x00,
0x00, 0x00, 0x00, 0x00, 0x00, 0x00, 0x00, 0x00,
0x00, 0x00, 0x00, 0x00, 0x00, 0x00, 0x00, 0x00,
0x00, 0x00, 0x00, 0x00, 0x00, 0x00, 0x00, 0x00,
0x00, 0x00, 0x00, 0x00, 0x00, 0x00, 0x00, 0x00,
0x00, 0x00, 0x00, 0x00, 0x00, 0x00, 0x00, 0x00,
0x00, 0x00, 0x00, 0x00, 0x00, 0x00, 0x00, 0x00,
0x00, 0x00, 0x00, 0x00, 0x00, 0x00, 0x00, 0x00,
0x00, 0x00, 0x00, 0x00, 0x00, 0x00, 0x00, 0x00,
0x00, 0x00, 0x00, 0x00, 0x00, 0x00, 0x00, 0x00,
0x00, 0x00, 0x00, 0x00, 0x00, 0x00, 0x00, 0x00,
0x00, 0x00, 0x00, 0x00, 0x00, 0x00, 0x00, 0x00,
0x00, 0x00, 0x00, 0x00, 0x0C, 0x00, 0x12, 0x0C,
0x00, 0x00, 0x00, 0x00, 0x00, 0x00, 0x00, 0x00,
0x00, 0x00, 0x00, 0x00, 0x00, 0x00, 0x00, 0x00,
0x00, 0x00, 0x00, 0x00, 0x00, 0x00, 0x00, 0x00,
0x00, 0x00, 0x00, 0x00, 0x18, 0x00, 0x24, 0x18,
0x00, 0x00, 0x00, 0x00, 0x00, 0x00, 0x00, 0x00,
0x00, 0x00, 0x00, 0x00, 0x00, 0x00, 0x00, 0x00,
0x00, 0x00, 0x00, 0x00, 0x00, 0x00, 0x30, 0x00,
0x48, 0x30, 0x66, 0x18, 0xE7, 0x5A, 0xFB, 0x25,
0x00, 0x00, 0x00, 0x00, 0x00, 0x00, 0x00, 0x00,
0x00, 0x00, 0x00, 0x00, 0xC0, 0x00, 0xE0, 0xC0,
0x46, 0x39, 0x80, 0x7F, 0x80, 0x7F, 0xBF, 0x40,
0x7F, 0x11, 0x7F, 0x19, 0x1F, 0x0F, 0x0F, 0x07,
0x38, 0xC0, 0xF8, 0x00, 0xF8, 0x40, 0xE0, 0x40,
0xE0, 0x40, 0xF0, 0x60, 0xF0, 0xE0, 0xE0, 0xC0,
0x40, 0x3F, 0x60, 0x1F, 0x7F, 0x00, 0x7F, 0x0B,
0x7F, 0x1B, 0x3F, 0x1B, 0x3F, 0x1F, 0x1F, 0x0C,
0x10, 0xE0, 0x18, 0xE0, 0xF8, 0x00, 0xF8, 0x40,
0xF8, 0x60, 0xF0, 0x60, 0xF0, 0xE0, 0xE0, 0xC0,
0x80, 0x7F, 0x80, 0x7F, 0xBF, 0x40, 0x7F, 0x11,
0x7F, 0x19, 0x1F, 0x0F, 0x0F, 0x07, 0x1F, 0x00,
0x78, 0x80, 0xE0, 0x40, 0xE0, 0x40, 0xE0, 0x40,
0xF0, 0x60, 0xF0, 0xE0, 0xE0, 0xC0, 0xC0, 0x00,
0x80, 0x7F, 0x80, 0x7F, 0xBF, 0x40, 0x7F, 0x11,
0x7F, 0x19, 0x1F, 0x0F, 0x0F, 0x07, 0x1F, 0x00,
0x78, 0x80, 0xE0, 0x40, 0xE0, 0x40, 0xE0, 0x40,
0xF0, 0x60, 0xF0, 0xE0, 0xE0, 0xC0, 0xC0, 0x00,
0x46, 0x39, 0x80, 0x7F, 0x80, 0x7F, 0xBF, 0x40,
```

Anhang I: Quellcode des Projektes

```
0x7F,0x11,0x7F,0x19,0x1F,0x0F,0x0F,0x07,
0x38,0xC0,0x78,0x80,0xF8,0x40,0xE0,0x40,
0xE0,0x40,0xF0,0x60,0xF0,0xE0,0xE0,0xC0,
0x46,0x39,0x80,0x7F,0x80,0x7F,0xBF,0x40,
0x7F,0x11,0x7F,0x19,0x1F,0x0F,0x0F,0x07,
0x38,0xC0,0x78,0x80,0xF8,0x40,0xE0,0x40,
0xE0,0x40,0xF0,0x60,0xF0,0xE0,0xE0,0xC0,
0x80,0x7F,0x80,0x7F,0xBF,0x40,0x7F,0x11,
0x7F,0x19,0x1F,0x0F,0x0F,0x07,0x1F,0x00,
0x78,0x80,0xE0,0x40,0xE0,0x40,0xE0,0x40,
0xF0,0x60,0xF0,0xE0,0xE0,0xC0,0xC0,0x00,
0x80,0x7F,0x80,0x7F,0xBF,0x40,0x7F,0x11,
0x7F,0x19,0x1F,0x0F,0x0F,0x07,0x1F,0x00,
0x78,0x80,0xE0,0x40,0xE0,0x40,0xE0,0x40,
0xF0,0x60,0xF0,0xE0,0xE0,0xC0,0xC0,0x00,
0x46,0x39,0x80,0x7F,0x80,0x7F,0xBF,0x40,
0x7F,0x11,0x7F,0x19,0x1F,0x0F,0x0F,0x07,
0x38,0xC0,0x78,0x80,0xF8,0x40,0xE0,0x40,
0xE0,0x40,0xF0,0x60,0xF0,0xE0,0xE0,0xC0,
0x46,0x39,0x80,0x7F,0x80,0x7F,0xBF,0x40,
0x7F,0x11,0x7F,0x19,0x1F,0x0F,0x0F,0x07,
0x30,0xC0,0x70,0x80,0xF0,0x40,0xE0,0x40,
0xE0,0x40,0xF0,0x60,0xF0,0xE0,0xE0,0xC0,
0x23,0x1C,0x40,0x3F,0x40,0x3F,0x5F,0x20,
0x3F,0x08,0x3F,0x0C,0x0F,0x07,0x07,0x03,
0x1C,0xE0,0x3C,0xC0,0x7C,0xA0,0xF0,0x20,
0xF0,0xA0,0xF8,0xB0,0xF8,0xF0,0xF0,0xE0,
0x40,0x3F,0x40,0x3F,0x5F,0x20,0x3F,0x08,
0x3F,0x0C,0x0F,0x07,0x07,0x03,0x1F,0x00,
0x3C,0xC0,0x70,0xA0,0xF0,0x20,0xF0,0xA0,
0xF8,0xB0,0xF8,0xF0,0xF0,0xE0,0xE0,0x00,
0x40,0x3F,0x40,0x3F,0x5F,0x20,0x3F,0x08,
0x3F,0x0C,0x0F,0x07,0x07,0x03,0x1F,0x00,
0x3C,0xC0,0x70,0xA0,0xF0,0x20,0xF0,0xA0,
0xF8,0xB0,0xF8,0xF0,0xFC,0xE0,0xFE,0x0C,
0x80,0x7F,0xBF,0x40,0x7F,0x00,0x7F,0x01,
0x7F,0x11,0x7F,0x19,0x1F,0x0F,0x0F,0x07,
0xF8,0x00,0xF8,0x00,0xF8,0x00,0xE0,0x40,
0xE0,0x40,0xF0,0x60,0xF0,0xE0,0xE0,0xC0,
0x40,0x3F,0xC1,0x3E,0xC1,0x3E,0xC1,0x3E,
0x40,0x3F,0x7A,0x05,0x1B,0x04,0x0D,0x02,
0x78,0x80,0x78,0x80,0x38,0xC0,0x60,0x80,
0x20,0xC0,0x30,0xC0,0xB0,0x40,0xE0,0x00,
0x7F,0x00,0xFF,0x00,0xFF,0x00,0xFF,0x00,
```

Anhang I: Quellcode des Projektes

```
0x7F, 0x00, 0x7F, 0x00, 0x1F, 0x00, 0x0F, 0x00,
0xF8, 0x00, 0xF8, 0x00, 0xF8, 0x00, 0xE0, 0x00,
0xE0, 0x00, 0xF0, 0x00, 0xF0, 0x00, 0xE0, 0x00,
0x00, 0x00, 0x3F, 0x00, 0x7F, 0x00, 0xFF, 0x00,
0x7F, 0x00, 0x7F, 0x00, 0x7F, 0x00, 0x4F, 0x00,
0x00, 0x00, 0xE0, 0x00, 0xF0, 0x00, 0xE0, 0x00,
0xE0, 0x00, 0xF0, 0x00, 0xF0, 0x00, 0xE0, 0x00,
0x00, 0x00, 0x00, 0x00, 0x00, 0x00, 0x00, 0x00,
0x00, 0x00, 0x00, 0x00, 0x03, 0x00, 0x0F, 0x00,
0x00, 0x00, 0x00, 0x00, 0x00, 0x00, 0x00, 0x00,
0x00, 0x00, 0x00, 0x00, 0x80, 0x00, 0xC0, 0x00,
0x00, 0x00, 0x00, 0x00, 0x00, 0x00, 0x00, 0x00,
0x00, 0x00, 0x00, 0x00, 0x00, 0x00, 0x00, 0x00,
0x00, 0x00, 0x00, 0x00, 0x00, 0x00, 0x00, 0x00,
0x00, 0x00, 0x00, 0x00, 0x00, 0x00, 0x00, 0x00,
0x00, 0x00, 0x00, 0x00, 0x00, 0x00, 0x00, 0x00,
0x00, 0x00, 0x00, 0x00, 0x00, 0x00, 0x00, 0x00,
0x00, 0x00, 0x00, 0x00, 0x00, 0x00, 0x00, 0x00,
0x00, 0x00, 0x00, 0x00, 0x00, 0x00, 0x00, 0x00,
0x00, 0x00, 0x00, 0x00, 0x00, 0x00, 0x00, 0x00,
0x00, 0x00, 0x00, 0x00, 0x00, 0x00, 0x00, 0x00,
0x00, 0x00, 0x00, 0x00, 0x00, 0x00, 0x00, 0x00,
0x00, 0x00, 0x00, 0x00, 0x00, 0x00, 0x00, 0x00,
0x19, 0x06, 0x39, 0x16, 0x3E, 0x09, 0x1F, 0x0E,
0x3F, 0x1F, 0x3F, 0x1F, 0x3F, 0x10, 0x1F, 0x00,
0x80, 0x00, 0x70, 0x80, 0x88, 0x70, 0x8E, 0x70,
0x1E, 0xE0, 0x3E, 0xD0, 0xF8, 0x10, 0xF8, 0x50,
0x33, 0x0C, 0x73, 0x2D, 0x7D, 0x12, 0x3F, 0x1C,
0x7F, 0x3F, 0x7F, 0x3F, 0x7F, 0x20, 0x3F, 0x00,
0x00, 0x00, 0xE0, 0x00, 0x10, 0xE0, 0x1C, 0xE0,
0x3C, 0xC0, 0x7C, 0xA0, 0xF0, 0x20, 0xF0, 0xA0,
0x46, 0x39, 0x80, 0x7F, 0x80, 0x7F, 0xBF, 0x40,
0x7F, 0x11, 0x7F, 0x19, 0x1F, 0x0F, 0x0F, 0x07,
0x38, 0xC0, 0x78, 0x80, 0xF8, 0x40, 0xE0, 0x40,
0xE0, 0x40, 0xF0, 0x60, 0xF0, 0xE0, 0xE0, 0xC0,
0x1F, 0x00, 0x20, 0x1F, 0x40, 0x3F, 0x48, 0x37,
0x90, 0x6F, 0xB0, 0x4F, 0xF0, 0x2F, 0x70, 0x2F,
0xC0, 0x00, 0x20, 0xC0, 0x20, 0xC0, 0x10, 0xE0,
0x1C, 0xE0, 0x1E, 0xEC, 0x1E, 0xEC, 0x1C, 0xE0,
0x1F, 0x00, 0x20, 0x1F, 0x40, 0x3F, 0x40, 0x3F,
0x90, 0x6F, 0xF0, 0x0F, 0xF0, 0x6F, 0xF0, 0x6F,
0xE0, 0x00, 0x10, 0xE0, 0x08, 0xF0, 0x08, 0xF0,
0x24, 0xD8, 0x3C, 0xC0, 0x3C, 0xD8, 0x3C, 0xD8,
0x20, 0x1F, 0x20, 0x1F, 0x40, 0x3F, 0x40, 0x3F,
```

Anhang I: Quellcode des Projektes

```
0x22,0x1D,0x23,0x1C,0x17,0x0B,0x1F,0x03,
0x20,0xC0,0x20,0xC0,0x10,0xE0,0x18,0xE0,
0x1C,0xE8,0x1C,0xE8,0x98,0x60,0xF0,0x00,
0x20,0x1F,0x20,0x1F,0x21,0x1E,0x20,0x1F,
0x38,0x07,0x27,0x18,0x10,0x0F,0x1F,0x00,
0x20,0xC0,0x20,0xC0,0xF0,0x00,0xF0,0x60,
0xF0,0x60,0x70,0x80,0x10,0xE0,0xF0,0x00,
0x1F,0x00,0x21,0x1E,0x20,0x1F,0x20,0x1F,
0x20,0x1F,0x60,0x1F,0xE0,0x5F,0xF0,0x6F,
0xC0,0x00,0xE0,0x00,0x1C,0xE0,0x1E,0xEC,
0x1E,0xEC,0x3C,0xC0,0xD0,0x20,0x10,0xE0,
0x1F,0x00,0x20,0x1F,0x20,0x1F,0x21,0x1E,
0x20,0x1F,0x38,0x07,0x27,0x18,0x10,0x0F,
0xC0,0x00,0x20,0xC0,0x20,0xC0,0xF0,0x00,
0xF0,0x60,0xF0,0x60,0x70,0x80,0x10,0xE0,
0x20,0x1F,0x20,0x1F,0x40,0x3F,0x40,0x3F,
0x22,0x1D,0x23,0x1C,0x17,0x0B,0x1F,0x03,
0x20,0xC0,0x20,0xC0,0x10,0xE0,0x18,0xE0,
0x1C,0xE8,0x1C,0xE8,0x98,0x60,0xF0,0x00,
0x20,0x1F,0x20,0x1F,0x20,0x1F,0x20,0x1F,
0x63,0x1C,0xF4,0x6B,0xF8,0x67,0x7F,0x00,
0x20,0xC0,0x2C,0xC0,0x3E,0xCC,0x1E,0xEC,
0x1C,0xE0,0x10,0xE0,0x10,0xE0,0xF0,0x00,
0x1F,0x00,0x20,0x1F,0x20,0x1F,0x60,0x1F,
0xF1,0x6E,0xF6,0x69,0x78,0x07,0x10,0x0F,
0xC0,0x00,0x2C,0xC0,0x3E,0xCC,0x3E,0xCC,
0x1C,0xE0,0x10,0xE0,0x10,0xE0,0x10,0xE0,
0x1F,0x00,0x20,0x1F,0x20,0x1F,0x20,0x1F,
0x20,0x1F,0x63,0x1C,0xF4,0x6B,0xF8,0x67,
0xC0,0x00,0x20,0xC0,0x2C,0xC0,0x3E,0xCC,
0x1E,0xEC,0x1C,0xE0,0x10,0xE0,0x10,0xE0,
0x1F,0x00,0x20,0x1F,0x20,0x1F,0x20,0x1F,
0x20,0x1F,0x63,0x1C,0xF4,0x6B,0xF8,0x67,
0xE0,0x00,0x20,0xC0,0x20,0xC0,0x30,0xC0,
0x10,0xE0,0x10,0xE0,0x10,0xE0,0x10,0xE0,
0x21,0x1E,0x20,0x1F,0x20,0x1F,0x20,0x1F,
0x20,0x1F,0x20,0x1F,0x10,0x0F,0x1F,0x00,
0xE0,0x00,0x1C,0xE0,0x1E,0xEC,0x1E,0xEC,
0x3C,0xC0,0xD0,0x20,0x10,0xE0,0xF0,0x00,
0x20,0x1F,0x20,0x1F,0x20,0x1F,0x20,0x1F,
0x21,0x1E,0x20,0x1F,0x10,0x0F,0x1F,0x00,
0x1E,0xEC,0x1C,0xE0,0x30,0xC0,0xE0,0x00,
0x90,0x60,0x10,0xE0,0x10,0xE0,0xF0,0x00,
0x1F,0x00,0x20,0x1F,0x20,0x1F,0x60,0x1F,
```

Anhang I: Quellcode des Projektes

```
0xF1, 0x6E, 0xF6, 0x69, 0x78, 0x07, 0x10, 0x0F,
0xC0, 0x00, 0x2C, 0xC0, 0x3E, 0xCC, 0x3E, 0xCC,
0x1C, 0xE0, 0x10, 0xE0, 0x10, 0xE0, 0x10, 0xE0,
0x1D, 0x02, 0x3D, 0x02, 0x20, 0x1F, 0x6D, 0x12,
0xD0, 0x2F, 0xBD, 0x42, 0x70, 0x0F, 0x14, 0x0B,
0xC0, 0x00, 0xEC, 0x00, 0x3A, 0xC4, 0xC6, 0x38,
0x7C, 0x80, 0xF0, 0x00, 0x10, 0xE0, 0x50, 0xA0,
0x1F, 0x00, 0x3F, 0x00, 0x3F, 0x00, 0x7F, 0x00,
0xFF, 0x00, 0xFF, 0x00, 0x7F, 0x00, 0x1F, 0x00,
0xC0, 0x00, 0xEC, 0x00, 0xFE, 0x00, 0xFE, 0x00,
0xFC, 0x00, 0xF0, 0x00, 0xF0, 0x00, 0xF0, 0x00,
0x1F, 0x00, 0x7F, 0x00, 0x3F, 0x00, 0x7F, 0x00,
0xFF, 0x00, 0xFF, 0x00, 0x7F, 0x00, 0x1F, 0x00,
0xC0, 0x00, 0xEC, 0x00, 0xFE, 0x00, 0xFE, 0x00,
0xFE, 0x00, 0xF6, 0x00, 0xF2, 0x00, 0xF0, 0x00,
0x1F, 0x00, 0x3F, 0x00, 0x3F, 0x00, 0x7F, 0x00,
0x7F, 0x00, 0xFF, 0x00, 0x7F, 0x00, 0x1F, 0x00,
0xC0, 0x00, 0xE0, 0x00, 0xFC, 0x00, 0xFC, 0x00,
0xFE, 0x00, 0xF6, 0x00, 0xF2, 0x00, 0xF0, 0x00,
0x00, 0x00, 0x00, 0x00, 0x00, 0x00, 0x00, 0x00,
0x00, 0x00, 0x07, 0x00, 0x1F, 0x00, 0x1F, 0x00,
0x00, 0x00, 0x00, 0x00, 0x00, 0x00, 0x00, 0x00,
0x00, 0x00, 0xC0, 0x00, 0xE0, 0x00, 0xF0, 0x00,
0x00, 0x00, 0x00, 0x00, 0x00, 0x07, 0x00, 0x00,
0x00, 0x00, 0x00, 0x00, 0x00, 0x00, 0x00, 0x00,
0x00, 0x00, 0x00, 0x00, 0x00, 0x00, 0x00, 0x00,
0x00, 0x00, 0x00, 0x00, 0x00, 0x00, 0x00, 0x00,
0x00, 0x00, 0x00, 0x00, 0x00, 0x00, 0x00, 0x00,
0x00, 0x00, 0x00, 0x00, 0x00, 0x00, 0x00, 0x00,
0x00, 0x00, 0x00, 0x00, 0x00, 0x00, 0x00, 0x00,
0x00, 0x00, 0x00, 0x00, 0x00, 0x00, 0x00, 0x00,
0x1F, 0x06, 0x07, 0x03, 0x03, 0x01, 0x0F, 0x00,
0x10, 0x0F, 0x10, 0x0F, 0x10, 0x0F, 0x10, 0x0F,
0xFC, 0x58, 0xFC, 0xF8, 0xF8, 0xF0, 0xF6, 0x00,
0x0F, 0xF6, 0x0F, 0xF6, 0x3E, 0xC0, 0x48, 0xB0,
0x3F, 0x0C, 0x0F, 0x07, 0x07, 0x03, 0x1B, 0x04,
0x20, 0x1F, 0x20, 0x1F, 0x20, 0x1F, 0x20, 0x1F,
0xF8, 0xB0, 0xF8, 0xF0, 0xF0, 0xE0, 0xE0, 0x00,
0x20, 0xC0, 0x10, 0xE0, 0xD0, 0x20, 0x30, 0xC0,
0x1F, 0x00, 0x3F, 0x1E, 0x3F, 0x1F, 0x3F, 0x1F,
0x3F, 0x1F, 0x7F, 0x1F, 0xBF, 0x5F, 0x9F, 0x6F,
0xC0, 0x00, 0xE0, 0x00, 0xFC, 0xE0, 0xF2, 0xEC,
0xF2, 0xEC, 0xFC, 0xC0, 0xF0, 0x20, 0xF0, 0xE0,
0x3F, 0x00, 0x20, 0x1F, 0x21, 0x1E, 0x20, 0x1F,
```

Anhang I: Quellcode des Projektes

```
0x3D,0x02,0x7E,0x3C,0x7C,0x38,0x7C,0x00,
0xF0,0x00,0x10,0xE0,0x48,0xB0,0x88,0x70,
0xB8,0x40,0x7C,0x38,0x7E,0x3C,0x7E,0x00,
0x7F,0x00,0x20,0x1F,0x22,0x1D,0x21,0x1E,
0x1D,0x02,0x3E,0x1C,0x7E,0x3C,0x7E,0x00,
0xF8,0x00,0x10,0xE0,0x88,0x70,0x08,0xF0,
0x38,0xC0,0xFC,0x38,0x7E,0x3C,0x7E,0x00,
0x1B,0x04,0x08,0x07,0x08,0x07,0x1C,0x03,
0x3F,0x18,0x1F,0x0D,0x0F,0x05,0x07,0x00,
0x20,0xC0,0x20,0xC0,0x20,0xC0,0x20,0xC0,
0xC0,0x00,0xE0,0xC0,0xF0,0xE0,0xF0,0x00,
0x08,0x07,0x08,0x07,0x08,0x07,0x10,0x0F,
0x3E,0x01,0x3F,0x1C,0x3F,0x0F,0x0F,0x00,
0x30,0xC0,0x30,0xC0,0x2E,0xD0,0x5E,0xAC,
0xBC,0x58,0x7C,0x38,0xB8,0x00,0x80,0x00,
0x7F,0x00,0x10,0x0F,0x20,0x1F,0x71,0x2E,
0xFA,0x74,0xFC,0x78,0x7E,0x3C,0x3E,0x00,
0xF0,0x00,0x30,0xC0,0x48,0xB0,0x88,0x70,
0xFC,0x00,0x7E,0x3C,0x7E,0x3C,0x7E,0x00,
0x1F,0x00,0xE2,0x1D,0xE1,0x5E,0xE1,0x5E,
0xF3,0x6C,0xEF,0x00,0x03,0x01,0x03,0x00,
0xF0,0x00,0xA0,0x40,0x20,0xC0,0x20,0xC0,
0xE0,0x00,0xF0,0xE0,0xF0,0xE0,0xF0,0x00,
0x1B,0x04,0x08,0x07,0x08,0x07,0x1C,0x03,
0x3F,0x18,0x1F,0x0D,0x0F,0x05,0x07,0x00,
0x20,0xC0,0x20,0xC0,0x20,0xC0,0x20,0xC0,
0xC0,0x00,0xE0,0xC0,0xF0,0xE0,0xF0,0x00,
0x08,0x07,0x08,0x07,0x0E,0x01,0x11,0x0E,
0x3E,0x01,0x3F,0x1C,0x3F,0x0F,0x0F,0x00,
0x10,0xE0,0x08,0xF0,0x0E,0xF0,0x1E,0xEC,
0xBC,0x58,0x7C,0x38,0xB8,0x00,0x80,0x00,
0x1F,0x00,0x10,0x0F,0x2C,0x13,0x73,0x2C,
0xFA,0x74,0xFC,0x70,0x7E,0x38,0x3E,0x00,
0xF0,0x00,0x10,0xE0,0x08,0xF0,0x08,0xF0,
0xFC,0x00,0x7E,0x3C,0x7E,0x3C,0x7E,0x00,
0x7F,0x00,0xF0,0x0F,0xE8,0x57,0xE4,0x5B,
0xF3,0x6C,0xEF,0x00,0x03,0x01,0x03,0x00,
0xF0,0x00,0x20,0xC0,0x20,0xC0,0x20,0xC0,
0xE0,0x00,0xF0,0xE0,0xF0,0xE0,0xF0,0x00,
0x7F,0x00,0x10,0x0F,0x0C,0x03,0x08,0x07,
0x1F,0x00,0x1F,0x0E,0x1F,0x07,0x07,0x00,
0xF0,0x00,0x10,0xE0,0x08,0xF0,0x08,0xF0,
0x30,0xC0,0xC0,0x00,0xE0,0x80,0xC0,0x00,
0x10,0x0F,0x20,0x1F,0x20,0x1F,0x71,0x2E,
```

Anhang I: Quellcode des Projektes

```
0xFA,0x75,0xFD,0x7A,0x7F,0x3D,0x3F,0x00,
0x20,0xC0,0x40,0x80,0xC0,0x00,0x40,0x80,
0x80,0x00,0x80,0x00,0xC0,0x80,0xC0,0x00,
0x10,0x0F,0x20,0x1F,0x20,0x1F,0x71,0x2E,
0xFA,0x74,0xFC,0x78,0x7E,0x3C,0x3E,0x00,
0x20,0xC0,0x40,0x80,0x80,0x00,0x00,0x00,
0x00,0x00,0x00,0x00,0x00,0x00,0x00,0x00,
0x1F,0x00,0x10,0x0F,0x2C,0x13,0x73,0x2C,
0xFA,0x74,0xFC,0x70,0x7E,0x38,0x3E,0x00,
0xF0,0x00,0x10,0xE0,0x08,0xF0,0x08,0xF0,
0xFC,0x00,0x7E,0x3C,0x7E,0x3C,0x7E,0x00,
0x18,0x07,0x1B,0x04,0x3B,0x04,0x67,0x18,
0xDE,0x20,0xCC,0x30,0x66,0x18,0x3E,0x00,
0x30,0xC0,0xD0,0x20,0xD8,0x20,0xD8,0x20,
0xEC,0x10,0x6E,0x10,0x42,0x3C,0x7E,0x00,
0x1F,0x00,0x1F,0x00,0x3F,0x00,0x7F,0x00,
0xFE,0x00,0xFC,0x00,0x7E,0x00,0x3E,0x00,
0xF0,0x00,0xF0,0x00,0xF8,0x00,0xF8,0x00,
0xFC,0x00,0x7E,0x00,0x7E,0x00,0x7E,0x00,
0x5F,0x00,0x5F,0x00,0x3F,0x00,0x7F,0x00,
0xFE,0x00,0xFC,0x00,0x7E,0x00,0x3E,0x00,
0xF2,0x00,0xF0,0x00,0xF8,0x00,0xF8,0x00,
0xFC,0x00,0x7E,0x00,0x7E,0x00,0x7E,0x00,
0x5F,0x00,0x5F,0x00,0x7F,0x00,0x7F,0x00,
0xFE,0x00,0xFC,0x00,0x7E,0x00,0x3E,0x00,
0xF0,0x00,0xF2,0x00,0xFA,0x00,0xF8,0x00,
0xFC,0x00,0x7E,0x00,0x7E,0x00,0x7E,0x00,
0x1F,0x00,0x1F,0x00,0x7F,0x00,0x7F,0x00,
0xFF,0x00,0xFD,0x00,0x7E,0x00,0x3E,0x00,
0xF0,0x00,0xF0,0x00,0xF8,0x00,0xF8,0x00,
0xFC,0x00,0x7E,0x00,0x7E,0x00,0x7E,0x00,
0x00,0x00,0x00,0x00,0x00,0x00,0x07,0x00,
0x1F,0x00,0x3F,0x00,0x7F,0x00,0x7F,0x00,
0x00,0x00,0x00,0x00,0x00,0x00,0x00,0x00,
0xE0,0x00,0xF0,0x00,0xFC,0x00,0xFE,0x00,
0x00,0x00,0x00,0x00,0x00,0x00,0x00,0x00,
0x00,0x00,0x0E,0x00,0x1F,0x00,0x3F,0x00,
0x00,0x00,0x00,0x00,0x00,0x00,0x00,0x00,
0x00,0x00,0x60,0x00,0xF8,0x00,0xFC,0x00,
0x1F,0x00,0x11,0x0E,0x6C,0x13,0xF2,0x6D,
0xF0,0x6F,0xF8,0x77,0xFC,0x7B,0x7F,0x00,
0xF8,0xF0,0xF8,0xF0,0xF8,0x30,0x70,0x80,
0x10,0xE0,0x10,0xE0,0x20,0xC0,0xC0,0x00,
0x1F,0x00,0x11,0x0E,0x6C,0x13,0xF2,0x6D,
```

Anhang I: Quellcode des Projektes

```
        0xF0,0x6F,0xF8,0x77,0xFC,0x7B,0x7F,0x00,
        0xF8,0xF0,0xF8,0xC0,0xC8,0x30,0x48,0xB0,
        0x30,0xC0,0x10,0xE0,0x20,0xC0,0xC0,0x00,
        0x7F,0x00,0x1F,0x0F,0x3F,0x1F,0x5F,0x2E,
        0x8E,0x74,0x84,0x78,0x42,0x3C,0x3E,0x00,
        0xF0,0x00,0xF0,0xC0,0xF8,0xB0,0xF8,0x70,
        0xFC,0x00,0x42,0x3C,0x42,0x3C,0x7E,0x00
};

/* End of ACTOR.C */

/*

BACKGROUND.H

Map Include File.

Info:
   Section       :
   Bank          : 0
   Map size      : 32 x 32
   Tile set      : test.gbr
   Plane count   : 1 plane (8 bits)
   Plane order   : tile are continues
   Tile offset   : 0
   Split data    : No

This file was generated by GBMB v1.8

*/

/* Bank of tiles. */
#define backgroundtileBank 0

/* Super Gameboy palette 0 */
#define backgroundtileSGBPal0c0 1572
#define backgroundtileSGBPal0c1 0
#define backgroundtileSGBPal0c2 20294
#define backgroundtileSGBPal0c3 21552

/* Super Gameboy palette 1 */
#define backgroundtileSGBPal1c0 10762
#define backgroundtileSGBPal1c1 21552
#define backgroundtileSGBPal1c2 22197
```

```
#define backgroundtileSGBPal1c3 1056

/* Super Gameboy palette 2 */
#define backgroundtileSGBPal2c0 3811
#define backgroundtileSGBPal2c1 0
#define backgroundtileSGBPal2c2 1539
#define backgroundtileSGBPal2c3 21552

/* Super Gameboy palette 3 */
#define backgroundtileSGBPal3c0 25621
#define backgroundtileSGBPal3c1 26646
#define backgroundtileSGBPal3c2 26645
#define backgroundtileSGBPal3c3 21552

/* Gameboy Color palette 0 */
#define backgroundtileCGBPal0c0 1572
#define backgroundtileCGBPal0c1 0
#define backgroundtileCGBPal0c2 2016
#define backgroundtileCGBPal0c3 21552

/* Gameboy Color palette 1 */
#define backgroundtileCGBPal1c0 9513
#define backgroundtileCGBPal1c1 12684
#define backgroundtileCGBPal1c2 22197
#define backgroundtileCGBPal1c3 1056

/* Gameboy Color palette 2 */
#define backgroundtileCGBPal2c0 9513
#define backgroundtileCGBPal2c1 21552
#define backgroundtileCGBPal2c2 22197
#define backgroundtileCGBPal2c3 0

/* Gameboy Color palette 3 */
#define backgroundtileCGBPal3c0 26646
#define backgroundtileCGBPal3c1 26646
#define backgroundtileCGBPal3c2 21552
#define backgroundtileCGBPal3c3 21552

/* Gameboy Color palette 4 */
#define backgroundtileCGBPal4c0 8444
#define backgroundtileCGBPal4c1 2016
#define backgroundtileCGBPal4c2 0
#define backgroundtileCGBPal4c3 24437
```

```c
/* Gameboy Color palette 5 */
#define backgroundtileCGBPal5c0 2042
#define backgroundtileCGBPal5c1 0
#define backgroundtileCGBPal5c2 2028
#define backgroundtileCGBPal5c3 8938

/* Gameboy Color palette 6 */
#define backgroundtileCGBPal6c0 8939
#define backgroundtileCGBPal6c1 0
#define backgroundtileCGBPal6c2 24437
#define backgroundtileCGBPal6c3 0

/* Gameboy Color palette 7 */
#define backgroundtileCGBPal7c0 2045
#define backgroundtileCGBPal7c1 8393
#define backgroundtileCGBPal7c2 0
#define backgroundtileCGBPal7c3 0
/* CGBpalette entries. */
extern unsigned char backgroundCGB[];
/* Start of tile array. */
extern unsigned char background[];

extern unsigned char backgroundtile[];
```

/* BACKGROUND.H */

```
/*

BACKGROUND.C

Map Source File.

Info:
  Section      :
  Bank         : 0
  Map size     : 32 x 32
  Tile set     : test.gbr
  Plane count  : 1 plane (8 bits)
  Plane order  : Tiles are continues
  Tile offset  : 0
  Split data   : No

This file was generated by GBMB v1.8
```

```c
*/

#define backgroundWidth 100
#define backgroundHeight 50
#define backgroundBank 0

/* CGBpalette entries. */
unsigned char BackgroundtileCGB[] =
{
  0x11,0x00,0x00,0x23,0x33,0x11,0x00,0x02,
  0x23,0x33
};
/* Start of tile array. */
unsigned char Backgroundtile[] =
{
  0x10,0xEF,0x10,0x18,0x30,0x38,0x10,0x18,
  0x30,0x38,0x50,0x58,0xB1,0xB9,0xFF,0xF7,
  0x00,0xFF,0x00,0x00,0x00,0x00,0x00,0x00,
  0x00,0x00,0x00,0x00,0x02,0x02,0xFF,0xFF,
  0xFF,0xFF,0xFF,0xFF,0xFF,0xFF,0xFF,0xFF,
  0xFF,0xFE,0xFF,0xFE,0xFE,0xFC,0xFE,0xE0,
  0xFF,0xFF,0xFF,0xFF,0xFF,0xC7,0xC7,0x03,
  0x83,0x01,0x03,0x21,0x01,0x00,0x08,0x00,
  0xFF,0xFF,0xFF,0xFF,0xFF,0xFF,0xFF,0xFF,
  0xFF,0xFF,0xFF,0xFF,0xFF,0xFF,0xFF,0x3F,
  0xFF,0xFF,0xFF,0xFF,0xFF,0xFF,0xFF,0xFF,
  0xFF,0xFF,0xFF,0xFF,0xFF,0xFF,0xFF,0xFF,
  0xFF,0x18,0xFF,0x18,0xFF,0x18,0xE7,0x34,
  0xE7,0x34,0xE7,0x34,0xE7,0x34,0xC3,0x62,
  0xFF,0xFF,0xFF,0xFF,0xFF,0xFF,0xFF,0xFF,
  0xFF,0xFF,0xFF,0xFF,0xFF,0xFF,0xFF,0xFF,
  0x29,0x01,0xFD,0x01,0xF3,0x03,0xB3,0x07,
  0xBF,0x0F,0xEF,0x0F,0x9F,0x1F,0x7F,0x7F,
  0xFE,0x00,0xFE,0x00,0xFE,0x00,0xE6,0x00,
  0xFE,0x00,0xBA,0x00,0xD2,0x00,0xFE,0x00,
  0x00,0xFF,0x00,0x00,0x00,0x00,0x00,0x00,
  0x00,0x00,0x00,0x00,0x02,0x02,0xFF,0xFF,
  0x10,0xEF,0x10,0x18,0x30,0x38,0x10,0x18,
  0x30,0x38,0x50,0x58,0xB0,0xB8,0xFF,0xF7,
  0xE2,0xC0,0xC1,0x88,0xC0,0x00,0x98,0x03,
  0x84,0x00,0xC0,0x90,0xF0,0xC3,0xFF,0xF0,
  0x08,0x00,0x80,0x00,0x00,0x14,0x00,0x00,
  0x31,0x80,0x10,0x00,0x05,0x08,0xFF,0x00,
  0x3F,0x0F,0x4F,0x07,0x17,0x03,0x2F,0x43,
```

Anhang I: Quellcode des Projektes

```
    0x5F,0x07,0xBF,0x0F,0x5F,0x0F,0xFF,0x1F,
    0xFF,0x00,0xFF,0x00,0xFF,0x00,0xFF,0x00,
    0xFF,0x0C,0xF3,0x1A,0xE1,0x31,0xFF,0x3E,
    0xCF,0x6E,0xC3,0x62,0xC7,0x66,0x93,0xD3,
    0x85,0xC5,0x8B,0xCB,0x95,0xD5,0xFF,0xFF,
    0x80,0x80,0xC0,0xE0,0xE0,0xF0,0xF0,0xFC,
    0xFC,0xFF,0xFF,0xFF,0xFF,0xFF,0xFF,0xFF,
    0x00,0x00,0x00,0x00,0x00,0x00,0x00,0x00,
    0x00,0x80,0xE0,0xF0,0xF8,0xF8,0xFC,0xFF,
    0x00,0x00,0x00,0x00,0x00,0x00,0x00,0x30,
    0x18,0x38,0x3C,0x7C,0x3F,0x7E,0x7F,0xFF
};

const unsigned char backgroundCGB[] =
{
    0x01,0x01,0x03,0x03,0x03,0x03,0x03,0x03,0x03,0x03,
    0x03,0x03,0x03,0x03,0x03,0x03,0x03,0x03,0x03,0x03,
    0x03,0x03,0x03,0x03,0x03,0x03,0x03,0x03,0x03,0x03,
    0x03,0x03,0x03,0x03,0x03,0x03,0x03,0x03,0x03,0x03,
    0x03,0x03,0x03,0x03,0x03,0x03,0x03,0x03,0x03,0x03,
    0x03,0x03,0x03,0x03,0x03,0x03,0x03,0x03,0x03,0x03,
    0x03,0x03,0x03,0x03,0x03,0x03,0x03,0x03,0x03,0x03,
    0x03,0x03,0x03,0x03,0x03,0x03,0x03,0x03,0x03,0x03,
    0x03,0x03,0x03,0x03,0x03,0x03,0x03,0x03,0x03,0x03,
    0x03,0x03,0x03,0x03,0x03,0x03,0x03,0x03,0x01,0x01,
    0x01,0x01,0x03,0x03,0x03,0x03,0x03,0x03,0x03,0x03,
    0x03,0x03,0x03,0x03,0x03,0x03,0x03,0x03,0x03,0x03,
    0x03,0x03,0x03,0x03,0x03,0x03,0x03,0x03,0x03,0x03,
    0x03,0x03,0x03,0x03,0x03,0x03,0x03,0x03,0x03,0x03,
    0x03,0x03,0x03,0x03,0x03,0x03,0x03,0x03,0x03,0x03,
    0x03,0x03,0x03,0x03,0x03,0x03,0x03,0x03,0x03,0x03,
    0x03,0x03,0x03,0x03,0x03,0x03,0x03,0x03,0x03,0x03,
    0x03,0x03,0x03,0x03,0x03,0x03,0x03,0x03,0x03,0x03,
    0x03,0x03,0x03,0x03,0x03,0x03,0x03,0x03,0x03,0x03,
    0x03,0x03,0x03,0x03,0x03,0x03,0x03,0x03,0x01,0x01,
    0x01,0x01,0x03,0x03,0x03,0x03,0x03,0x03,0x03,0x03,
    0x03,0x03,0x03,0x03,0x03,0x03,0x03,0x03,0x03,0x03,
    0x03,0x03,0x03,0x03,0x03,0x03,0x03,0x03,0x03,0x03,
    0x03,0x03,0x03,0x03,0x03,0x03,0x03,0x03,0x03,0x03,
    0x03,0x03,0x03,0x03,0x03,0x03,0x03,0x03,0x03,0x03,
    0x03,0x03,0x03,0x03,0x03,0x03,0x03,0x03,0x03,0x03,
    0x03,0x03,0x03,0x03,0x03,0x03,0x03,0x03,0x03,0x03,
    0x03,0x03,0x03,0x03,0x03,0x03,0x03,0x03,0x03,0x03,
    0x03,0x03,0x03,0x03,0x03,0x03,0x03,0x03,0x03,0x03,
```

```
0x03,0x03,0x03,0x03,0x03,0x03,0x03,0x03,0x01,0x01,
0x01,0x01,0x03,0x03,0x03,0x03,0x03,0x03,0x03,0x03,
0x03,0x03,0x03,0x03,0x03,0x03,0x03,0x03,0x03,0x03,
0x03,0x03,0x03,0x03,0x03,0x03,0x03,0x03,0x03,0x03,
0x03,0x03,0x03,0x03,0x03,0x03,0x03,0x03,0x03,0x03,
0x03,0x03,0x03,0x03,0x03,0x03,0x03,0x03,0x03,0x03,
0x03,0x03,0x03,0x03,0x03,0x03,0x03,0x03,0x03,0x03,
0x03,0x03,0x03,0x03,0x03,0x03,0x03,0x03,0x03,0x03,
0x03,0x03,0x03,0x03,0x03,0x03,0x03,0x03,0x03,0x03,
0x03,0x03,0x03,0x03,0x03,0x03,0x03,0x03,0x03,0x03,
0x03,0x03,0x03,0x03,0x03,0x03,0x03,0x03,0x01,0x01,
0x01,0x01,0x03,0x03,0x03,0x03,0x03,0x03,0x03,0x03,
0x03,0x03,0x03,0x03,0x03,0x03,0x03,0x03,0x03,0x03,
0x03,0x03,0x03,0x03,0x03,0x03,0x03,0x03,0x03,0x03,
0x03,0x03,0x03,0x03,0x03,0x03,0x03,0x03,0x03,0x03,
0x03,0x03,0x03,0x03,0x03,0x03,0x03,0x03,0x03,0x03,
0x03,0x03,0x03,0x03,0x03,0x03,0x03,0x03,0x03,0x03,
0x03,0x03,0x03,0x03,0x03,0x03,0x03,0x03,0x03,0x03,
0x03,0x03,0x03,0x03,0x03,0x03,0x03,0x03,0x03,0x03,
0x03,0x03,0x03,0x03,0x03,0x03,0x03,0x03,0x03,0x03,
0x03,0x03,0x03,0x03,0x03,0x03,0x03,0x03,0x01,0x01,
0x01,0x01,0x03,0x03,0x03,0x03,0x03,0x03,0x03,0x03,
0x03,0x03,0x03,0x03,0x03,0x03,0x03,0x03,0x03,0x03,
0x03,0x03,0x03,0x03,0x03,0x03,0x03,0x03,0x03,0x03,
0x03,0x03,0x03,0x03,0x03,0x03,0x03,0x03,0x03,0x03,
0x03,0x03,0x03,0x03,0x03,0x03,0x03,0x03,0x03,0x03,
0x03,0x03,0x03,0x03,0x03,0x03,0x03,0x03,0x03,0x03,
0x03,0x03,0x03,0x03,0x03,0x03,0x03,0x03,0x03,0x03,
0x03,0x03,0x03,0x03,0x03,0x03,0x03,0x03,0x01,0x01,
0x01,0x01,0x03,0x03,0x03,0x03,0x03,0x03,0x03,0x03,
0x03,0x03,0x03,0x03,0x03,0x03,0x03,0x03,0x03,0x03,
0x03,0x03,0x03,0x03,0x03,0x03,0x03,0x03,0x03,0x03,
0x03,0x03,0x03,0x03,0x03,0x03,0x03,0x03,0x03,0x03,
0x03,0x03,0x03,0x03,0x03,0x03,0x03,0x03,0x03,0x03,
0x03,0x03,0x03,0x03,0x03,0x03,0x03,0x03,0x03,0x03,
0x03,0x03,0x03,0x03,0x03,0x03,0x03,0x03,0x03,0x03,
0x03,0x03,0x03,0x03,0x03,0x03,0x03,0x03,0x01,0x01,
0x01,0x01,0x03,0x03,0x03,0x03,0x03,0x03,0x03,0x03,
0x03,0x03,0x03,0x03,0x03,0x03,0x03,0x03,0x03,0x03,
0x03,0x03,0x03,0x03,0x03,0x03,0x03,0x03,0x03,0x03,
```

Anhang I: Quellcode des Projektes

```
0x03,0x03,0x03,0x03,0x03,0x03,0x03,0x03,0x03,0x03,
0x03,0x03,0x03,0x03,0x03,0x03,0x03,0x03,0x03,0x03,
0x03,0x03,0x03,0x03,0x03,0x03,0x03,0x03,0x03,0x03,
0x03,0x03,0x03,0x03,0x03,0x03,0x03,0x03,0x03,0x03,
0x03,0x03,0x03,0x03,0x03,0x03,0x03,0x03,0x03,0x03,
0x03,0x03,0x03,0x03,0x03,0x03,0x03,0x03,0x03,0x03,
0x03,0x03,0x03,0x03,0x03,0x03,0x03,0x03,0x01,0x01,
0x01,0x01,0x03,0x03,0x03,0x03,0x03,0x03,0x03,0x03,
0x03,0x03,0x03,0x03,0x03,0x03,0x03,0x03,0x03,0x03,
0x03,0x03,0x03,0x03,0x03,0x03,0x03,0x03,0x03,0x03,
0x03,0x03,0x03,0x03,0x03,0x03,0x03,0x03,0x03,0x03,
0x03,0x03,0x03,0x03,0x03,0x03,0x03,0x03,0x03,0x03,
0x03,0x03,0x03,0x03,0x03,0x03,0x03,0x03,0x03,0x03,
0x03,0x03,0x03,0x03,0x03,0x03,0x03,0x03,0x03,0x03,
0x03,0x03,0x03,0x03,0x03,0x03,0x03,0x03,0x03,0x03,
0x03,0x03,0x03,0x03,0x03,0x03,0x03,0x03,0x03,0x03,
0x03,0x03,0x03,0x03,0x03,0x03,0x03,0x03,0x01,0x01,
0x01,0x01,0x03,0x03,0x03,0x03,0x03,0x03,0x03,0x03,
0x03,0x03,0x03,0x03,0x03,0x03,0x03,0x03,0x03,0x03,
0x03,0x03,0x03,0x03,0x03,0x03,0x03,0x03,0x03,0x03,
0x03,0x03,0x03,0x03,0x03,0x03,0x03,0x03,0x03,0x03,
0x03,0x03,0x03,0x03,0x03,0x03,0x03,0x03,0x03,0x03,
0x03,0x03,0x03,0x03,0x03,0x03,0x03,0x03,0x03,0x03,
0x03,0x03,0x03,0x03,0x03,0x03,0x03,0x03,0x03,0x03,
0x03,0x03,0x03,0x03,0x03,0x03,0x03,0x03,0x03,0x03,
0x03,0x03,0x03,0x03,0x03,0x03,0x03,0x03,0x01,0x01,
0x01,0x01,0x03,0x03,0x03,0x03,0x03,0x03,0x03,0x03,
0x03,0x03,0x03,0x03,0x03,0x03,0x03,0x03,0x03,0x03,
0x03,0x03,0x03,0x03,0x03,0x03,0x03,0x03,0x03,0x03,
0x03,0x03,0x03,0x03,0x03,0x03,0x03,0x03,0x03,0x03,
0x03,0x03,0x03,0x03,0x03,0x03,0x03,0x03,0x03,0x03,
0x03,0x03,0x03,0x03,0x03,0x03,0x03,0x03,0x03,0x03,
0x03,0x03,0x03,0x03,0x03,0x03,0x03,0x03,0x03,0x03,
0x03,0x03,0x03,0x03,0x03,0x03,0x03,0x03,0x03,0x03,
0x03,0x03,0x03,0x03,0x03,0x03,0x03,0x03,0x01,0x01,
0x01,0x01,0x03,0x03,0x03,0x03,0x03,0x03,0x03,0x03,
0x03,0x03,0x03,0x03,0x03,0x03,0x03,0x03,0x03,0x03,
0x03,0x03,0x03,0x03,0x03,0x03,0x03,0x03,0x03,0x03,
0x03,0x03,0x03,0x03,0x03,0x03,0x03,0x03,0x03,0x03,
0x03,0x03,0x03,0x03,0x03,0x03,0x03,0x03,0x03,0x03,
0x03,0x03,0x03,0x03,0x03,0x03,0x03,0x03,0x03,0x03,
0x03,0x03,0x03,0x03,0x03,0x03,0x03,0x03,0x03,0x03,
```

Anhang I: Quellcode des Projektes

```
0x03,0x03,0x03,0x03,0x03,0x03,0x03,0x03,0x03,0x03,
0x03,0x03,0x03,0x03,0x03,0x03,0x03,0x03,0x03,0x03,
0x03,0x03,0x03,0x03,0x03,0x03,0x03,0x03,0x01,0x01,
0x01,0x01,0x03,0x03,0x03,0x03,0x03,0x03,0x03,0x03,
0x03,0x03,0x03,0x03,0x03,0x03,0x03,0x03,0x03,0x03,
0x03,0x03,0x03,0x03,0x03,0x03,0x03,0x03,0x03,0x03,
0x03,0x03,0x03,0x03,0x03,0x03,0x03,0x03,0x03,0x03,
0x03,0x03,0x03,0x03,0x03,0x03,0x03,0x03,0x03,0x03,
0x03,0x03,0x03,0x03,0x03,0x03,0x03,0x03,0x03,0x03,
0x03,0x03,0x03,0x03,0x03,0x03,0x03,0x03,0x03,0x03,
0x03,0x03,0x03,0x03,0x03,0x03,0x03,0x03,0x03,0x03,
0x03,0x03,0x03,0x03,0x03,0x03,0x03,0x03,0x03,0x03,
0x03,0x03,0x03,0x03,0x03,0x03,0x03,0x03,0x01,0x01,
0x01,0x01,0x03,0x03,0x03,0x03,0x03,0x03,0x03,0x03,
0x03,0x03,0x03,0x03,0x03,0x03,0x03,0x03,0x03,0x03,
0x03,0x03,0x03,0x03,0x03,0x03,0x03,0x03,0x03,0x03,
0x03,0x03,0x03,0x03,0x03,0x03,0x03,0x03,0x03,0x03,
0x03,0x03,0x03,0x03,0x03,0x03,0x03,0x03,0x03,0x03,
0x03,0x03,0x03,0x03,0x03,0x03,0x03,0x03,0x03,0x03,
0x03,0x03,0x03,0x03,0x03,0x03,0x03,0x03,0x03,0x03,
0x03,0x03,0x03,0x03,0x03,0x03,0x03,0x03,0x03,0x03,
0x03,0x03,0x03,0x03,0x03,0x03,0x03,0x03,0x01,0x01,
0x01,0x01,0x03,0x03,0x03,0x03,0x03,0x03,0x03,0x03,
0x03,0x03,0x03,0x03,0x03,0x03,0x03,0x03,0x03,0x03,
0x03,0x03,0x03,0x03,0x03,0x03,0x03,0x03,0x03,0x03,
0x03,0x03,0x03,0x03,0x03,0x03,0x03,0x03,0x03,0x03,
0x03,0x03,0x03,0x03,0x03,0x03,0x03,0x03,0x03,0x03,
0x03,0x03,0x03,0x03,0x03,0x03,0x03,0x03,0x03,0x03,
0x03,0x03,0x03,0x03,0x03,0x03,0x03,0x03,0x03,0x03,
0x03,0x03,0x03,0x03,0x03,0x03,0x03,0x03,0x01,0x01,
0x01,0x01,0x03,0x03,0x03,0x03,0x03,0x03,0x03,0x03,
0x03,0x03,0x03,0x03,0x03,0x03,0x03,0x03,0x03,0x03,
0x03,0x03,0x03,0x03,0x03,0x03,0x03,0x03,0x03,0x03,
0x03,0x03,0x03,0x03,0x03,0x03,0x03,0x03,0x03,0x03,
0x03,0x03,0x03,0x03,0x03,0x03,0x03,0x03,0x03,0x03,
0x03,0x03,0x03,0x03,0x03,0x03,0x03,0x03,0x03,0x03,
0x03,0x03,0x03,0x03,0x03,0x03,0x03,0x03,0x03,0x03,
0x03,0x03,0x03,0x03,0x03,0x03,0x03,0x03,0x01,0x01,
0x01,0x01,0x03,0x03,0x03,0x03,0x03,0x03,0x03,0x03,
```

Anhang I: Quellcode des Projektes

```
0x03, 0x03, 0x03, 0x03, 0x03, 0x03, 0x03, 0x03, 0x03, 0x03,
0x03, 0x03, 0x03, 0x03, 0x03, 0x03, 0x03, 0x03, 0x03, 0x03,
0x03, 0x03, 0x03, 0x03, 0x03, 0x03, 0x03, 0x03, 0x03, 0x03,
0x03, 0x03, 0x03, 0x03, 0x03, 0x03, 0x03, 0x03, 0x03, 0x03,
0x03, 0x03, 0x03, 0x03, 0x03, 0x03, 0x03, 0x03, 0x03, 0x03,
0x03, 0x03, 0x03, 0x03, 0x03, 0x03, 0x03, 0x03, 0x03, 0x03,
0x03, 0x03, 0x03, 0x03, 0x03, 0x03, 0x03, 0x03, 0x03, 0x03,
0x03, 0x03, 0x03, 0x03, 0x03, 0x03, 0x03, 0x03, 0x03, 0x03,
0x03, 0x03, 0x03, 0x03, 0x03, 0x03, 0x03, 0x03, 0x01, 0x01,
0x01, 0x01, 0x03, 0x03, 0x03, 0x03, 0x03, 0x03, 0x03, 0x03,
0x03, 0x03, 0x03, 0x03, 0x03, 0x03, 0x03, 0x03, 0x03, 0x03,
0x03, 0x03, 0x03, 0x03, 0x03, 0x03, 0x03, 0x03, 0x03, 0x03,
0x03, 0x03, 0x03, 0x03, 0x03, 0x03, 0x03, 0x03, 0x03, 0x03,
0x03, 0x03, 0x03, 0x03, 0x03, 0x03, 0x03, 0x03, 0x03, 0x03,
0x03, 0x03, 0x03, 0x03, 0x03, 0x03, 0x03, 0x03, 0x03, 0x03,
0x03, 0x03, 0x03, 0x03, 0x03, 0x03, 0x03, 0x03, 0x03, 0x03,
0x03, 0x03, 0x03, 0x03, 0x03, 0x03, 0x03, 0x03, 0x03, 0x03,
0x03, 0x03, 0x03, 0x03, 0x03, 0x03, 0x03, 0x03, 0x01, 0x01,
0x01, 0x01, 0x03, 0x03, 0x03, 0x03, 0x03, 0x03, 0x03, 0x03,
0x03, 0x03, 0x03, 0x03, 0x03, 0x03, 0x03, 0x03, 0x03, 0x03,
0x03, 0x03, 0x03, 0x03, 0x03, 0x03, 0x03, 0x03, 0x03, 0x03,
0x03, 0x03, 0x03, 0x03, 0x03, 0x03, 0x03, 0x03, 0x03, 0x03,
0x03, 0x03, 0x03, 0x03, 0x03, 0x03, 0x03, 0x03, 0x03, 0x03,
0x03, 0x03, 0x03, 0x03, 0x03, 0x03, 0x03, 0x03, 0x03, 0x03,
0x03, 0x03, 0x03, 0x03, 0x03, 0x03, 0x03, 0x03, 0x03, 0x03,
0x03, 0x03, 0x03, 0x03, 0x03, 0x03, 0x03, 0x03, 0x03, 0x03,
0x03, 0x03, 0x03, 0x03, 0x03, 0x03, 0x03, 0x03, 0x01, 0x01,
0x01, 0x01, 0x03, 0x03, 0x03, 0x03, 0x03, 0x03, 0x03, 0x03,
0x03, 0x03, 0x03, 0x03, 0x03, 0x03, 0x03, 0x03, 0x03, 0x03,
0x03, 0x03, 0x03, 0x03, 0x03, 0x03, 0x03, 0x03, 0x03, 0x03,
0x03, 0x03, 0x03, 0x03, 0x03, 0x03, 0x03, 0x03, 0x03, 0x03,
0x03, 0x03, 0x03, 0x03, 0x03, 0x03, 0x03, 0x03, 0x03, 0x03,
0x03, 0x03, 0x03, 0x03, 0x03, 0x03, 0x03, 0x03, 0x03, 0x03,
0x03, 0x03, 0x03, 0x03, 0x03, 0x03, 0x03, 0x03, 0x03, 0x03,
0x03, 0x03, 0x03, 0x03, 0x03, 0x03, 0x03, 0x03, 0x03, 0x03,
0x03, 0x03, 0x03, 0x03, 0x03, 0x03, 0x03, 0x03, 0x01, 0x01,
0x01, 0x01, 0x03, 0x03, 0x03, 0x03, 0x03, 0x03, 0x03, 0x03,
0x03, 0x03, 0x03, 0x03, 0x03, 0x03, 0x03, 0x03, 0x03, 0x03,
0x03, 0x03, 0x03, 0x03, 0x03, 0x03, 0x03, 0x03, 0x03, 0x03,
0x03, 0x03, 0x03, 0x03, 0x03, 0x03, 0x03, 0x03, 0x03, 0x03,
0x03, 0x03, 0x03, 0x03, 0x03, 0x03, 0x03, 0x03, 0x03, 0x03,
```

```
0x03, 0x03, 0x03, 0x03, 0x03, 0x03, 0x03, 0x03, 0x03, 0x03,
0x03, 0x03, 0x03, 0x03, 0x03, 0x03, 0x03, 0x03, 0x03, 0x03,
0x03, 0x03, 0x03, 0x03, 0x03, 0x03, 0x03, 0x03, 0x03, 0x03,
0x03, 0x03, 0x03, 0x03, 0x03, 0x03, 0x03, 0x03, 0x03, 0x03,
0x03, 0x03, 0x03, 0x03, 0x03, 0x03, 0x03, 0x03, 0x01, 0x01,
0x01, 0x01, 0x03, 0x03, 0x03, 0x03, 0x03, 0x03, 0x03, 0x03,
0x03, 0x03, 0x03, 0x03, 0x03, 0x03, 0x03, 0x03, 0x03, 0x03,
0x03, 0x03, 0x03, 0x03, 0x03, 0x03, 0x03, 0x03, 0x03, 0x03,
0x03, 0x03, 0x03, 0x03, 0x03, 0x03, 0x03, 0x03, 0x03, 0x03,
0x03, 0x03, 0x03, 0x03, 0x03, 0x03, 0x03, 0x03, 0x03, 0x03,
0x03, 0x03, 0x03, 0x03, 0x03, 0x03, 0x03, 0x03, 0x03, 0x03,
0x03, 0x03, 0x03, 0x03, 0x03, 0x03, 0x03, 0x03, 0x03, 0x03,
0x03, 0x03, 0x03, 0x03, 0x03, 0x03, 0x03, 0x03, 0x03, 0x03,
0x03, 0x03, 0x03, 0x03, 0x03, 0x03, 0x03, 0x03, 0x01, 0x01,
0x01, 0x01, 0x03, 0x03, 0x03, 0x03, 0x03, 0x03, 0x03, 0x03,
0x03, 0x03, 0x03, 0x03, 0x03, 0x03, 0x03, 0x03, 0x03, 0x03,
0x03, 0x03, 0x03, 0x03, 0x03, 0x03, 0x03, 0x03, 0x03, 0x03,
0x03, 0x03, 0x03, 0x03, 0x03, 0x03, 0x03, 0x03, 0x03, 0x03,
0x03, 0x03, 0x03, 0x03, 0x03, 0x03, 0x03, 0x03, 0x03, 0x03,
0x03, 0x03, 0x03, 0x03, 0x03, 0x03, 0x03, 0x03, 0x03, 0x03,
0x03, 0x03, 0x03, 0x03, 0x03, 0x03, 0x03, 0x03, 0x03, 0x03,
0x03, 0x03, 0x03, 0x03, 0x03, 0x03, 0x03, 0x03, 0x03, 0x03,
0x03, 0x03, 0x03, 0x03, 0x03, 0x03, 0x03, 0x03, 0x03, 0x03,
0x03, 0x03, 0x03, 0x03, 0x03, 0x03, 0x03, 0x03, 0x01, 0x01,
0x01, 0x01, 0x03, 0x03, 0x03, 0x03, 0x03, 0x03, 0x03, 0x03,
0x03, 0x03, 0x03, 0x03, 0x03, 0x03, 0x03, 0x03, 0x03, 0x03,
0x03, 0x03, 0x03, 0x03, 0x03, 0x03, 0x03, 0x03, 0x03, 0x03,
0x03, 0x03, 0x03, 0x03, 0x03, 0x03, 0x03, 0x03, 0x03, 0x03,
0x03, 0x03, 0x03, 0x03, 0x03, 0x03, 0x03, 0x03, 0x03, 0x03,
0x03, 0x03, 0x03, 0x03, 0x03, 0x03, 0x03, 0x03, 0x03, 0x03,
0x03, 0x03, 0x03, 0x03, 0x03, 0x03, 0x03, 0x03, 0x03, 0x03,
0x03, 0x03, 0x03, 0x03, 0x03, 0x03, 0x03, 0x03, 0x03, 0x03,
```

Anhang I: Quellcode des Projektes

```
0x03,0x03,0x03,0x03,0x03,0x03,0x03,0x03,0x01,0x01,
0x01,0x01,0x01,0x01,0x01,0x01,0x01,0x01,0x01,0x01,
0x01,0x01,0x01,0x03,0x03,0x03,0x03,0x03,0x03,0x03,
0x03,0x03,0x03,0x03,0x03,0x03,0x03,0x03,0x03,0x03,
0x03,0x03,0x03,0x03,0x03,0x03,0x03,0x03,0x03,0x03,
0x03,0x03,0x03,0x03,0x03,0x03,0x03,0x03,0x03,0x03,
0x03,0x03,0x03,0x03,0x03,0x03,0x03,0x03,0x03,0x03,
0x03,0x03,0x03,0x03,0x03,0x03,0x03,0x03,0x03,0x03,
0x03,0x03,0x03,0x03,0x03,0x03,0x03,0x03,0x03,0x03,
0x03,0x03,0x03,0x03,0x03,0x03,0x03,0x03,0x03,0x03,
0x03,0x03,0x03,0x03,0x03,0x03,0x03,0x03,0x01,0x01,
0x01,0x01,0x01,0x01,0x01,0x01,0x01,0x01,0x01,0x01,
0x01,0x01,0x01,0x03,0x03,0x03,0x03,0x03,0x03,0x03,
0x03,0x03,0x03,0x03,0x03,0x03,0x03,0x03,0x03,0x03,
0x03,0x03,0x03,0x03,0x03,0x03,0x03,0x03,0x03,0x03,
0x03,0x03,0x03,0x03,0x03,0x03,0x03,0x03,0x03,0x03,
0x03,0x03,0x03,0x03,0x03,0x03,0x03,0x03,0x03,0x03,
0x03,0x03,0x03,0x03,0x03,0x03,0x03,0x03,0x03,0x03,
0x03,0x03,0x03,0x03,0x03,0x03,0x03,0x03,0x03,0x03,
0x03,0x03,0x03,0x03,0x03,0x03,0x03,0x03,0x03,0x03,
0x03,0x03,0x03,0x03,0x03,0x03,0x03,0x03,0x01,0x01,
0x01,0x01,0x03,0x03,0x03,0x03,0x03,0x03,0x03,0x03,
0x03,0x01,0x01,0x03,0x03,0x03,0x03,0x03,0x03,0x03,
0x03,0x03,0x03,0x03,0x03,0x03,0x03,0x03,0x03,0x03,
0x03,0x03,0x03,0x03,0x03,0x03,0x03,0x03,0x03,0x03,
0x03,0x03,0x03,0x03,0x03,0x03,0x03,0x03,0x03,0x03,
0x03,0x03,0x03,0x03,0x03,0x03,0x03,0x03,0x03,0x03,
0x03,0x03,0x03,0x03,0x03,0x03,0x03,0x03,0x03,0x03,
0x03,0x03,0x03,0x03,0x03,0x03,0x03,0x03,0x03,0x03,
0x03,0x03,0x03,0x03,0x03,0x03,0x03,0x03,0x01,0x01,
0x01,0x01,0x03,0x03,0x03,0x03,0x03,0x03,0x03,0x03,
0x03,0x01,0x01,0x01,0x01,0x01,0x01,0x01,0x01,0x03,
0x03,0x03,0x03,0x03,0x03,0x03,0x03,0x03,0x03,0x03,
0x03,0x03,0x03,0x03,0x03,0x03,0x03,0x03,0x03,0x03,
0x03,0x03,0x03,0x03,0x03,0x03,0x03,0x03,0x03,0x03,
0x03,0x03,0x03,0x03,0x03,0x03,0x03,0x03,0x03,0x03,
0x03,0x03,0x03,0x03,0x03,0x03,0x03,0x03,0x03,0x03,
0x03,0x03,0x03,0x03,0x03,0x03,0x03,0x03,0x03,0x03,
0x03,0x03,0x03,0x03,0x03,0x03,0x03,0x03,0x01,0x01,
0x01,0x01,0x03,0x03,0x03,0x03,0x03,0x03,0x03,0x03,
0x03,0x01,0x01,0x01,0x01,0x01,0x01,0x01,0x01,0x03,
0x03,0x03,0x03,0x03,0x03,0x03,0x03,0x03,0x03,0x03,
```

Anhang I: Quellcode des Projektes

```
0x03, 0x03, 0x03, 0x03, 0x03, 0x03, 0x03, 0x03, 0x03, 0x03,
0x03, 0x03, 0x03, 0x03, 0x03, 0x03, 0x03, 0x03, 0x03, 0x03,
0x03, 0x03, 0x03, 0x03, 0x03, 0x03, 0x03, 0x03, 0x03, 0x03,
0x03, 0x03, 0x03, 0x03, 0x03, 0x03, 0x03, 0x03, 0x03, 0x03,
0x03, 0x03, 0x03, 0x03, 0x03, 0x03, 0x03, 0x03, 0x03, 0x03,
0x03, 0x03, 0x03, 0x03, 0x03, 0x03, 0x03, 0x03, 0x03, 0x03,
0x03, 0x03, 0x03, 0x03, 0x03, 0x03, 0x03, 0x03, 0x01, 0x01,
0x01, 0x01, 0x03, 0x03, 0x03, 0x03, 0x03, 0x03, 0x03, 0x03,
0x03, 0x03, 0x03, 0x03, 0x03, 0x03, 0x03, 0x03, 0x03, 0x03,
0x03, 0x03, 0x03, 0x03, 0x03, 0x03, 0x03, 0x03, 0x03, 0x03,
0x03, 0x03, 0x03, 0x03, 0x03, 0x03, 0x03, 0x03, 0x03, 0x03,
0x03, 0x03, 0x03, 0x03, 0x03, 0x03, 0x03, 0x03, 0x03, 0x03,
0x03, 0x03, 0x03, 0x03, 0x03, 0x03, 0x03, 0x03, 0x03, 0x03,
0x03, 0x03, 0x03, 0x03, 0x03, 0x03, 0x03, 0x03, 0x03, 0x03,
0x03, 0x03, 0x03, 0x03, 0x03, 0x03, 0x03, 0x03, 0x03, 0x03,
0x03, 0x03, 0x03, 0x03, 0x03, 0x03, 0x03, 0x03, 0x01, 0x01,
0x01, 0x01, 0x03, 0x03, 0x03, 0x03, 0x03, 0x03, 0x03, 0x03,
0x03, 0x03, 0x03, 0x03, 0x03, 0x03, 0x03, 0x03, 0x03, 0x03,
0x03, 0x03, 0x03, 0x03, 0x03, 0x03, 0x03, 0x02, 0x03, 0x03,
0x03, 0x03, 0x03, 0x03, 0x03, 0x03, 0x03, 0x03, 0x03, 0x03,
0x03, 0x03, 0x03, 0x03, 0x03, 0x03, 0x03, 0x03, 0x03, 0x03,
0x03, 0x03, 0x03, 0x03, 0x03, 0x03, 0x03, 0x03, 0x03, 0x03,
0x03, 0x03, 0x03, 0x03, 0x03, 0x03, 0x03, 0x03, 0x03, 0x03,
0x03, 0x03, 0x03, 0x03, 0x03, 0x03, 0x03, 0x03, 0x03, 0x03,
0x03, 0x03, 0x03, 0x03, 0x03, 0x03, 0x03, 0x03, 0x03, 0x03,
0x03, 0x03, 0x03, 0x03, 0x03, 0x03, 0x03, 0x03, 0x01, 0x01,
0x01, 0x01, 0x03, 0x03, 0x03, 0x03, 0x03, 0x03, 0x03, 0x03,
0x03, 0x03, 0x03, 0x03, 0x03, 0x03, 0x03, 0x03, 0x03, 0x03,
0x03, 0x03, 0x03, 0x01, 0x01, 0x01, 0x01, 0x01, 0x01, 0x01,
0x01, 0x01, 0x03, 0x03, 0x03, 0x03, 0x03, 0x03, 0x03, 0x03,
0x03, 0x03, 0x03, 0x03, 0x03, 0x03, 0x03, 0x03, 0x03, 0x03,
0x03, 0x03, 0x03, 0x03, 0x03, 0x03, 0x03, 0x03, 0x03, 0x03,
0x03, 0x03, 0x03, 0x03, 0x03, 0x03, 0x03, 0x03, 0x03, 0x03,
0x03, 0x03, 0x03, 0x03, 0x03, 0x03, 0x03, 0x03, 0x03, 0x03,
0x03, 0x03, 0x03, 0x03, 0x03, 0x03, 0x03, 0x03, 0x03, 0x03,
0x03, 0x03, 0x03, 0x03, 0x03, 0x03, 0x03, 0x03, 0x01, 0x01,
0x01, 0x01, 0x03, 0x03, 0x03, 0x03, 0x03, 0x03, 0x03, 0x03,
0x03, 0x03, 0x03, 0x03, 0x03, 0x03, 0x03, 0x03, 0x03, 0x03,
0x03, 0x03, 0x03, 0x03, 0x03, 0x03, 0x03, 0x03, 0x03, 0x03,
0x03, 0x03, 0x03, 0x03, 0x03, 0x03, 0x03, 0x03, 0x03, 0x03,
0x03, 0x03, 0x03, 0x03, 0x03, 0x03, 0x03, 0x03, 0x03, 0x03,
0x03, 0x03, 0x03, 0x03, 0x03, 0x03, 0x03, 0x03, 0x03, 0x03,
0x03, 0x03, 0x03, 0x03, 0x03, 0x03, 0x03, 0x03, 0x03, 0x03,
```

Anhang I: Quellcode des Projektes

```
0x03,0x03,0x03,0x03,0x03,0x03,0x03,0x03,0x03,0x03,
0x03,0x03,0x03,0x03,0x03,0x03,0x03,0x03,0x03,0x03,
0x03,0x03,0x03,0x03,0x03,0x03,0x03,0x03,0x01,0x01,
0x01,0x01,0x03,0x03,0x03,0x03,0x03,0x03,0x03,0x03,
0x03,0x03,0x03,0x03,0x03,0x03,0x03,0x03,0x03,0x03,
0x03,0x03,0x03,0x03,0x03,0x03,0x03,0x03,0x03,0x03,
0x03,0x03,0x03,0x03,0x03,0x03,0x03,0x03,0x03,0x03,
0x03,0x03,0x03,0x03,0x03,0x03,0x03,0x03,0x03,0x03,
0x03,0x03,0x03,0x03,0x03,0x03,0x03,0x03,0x03,0x03,
0x03,0x03,0x03,0x03,0x03,0x03,0x03,0x03,0x03,0x03,
0x03,0x03,0x03,0x03,0x03,0x03,0x03,0x03,0x03,0x03,
0x03,0x03,0x03,0x03,0x03,0x03,0x03,0x03,0x03,0x03,
0x03,0x03,0x03,0x03,0x03,0x03,0x03,0x03,0x01,0x01,
0x01,0x01,0x03,0x03,0x03,0x03,0x03,0x03,0x03,0x03,
0x03,0x03,0x03,0x03,0x03,0x03,0x03,0x03,0x03,0x03,
0x03,0x03,0x03,0x03,0x03,0x03,0x03,0x03,0x03,0x03,
0x03,0x03,0x03,0x03,0x03,0x03,0x03,0x03,0x03,0x03,
0x03,0x03,0x03,0x03,0x03,0x03,0x03,0x03,0x03,0x03,
0x03,0x03,0x03,0x03,0x03,0x03,0x03,0x03,0x03,0x03,
0x03,0x03,0x03,0x03,0x03,0x03,0x03,0x03,0x03,0x03,
0x03,0x03,0x03,0x03,0x03,0x03,0x03,0x03,0x03,0x03,
0x03,0x03,0x03,0x03,0x03,0x03,0x03,0x03,0x01,0x01,
0x01,0x01,0x03,0x03,0x03,0x03,0x03,0x03,0x03,0x03,
0x03,0x03,0x03,0x03,0x03,0x03,0x03,0x03,0x03,0x03,
0x03,0x03,0x03,0x03,0x03,0x03,0x03,0x03,0x03,0x03,
0x03,0x03,0x03,0x03,0x03,0x03,0x03,0x03,0x03,0x03,
0x03,0x03,0x03,0x03,0x03,0x03,0x03,0x03,0x03,0x03,
0x03,0x03,0x03,0x03,0x03,0x03,0x03,0x03,0x03,0x03,
0x03,0x03,0x03,0x03,0x03,0x03,0x03,0x03,0x03,0x03,
0x03,0x03,0x03,0x03,0x03,0x03,0x03,0x03,0x03,0x03,
0x03,0x03,0x03,0x03,0x03,0x03,0x03,0x03,0x01,0x01,
0x01,0x01,0x03,0x03,0x03,0x03,0x03,0x03,0x03,0x03,
0x03,0x03,0x03,0x03,0x03,0x03,0x03,0x03,0x03,0x03,
0x03,0x03,0x03,0x03,0x03,0x03,0x03,0x03,0x03,0x03,
0x03,0x03,0x03,0x03,0x03,0x03,0x03,0x03,0x03,0x03,
0x03,0x03,0x03,0x03,0x03,0x01,0x01,0x01,0x01,0x01,
0x01,0x01,0x03,0x03,0x03,0x03,0x03,0x03,0x03,0x03,
0x03,0x03,0x03,0x03,0x03,0x03,0x03,0x03,0x03,0x03,
0x03,0x03,0x03,0x03,0x03,0x03,0x03,0x03,0x03,0x03,
0x03,0x03,0x03,0x03,0x03,0x02,0x02,0x02,0x01,0x01,
0x01,0x01,0x03,0x03,0x03,0x03,0x03,0x03,0x03,0x03,
```

```
0x03,0x03,0x03,0x03,0x03,0x03,0x03,0x03,0x03,0x03,
0x03,0x03,0x03,0x03,0x03,0x03,0x03,0x03,0x03,0x03,
0x03,0x03,0x03,0x03,0x03,0x03,0x03,0x03,0x03,0x03,
0x03,0x03,0x03,0x03,0x03,0x03,0x03,0x03,0x03,0x03,
0x03,0x03,0x03,0x03,0x03,0x03,0x03,0x03,0x03,0x03,
0x03,0x03,0x03,0x03,0x03,0x03,0x03,0x03,0x03,0x03,
0x03,0x03,0x03,0x03,0x03,0x03,0x03,0x03,0x03,0x03,
0x03,0x03,0x03,0x03,0x03,0x03,0x03,0x03,0x03,0x03,
0x03,0x03,0x03,0x03,0x03,0x02,0x02,0x02,0x01,0x01,
0x01,0x01,0x03,0x03,0x03,0x03,0x03,0x03,0x03,0x03,
0x03,0x03,0x03,0x03,0x03,0x03,0x03,0x03,0x03,0x03,
0x03,0x03,0x03,0x03,0x03,0x03,0x03,0x03,0x03,0x03,
0x03,0x03,0x03,0x03,0x03,0x03,0x03,0x03,0x03,0x03,
0x03,0x03,0x03,0x03,0x03,0x03,0x03,0x03,0x03,0x03,
0x03,0x03,0x03,0x03,0x03,0x03,0x03,0x03,0x03,0x03,
0x03,0x03,0x03,0x03,0x03,0x03,0x03,0x03,0x02,0x03,
0x03,0x03,0x03,0x03,0x03,0x03,0x03,0x03,0x03,0x03,
0x03,0x03,0x03,0x03,0x03,0x03,0x03,0x03,0x03,0x03,
0x03,0x03,0x03,0x03,0x03,0x01,0x01,0x01,0x01,0x01,
0x01,0x01,0x03,0x03,0x03,0x03,0x03,0x03,0x03,0x03,
0x03,0x03,0x03,0x03,0x03,0x03,0x03,0x03,0x03,0x03,
0x03,0x03,0x03,0x03,0x03,0x03,0x03,0x03,0x03,0x03,
0x03,0x03,0x03,0x03,0x03,0x03,0x03,0x03,0x03,0x03,
0x03,0x03,0x03,0x03,0x03,0x03,0x03,0x03,0x01,0x01,
0x01,0x03,0x03,0x03,0x03,0x03,0x03,0x03,0x03,0x03,
0x03,0x03,0x03,0x03,0x03,0x01,0x01,0x01,0x01,0x03,
0x03,0x03,0x03,0x03,0x03,0x03,0x03,0x03,0x03,0x03,
0x03,0x03,0x03,0x03,0x03,0x03,0x03,0x03,0x03,0x03,
0x03,0x03,0x03,0x03,0x03,0x01,0x01,0x01,0x01,0x01,
0x01,0x01,0x03,0x03,0x03,0x02,0x03,0x03,0x03,0x03,
0x03,0x03,0x03,0x03,0x03,0x03,0x03,0x03,0x03,0x03,
0x03,0x03,0x03,0x03,0x03,0x03,0x03,0x03,0x03,0x03,
0x03,0x03,0x03,0x03,0x03,0x03,0x03,0x03,0x03,0x03,
0x03,0x03,0x03,0x03,0x03,0x03,0x03,0x03,0x01,0x01,
0x01,0x03,0x03,0x03,0x03,0x03,0x03,0x03,0x03,0x03,
0x03,0x03,0x03,0x03,0x03,0x01,0x01,0x01,0x01,0x03,
0x03,0x03,0x03,0x03,0x03,0x03,0x03,0x03,0x03,0x03,
0x03,0x03,0x03,0x03,0x03,0x03,0x03,0x03,0x03,0x03,
0x03,0x03,0x03,0x03,0x03,0x01,0x01,0x01,0x01,0x01,
0x01,0x01,0x01,0x01,0x01,0x01,0x01,0x01,0x01,0x01,
0x01,0x01,0x01,0x01,0x01,0x01,0x01,0x01,0x01,0x03,
0x03,0x03,0x03,0x03,0x03,0x03,0x03,0x03,0x03,0x03,
0x03,0x03,0x03,0x03,0x03,0x03,0x03,0x03,0x03,0x03,
0x03,0x03,0x03,0x01,0x01,0x01,0x01,0x01,0x01,0x01,
```

Anhang I: Quellcode des Projektes

```
0x01,0x01,0x03,0x03,0x03,0x03,0x03,0x03,0x03,0x03,
0x03,0x03,0x03,0x03,0x03,0x01,0x01,0x01,0x01,0x03,
0x03,0x03,0x03,0x03,0x03,0x03,0x03,0x03,0x03,0x03,
0x03,0x03,0x03,0x03,0x03,0x03,0x03,0x03,0x03,0x03,
0x03,0x03,0x03,0x03,0x03,0x01,0x01,0x01,0x01,0x01,
0x01,0x01,0x03,0x03,0x03,0x03,0x03,0x03,0x03,0x03,
0x03,0x03,0x03,0x03,0x03,0x03,0x03,0x03,0x03,0x03,
0x03,0x03,0x03,0x03,0x03,0x03,0x03,0x03,0x03,0x03,
0x03,0x03,0x03,0x03,0x03,0x03,0x03,0x03,0x03,0x03,
0x03,0x03,0x03,0x03,0x03,0x03,0x03,0x03,0x03,0x03,
0x01,0x01,0x03,0x03,0x03,0x03,0x03,0x03,0x03,0x03,
0x03,0x03,0x03,0x03,0x03,0x01,0x01,0x01,0x01,0x03,
0x03,0x03,0x03,0x03,0x03,0x03,0x03,0x03,0x03,0x03,
0x03,0x03,0x03,0x03,0x03,0x03,0x03,0x03,0x03,0x03,
0x03,0x03,0x03,0x03,0x03,0x01,0x01,0x01,0x01,0x01,
0x01,0x01,0x03,0x03,0x03,0x03,0x03,0x03,0x03,0x03,
0x03,0x03,0x03,0x03,0x03,0x03,0x03,0x03,0x03,0x03,
0x03,0x03,0x02,0x03,0x03,0x03,0x03,0x03,0x03,0x03,
0x03,0x03,0x03,0x03,0x03,0x03,0x03,0x03,0x03,0x03,
0x03,0x03,0x03,0x03,0x03,0x03,0x03,0x03,0x03,0x03,
0x01,0x01,0x03,0x03,0x03,0x03,0x03,0x03,0x03,0x03,
0x03,0x03,0x03,0x03,0x03,0x01,0x01,0x01,0x01,0x03,
0x03,0x03,0x03,0x03,0x03,0x03,0x03,0x03,0x03,0x03,
0x03,0x03,0x03,0x03,0x03,0x03,0x03,0x03,0x03,0x03,
0x03,0x03,0x03,0x03,0x03,0x01,0x01,0x01,0x01,0x01,
0x01,0x01,0x03,0x03,0x03,0x03,0x03,0x03,0x03,0x03,
0x03,0x03,0x03,0x03,0x03,0x03,0x03,0x03,0x03,0x03,
0x03,0x03,0x01,0x01,0x01,0x03,0x03,0x03,0x03,0x03,
0x03,0x03,0x03,0x03,0x03,0x03,0x01,0x01,0x01,0x03,
0x03,0x03,0x03,0x03,0x03,0x03,0x03,0x03,0x03,0x03,
0x01,0x01,0x03,0x03,0x03,0x03,0x03,0x03,0x03,0x03,
0x03,0x03,0x03,0x03,0x03,0x01,0x01,0x01,0x01,0x03,
0x03,0x03,0x03,0x03,0x03,0x03,0x03,0x03,0x03,0x03,
0x03,0x03,0x03,0x03,0x03,0x03,0x03,0x03,0x03,0x03,
0x03,0x03,0x03,0x03,0x03,0x01,0x01,0x01,0x01,0x01,
0x01,0x01,0x03,0x03,0x03,0x03,0x03,0x00,0x00,0x00,
0x03,0x03,0x03,0x03,0x03,0x03,0x03,0x03,0x03,0x03,
0x03,0x03,0x01,0x01,0x01,0x03,0x03,0x03,0x03,0x03,
0x03,0x03,0x03,0x03,0x03,0x03,0x01,0x01,0x01,0x03,
0x03,0x03,0x03,0x00,0x00,0x00,0x03,0x03,0x03,0x03,
0x01,0x01,0x03,0x03,0x03,0x03,0x03,0x03,0x03,0x03,
0x03,0x03,0x03,0x03,0x03,0x01,0x01,0x01,0x01,0x03,
0x03,0x03,0x03,0x03,0x03,0x03,0x03,0x03,0x03,0x03,
0x03,0x03,0x00,0x00,0x00,0x03,0x03,0x03,0x03,0x03,
```

Anhang I: Quellcode des Projektes

```
    0x03,0x03,0x03,0x03,0x03,0x01,0x01,0x01,0x01,0x01,
    0x01,0x01,0x03,0x03,0x03,0x03,0x03,0x00,0x00,0x00,
    0x02,0x03,0x03,0x03,0x03,0x03,0x03,0x03,0x03,0x03,
    0x03,0x03,0x01,0x01,0x01,0x03,0x03,0x03,0x03,0x01,
    0x01,0x01,0x03,0x03,0x03,0x03,0x01,0x01,0x01,0x03,
    0x03,0x03,0x03,0x00,0x00,0x00,0x03,0x03,0x03,0x03,
    0x01,0x01,0x03,0x03,0x03,0x03,0x03,0x03,0x03,0x03,
    0x03,0x03,0x03,0x03,0x03,0x01,0x01,0x01,0x01,0x03,
    0x03,0x03,0x03,0x03,0x03,0x03,0x03,0x03,0x02,0x03,
    0x03,0x03,0x00,0x00,0x00,0x02,0x03,0x03,0x03,0x03,
    0x03,0x03,0x03,0x03,0x03,0x01,0x01,0x01,0x01,0x01,
    0x01,0x01,0x01,0x01,0x01,0x01,0x01,0x01,0x01,0x01,
    0x01,0x01,0x01,0x01,0x01,0x01,0x01,0x01,0x01,0x01,
    0x01,0x01,0x01,0x01,0x01,0x01,0x01,0x01,0x01,0x01,
    0x01,0x01,0x01,0x01,0x01,0x01,0x01,0x01,0x01,0x01,
    0x01,0x01,0x01,0x01,0x01,0x01,0x01,0x01,0x01,0x01,
    0x01,0x01,0x02,0x02,0x02,0x02,0x02,0x02,0x02,0x02,
    0x02,0x02,0x02,0x02,0x02,0x02,0x01,0x01,0x01,0x01,0x01,
    0x01,0x01,0x01,0x01,0x01,0x01,0x01,0x01,0x01,0x01,
    0x01,0x01,0x01,0x01,0x01,0x01,0x01,0x01,0x01,0x01,
    0x01,0x01,0x01,0x01,0x01,0x01,0x01,0x01,0x01,0x01,
    0x01,0x01,0x01,0x01,0x01,0x01,0x01,0x01,0x01,0x01,
    0x01,0x01,0x01,0x01,0x01,0x01,0x01,0x01,0x01,0x01,
    0x01,0x01,0x01,0x01,0x01,0x01,0x01,0x01,0x01,0x01,
    0x01,0x01,0x01,0x01,0x01,0x01,0x01,0x01,0x01,0x01,
    0x01,0x01,0x01,0x01,0x01,0x01,0x01,0x01,0x01,0x01,
    0x01,0x01,0x02,0x02,0x02,0x02,0x02,0x02,0x02,0x02,
    0x02,0x02,0x02,0x02,0x02,0x02,0x01,0x01,0x01,0x01,0x01,
    0x01,0x01,0x01,0x01,0x01,0x01,0x01,0x01,0x01,0x01,
    0x01,0x01,0x01,0x01,0x01,0x01,0x01,0x01,0x01,0x01,
    0x01,0x01,0x01,0x01,0x01,0x01,0x01,0x01,0x01,0x01
};

const unsigned char background[] =
{
    0x01,0x00,0x09,0x09,0x09,0x09,0x09,0x09,0x09,0x09,
    0x09,0x09,0x09,0x09,0x09,0x09,0x09,0x09,0x09,0x09,
    0x09,0x09,0x09,0x09,0x09,0x09,0x09,0x09,0x09,0x09,
    0x09,0x09,0x09,0x09,0x09,0x09,0x09,0x09,0x09,0x09,
    0x09,0x09,0x09,0x09,0x09,0x09,0x09,0x09,0x09,0x09,
    0x09,0x09,0x09,0x09,0x09,0x09,0x09,0x09,0x09,0x09,
    0x09,0x09,0x09,0x09,0x09,0x09,0x09,0x09,0x09,0x09,
    0x09,0x09,0x09,0x09,0x09,0x09,0x09,0x09,0x09,0x09,
    0x09,0x09,0x09,0x09,0x09,0x09,0x09,0x09,0x09,0x09,
```

Anhang I: Quellcode des Projektes

```
0x09, 0x09, 0x09, 0x09, 0x09, 0x09, 0x09, 0x09, 0x00, 0x01,
0x00, 0x01, 0x09, 0x09, 0x09, 0x09, 0x09, 0x09, 0x09, 0x09,
0x09, 0x09, 0x09, 0x09, 0x09, 0x09, 0x09, 0x09, 0x09, 0x09,
0x09, 0x09, 0x09, 0x09, 0x09, 0x09, 0x09, 0x09, 0x09, 0x09,
0x09, 0x09, 0x09, 0x09, 0x09, 0x09, 0x09, 0x09, 0x09, 0x09,
0x09, 0x09, 0x09, 0x09, 0x09, 0x09, 0x09, 0x09, 0x09, 0x09,
0x09, 0x09, 0x09, 0x09, 0x09, 0x09, 0x09, 0x09, 0x09, 0x09,
0x09, 0x09, 0x09, 0x09, 0x09, 0x09, 0x09, 0x09, 0x09, 0x09,
0x09, 0x09, 0x09, 0x09, 0x09, 0x09, 0x09, 0x09, 0x09, 0x09,
0x09, 0x09, 0x09, 0x09, 0x09, 0x09, 0x09, 0x09, 0x09, 0x09,
0x09, 0x09, 0x09, 0x09, 0x09, 0x09, 0x09, 0x09, 0x01, 0x00,
0x01, 0x00, 0x09, 0x09, 0x09, 0x09, 0x09, 0x09, 0x09, 0x09,
0x09, 0x09, 0x09, 0x09, 0x09, 0x09, 0x09, 0x09, 0x09, 0x09,
0x09, 0x09, 0x09, 0x09, 0x09, 0x09, 0x09, 0x09, 0x09, 0x09,
0x09, 0x09, 0x09, 0x09, 0x09, 0x09, 0x09, 0x09, 0x09, 0x09,
0x09, 0x09, 0x09, 0x09, 0x09, 0x09, 0x09, 0x09, 0x09, 0x09,
0x09, 0x09, 0x09, 0x09, 0x09, 0x09, 0x09, 0x09, 0x09, 0x09,
0x09, 0x09, 0x09, 0x09, 0x09, 0x09, 0x09, 0x09, 0x09, 0x09,
0x09, 0x09, 0x09, 0x09, 0x09, 0x09, 0x09, 0x09, 0x09, 0x09,
0x09, 0x09, 0x09, 0x09, 0x09, 0x09, 0x09, 0x09, 0x00, 0x01,
0x00, 0x01, 0x09, 0x09, 0x09, 0x09, 0x09, 0x09, 0x09, 0x09,
0x09, 0x09, 0x09, 0x09, 0x09, 0x09, 0x09, 0x09, 0x09, 0x09,
0x09, 0x09, 0x09, 0x09, 0x09, 0x09, 0x09, 0x09, 0x09, 0x09,
0x09, 0x09, 0x09, 0x09, 0x09, 0x09, 0x09, 0x09, 0x09, 0x09,
0x09, 0x09, 0x09, 0x09, 0x09, 0x09, 0x09, 0x09, 0x09, 0x09,
0x09, 0x09, 0x09, 0x09, 0x09, 0x09, 0x09, 0x09, 0x09, 0x09,
0x09, 0x09, 0x09, 0x09, 0x09, 0x09, 0x09, 0x09, 0x09, 0x09,
0x09, 0x09, 0x09, 0x09, 0x09, 0x09, 0x09, 0x09, 0x09, 0x09,
0x09, 0x09, 0x09, 0x09, 0x09, 0x09, 0x09, 0x09, 0x01, 0x00,
0x01, 0x00, 0x09, 0x09, 0x09, 0x09, 0x09, 0x09, 0x09, 0x09,
0x09, 0x09, 0x09, 0x09, 0x09, 0x09, 0x09, 0x09, 0x09, 0x09,
0x09, 0x09, 0x09, 0x09, 0x09, 0x09, 0x09, 0x09, 0x09, 0x09,
0x09, 0x09, 0x09, 0x09, 0x09, 0x09, 0x09, 0x09, 0x09, 0x09,
0x09, 0x09, 0x09, 0x09, 0x09, 0x09, 0x09, 0x09, 0x09, 0x09,
0x09, 0x09, 0x09, 0x09, 0x09, 0x09, 0x09, 0x09, 0x09, 0x09,
0x09, 0x09, 0x09, 0x09, 0x09, 0x09, 0x09, 0x09, 0x09, 0x09,
0x09, 0x09, 0x09, 0x09, 0x09, 0x09, 0x09, 0x09, 0x09, 0x09,
0x09, 0x09, 0x09, 0x09, 0x09, 0x09, 0x09, 0x09, 0x00, 0x01,
0x00, 0x00, 0x09, 0x09, 0x09, 0x09, 0x09, 0x09, 0x09, 0x09,
0x09, 0x09, 0x09, 0x09, 0x09, 0x09, 0x09, 0x09, 0x09, 0x09,
0x09, 0x09, 0x09, 0x09, 0x09, 0x09, 0x09, 0x09, 0x09, 0x09,
```

Anhang I: Quellcode des Projektes

```
0x09, 0x09, 0x09, 0x09, 0x09, 0x09, 0x09, 0x09, 0x09, 0x09,
0x09, 0x09, 0x09, 0x09, 0x09, 0x09, 0x09, 0x09, 0x09, 0x09,
0x09, 0x09, 0x09, 0x09, 0x09, 0x09, 0x09, 0x09, 0x09, 0x09,
0x09, 0x09, 0x09, 0x09, 0x09, 0x09, 0x09, 0x09, 0x09, 0x09,
0x09, 0x09, 0x09, 0x09, 0x09, 0x09, 0x09, 0x09, 0x09, 0x09,
0x09, 0x09, 0x09, 0x09, 0x09, 0x09, 0x09, 0x09, 0x09, 0x09,
0x09, 0x09, 0x09, 0x09, 0x09, 0x09, 0x09, 0x09, 0x01, 0x00,
0x01, 0x00, 0x09, 0x09, 0x09, 0x09, 0x09, 0x09, 0x09, 0x09,
0x09, 0x09, 0x09, 0x09, 0x09, 0x09, 0x09, 0x09, 0x09, 0x09,
0x09, 0x09, 0x09, 0x09, 0x09, 0x09, 0x09, 0x09, 0x09, 0x09,
0x09, 0x09, 0x09, 0x09, 0x09, 0x09, 0x09, 0x09, 0x09, 0x09,
0x09, 0x09, 0x09, 0x09, 0x09, 0x09, 0x09, 0x09, 0x09, 0x09,
0x09, 0x09, 0x09, 0x09, 0x09, 0x09, 0x09, 0x09, 0x09, 0x09,
0x09, 0x09, 0x09, 0x09, 0x09, 0x09, 0x09, 0x09, 0x09, 0x09,
0x09, 0x09, 0x09, 0x09, 0x09, 0x09, 0x09, 0x09, 0x09, 0x09,
0x09, 0x09, 0x09, 0x09, 0x09, 0x09, 0x09, 0x09, 0x09, 0x09,
0x09, 0x09, 0x09, 0x09, 0x09, 0x09, 0x09, 0x09, 0x00, 0x01,
0x00, 0x01, 0x09, 0x09, 0x09, 0x09, 0x09, 0x09, 0x09, 0x09,
0x09, 0x09, 0x09, 0x09, 0x09, 0x09, 0x09, 0x09, 0x09, 0x09,
0x09, 0x09, 0x09, 0x09, 0x09, 0x09, 0x09, 0x09, 0x09, 0x09,
0x09, 0x09, 0x09, 0x09, 0x09, 0x09, 0x09, 0x09, 0x09, 0x09,
0x09, 0x09, 0x09, 0x09, 0x09, 0x09, 0x09, 0x09, 0x09, 0x09,
0x09, 0x09, 0x09, 0x09, 0x09, 0x09, 0x09, 0x09, 0x09, 0x09,
0x09, 0x09, 0x09, 0x09, 0x09, 0x09, 0x09, 0x09, 0x09, 0x09,
0x09, 0x09, 0x09, 0x09, 0x09, 0x09, 0x09, 0x09, 0x09, 0x09,
0x09, 0x09, 0x09, 0x09, 0x09, 0x09, 0x09, 0x09, 0x01, 0x00,
0x01, 0x00, 0x09, 0x09, 0x09, 0x09, 0x09, 0x09, 0x09, 0x09,
0x09, 0x09, 0x09, 0x09, 0x09, 0x09, 0x09, 0x09, 0x09, 0x09,
0x09, 0x09, 0x09, 0x09, 0x09, 0x09, 0x09, 0x09, 0x09, 0x09,
0x09, 0x09, 0x09, 0x09, 0x09, 0x09, 0x09, 0x09, 0x09, 0x09,
0x09, 0x09, 0x09, 0x09, 0x09, 0x09, 0x09, 0x09, 0x09, 0x09,
0x09, 0x09, 0x09, 0x09, 0x09, 0x09, 0x09, 0x09, 0x09, 0x09,
0x09, 0x09, 0x09, 0x09, 0x09, 0x09, 0x09, 0x09, 0x09, 0x09,
0x09, 0x09, 0x09, 0x09, 0x09, 0x09, 0x09, 0x09, 0x09, 0x09,
0x09, 0x09, 0x09, 0x09, 0x09, 0x09, 0x09, 0x09, 0x00, 0x01,
0x00, 0x01, 0x09, 0x09, 0x09, 0x09, 0x09, 0x09, 0x09, 0x09,
0x09, 0x09, 0x09, 0x09, 0x09, 0x09, 0x09, 0x09, 0x09, 0x09,
0x09, 0x09, 0x09, 0x09, 0x09, 0x09, 0x09, 0x09, 0x09, 0x09,
0x09, 0x09, 0x09, 0x09, 0x09, 0x09, 0x09, 0x09, 0x09, 0x09,
0x09, 0x09, 0x09, 0x09, 0x09, 0x09, 0x09, 0x09, 0x09, 0x09,
0x09, 0x09, 0x09, 0x09, 0x09, 0x09, 0x09, 0x09, 0x09, 0x09,
0x09, 0x09, 0x09, 0x09, 0x09, 0x09, 0x09, 0x09, 0x09, 0x09,
```

Anhang I: Quellcode des Projektes

```
0x09,0x09,0x09,0x09,0x09,0x09,0x09,0x09,0x09,0x09,
0x09,0x09,0x09,0x09,0x09,0x09,0x09,0x09,0x09,0x09,
0x09,0x09,0x09,0x09,0x09,0x09,0x09,0x09,0x01,0x00,
0x01,0x00,0x09,0x09,0x09,0x09,0x09,0x09,0x09,0x09,
0x09,0x09,0x09,0x09,0x09,0x09,0x09,0x09,0x09,0x09,
0x09,0x09,0x09,0x09,0x09,0x09,0x09,0x09,0x09,0x09,
0x09,0x09,0x09,0x09,0x09,0x09,0x09,0x09,0x09,0x09,
0x09,0x09,0x09,0x09,0x09,0x09,0x09,0x09,0x09,0x09,
0x09,0x09,0x09,0x09,0x09,0x09,0x09,0x09,0x09,0x09,
0x09,0x09,0x09,0x09,0x09,0x09,0x09,0x09,0x09,0x09,
0x09,0x09,0x09,0x09,0x09,0x09,0x09,0x09,0x09,0x09,
0x09,0x09,0x09,0x09,0x09,0x09,0x09,0x09,0x09,0x09,
0x09,0x09,0x09,0x09,0x09,0x09,0x09,0x09,0x00,0x01,
0x00,0x01,0x09,0x09,0x09,0x09,0x09,0x09,0x09,0x09,
0x09,0x09,0x09,0x09,0x09,0x09,0x09,0x09,0x09,0x09,
0x09,0x09,0x09,0x09,0x09,0x09,0x09,0x09,0x09,0x09,
0x09,0x09,0x09,0x09,0x09,0x09,0x09,0x09,0x09,0x09,
0x09,0x09,0x09,0x09,0x09,0x09,0x09,0x09,0x09,0x09,
0x09,0x09,0x09,0x09,0x09,0x09,0x09,0x09,0x09,0x09,
0x09,0x09,0x09,0x09,0x09,0x09,0x09,0x09,0x09,0x09,
0x09,0x09,0x09,0x09,0x09,0x09,0x09,0x09,0x09,0x09,
0x09,0x09,0x09,0x09,0x09,0x09,0x09,0x09,0x09,0x09,
0x09,0x09,0x09,0x09,0x09,0x09,0x09,0x09,0x01,0x00,
0x01,0x00,0x09,0x09,0x09,0x09,0x09,0x09,0x09,0x09,
0x09,0x09,0x09,0x09,0x09,0x09,0x09,0x09,0x09,0x09,
0x09,0x09,0x09,0x09,0x09,0x09,0x09,0x09,0x09,0x09,
0x09,0x09,0x09,0x09,0x09,0x09,0x09,0x09,0x09,0x09,
0x09,0x09,0x09,0x09,0x09,0x09,0x09,0x09,0x09,0x09,
0x09,0x09,0x09,0x09,0x09,0x09,0x09,0x09,0x09,0x09,
0x09,0x09,0x09,0x09,0x09,0x09,0x09,0x09,0x09,0x09,
0x09,0x09,0x09,0x09,0x09,0x09,0x09,0x09,0x09,0x09,
0x09,0x09,0x09,0x09,0x09,0x09,0x09,0x09,0x00,0x01,
0x00,0x01,0x09,0x09,0x09,0x09,0x09,0x09,0x09,0x09,
0x09,0x09,0x09,0x09,0x09,0x09,0x09,0x09,0x09,0x09,
0x09,0x09,0x09,0x09,0x09,0x09,0x09,0x09,0x09,0x09,
0x09,0x09,0x09,0x09,0x09,0x09,0x09,0x09,0x09,0x09,
0x09,0x09,0x09,0x09,0x09,0x09,0x09,0x09,0x09,0x09,
0x09,0x09,0x09,0x09,0x09,0x09,0x09,0x09,0x09,0x09,
0x09,0x09,0x09,0x09,0x09,0x09,0x09,0x09,0x09,0x09,
0x09,0x09,0x09,0x09,0x09,0x09,0x09,0x09,0x09,0x09,
0x09,0x09,0x09,0x09,0x09,0x09,0x09,0x09,0x09,0x09,
0x09,0x09,0x09,0x09,0x09,0x09,0x09,0x09,0x01,0x00,
0x01,0x00,0x09,0x09,0x09,0x09,0x09,0x09,0x09,0x09,
```

```
0x09, 0x09, 0x09, 0x09, 0x09, 0x09, 0x09, 0x09, 0x09, 0x09,
0x09, 0x09, 0x09, 0x09, 0x09, 0x09, 0x09, 0x09, 0x09, 0x09,
0x09, 0x09, 0x09, 0x09, 0x09, 0x09, 0x09, 0x09, 0x09, 0x09,
0x09, 0x09, 0x09, 0x09, 0x09, 0x09, 0x09, 0x09, 0x09, 0x09,
0x09, 0x09, 0x09, 0x09, 0x09, 0x09, 0x09, 0x09, 0x09, 0x09,
0x09, 0x09, 0x09, 0x09, 0x09, 0x09, 0x09, 0x09, 0x09, 0x09,
0x09, 0x09, 0x09, 0x09, 0x09, 0x09, 0x09, 0x09, 0x09, 0x09,
0x09, 0x09, 0x09, 0x09, 0x09, 0x09, 0x09, 0x09, 0x09, 0x09,
0x09, 0x09, 0x09, 0x09, 0x09, 0x09, 0x09, 0x09, 0x00, 0x01,
0x00, 0x01, 0x09, 0x09, 0x09, 0x09, 0x09, 0x09, 0x09, 0x09,
0x09, 0x09, 0x09, 0x09, 0x09, 0x09, 0x09, 0x09, 0x09, 0x09,
0x09, 0x09, 0x09, 0x09, 0x09, 0x09, 0x09, 0x09, 0x09, 0x09,
0x09, 0x09, 0x09, 0x09, 0x09, 0x09, 0x09, 0x09, 0x09, 0x09,
0x09, 0x09, 0x09, 0x09, 0x09, 0x09, 0x09, 0x09, 0x09, 0x09,
0x09, 0x09, 0x09, 0x09, 0x09, 0x09, 0x09, 0x09, 0x09, 0x09,
0x09, 0x09, 0x09, 0x09, 0x09, 0x09, 0x09, 0x09, 0x09, 0x09,
0x09, 0x09, 0x09, 0x09, 0x09, 0x09, 0x09, 0x09, 0x09, 0x09,
0x09, 0x09, 0x09, 0x09, 0x09, 0x09, 0x09, 0x09, 0x09, 0x09,
0x09, 0x09, 0x09, 0x09, 0x09, 0x09, 0x09, 0x09, 0x01, 0x00,
0x01, 0x00, 0x09, 0x09, 0x09, 0x09, 0x09, 0x09, 0x09, 0x09,
0x09, 0x09, 0x09, 0x09, 0x09, 0x09, 0x09, 0x09, 0x09, 0x09,
0x09, 0x09, 0x09, 0x09, 0x09, 0x09, 0x09, 0x09, 0x09, 0x09,
0x09, 0x09, 0x09, 0x09, 0x09, 0x09, 0x09, 0x09, 0x09, 0x09,
0x09, 0x09, 0x09, 0x09, 0x09, 0x09, 0x09, 0x09, 0x09, 0x09,
0x09, 0x09, 0x09, 0x09, 0x09, 0x09, 0x09, 0x09, 0x09, 0x09,
0x09, 0x09, 0x09, 0x09, 0x09, 0x09, 0x09, 0x09, 0x09, 0x09,
0x09, 0x09, 0x09, 0x09, 0x09, 0x09, 0x09, 0x09, 0x09, 0x09,
0x09, 0x09, 0x09, 0x09, 0x09, 0x09, 0x09, 0x09, 0x00, 0x01,
0x00, 0x01, 0x09, 0x09, 0x09, 0x09, 0x09, 0x09, 0x09, 0x09,
0x09, 0x09, 0x09, 0x09, 0x09, 0x09, 0x09, 0x09, 0x09, 0x09,
0x09, 0x09, 0x09, 0x09, 0x09, 0x09, 0x09, 0x09, 0x09, 0x09,
0x09, 0x09, 0x09, 0x09, 0x09, 0x09, 0x09, 0x09, 0x09, 0x09,
0x09, 0x09, 0x09, 0x09, 0x09, 0x09, 0x09, 0x09, 0x09, 0x09,
0x09, 0x09, 0x09, 0x09, 0x09, 0x09, 0x09, 0x09, 0x09, 0x09,
0x09, 0x09, 0x09, 0x09, 0x09, 0x09, 0x09, 0x09, 0x09, 0x09,
0x09, 0x09, 0x09, 0x09, 0x09, 0x09, 0x09, 0x09, 0x09, 0x09,
0x09, 0x09, 0x09, 0x09, 0x09, 0x09, 0x09, 0x09, 0x01, 0x00,
0x01, 0x00, 0x09, 0x09, 0x09, 0x09, 0x09, 0x09, 0x09, 0x09,
0x09, 0x09, 0x09, 0x09, 0x09, 0x09, 0x09, 0x09, 0x09, 0x09,
0x09, 0x09, 0x09, 0x09, 0x09, 0x09, 0x09, 0x09, 0x09, 0x09,
0x09, 0x09, 0x09, 0x09, 0x09, 0x09, 0x09, 0x09, 0x09, 0x09,
0x09, 0x09, 0x09, 0x09, 0x09, 0x09, 0x09, 0x09, 0x09, 0x09,
```

Anhang I: Quellcode des Projektes

```c
/** @file gb/gb.h
    Gameboy specific functions.
*/
#ifndef _GB_H
#define _GB_H

#include <types.h>
#include <gb/hardware.h>
#include <gb/sgb.h>
#include <gb/cgb.h>

/** Joypad bits.
    A logical OR of these is used in the wait_pad and joypad
    functions.  For example, to see if the B button is pressed
    try

    UINT8 keys;
    keys = joypad();
    if (keys & J_B) {
      ...
    }

    @see joypad
 */
#define J_START     0x80U
#define J_SELECT    0x40U
#define J_B         0x20U
#define J_A         0x10U
#define J_DOWN      0x08U
#define J_UP        0x04U
#define J_LEFT      0x02U
#define J_RIGHT     0x01U

/** Screen modes.
    Normally used by internal functions only.
 */
#define M_DRAWING      0x01U
#define M_TEXT_OUT     0x02U
#define M_TEXT_INOUT   0x03U
/** Set this in addition to the others to disable scrolling
    If scrolling is disabled, the cursor returns to (0,0)
*/
```

```c
#define M_NO_SCROLL     0x04U
/** Set this to disable \n interpretation */
#define M_NO_INTERP     0x08U

/** If this is set, sprite colours come from OBJ1PAL.
Else
    they come from OBJ0PAL.
 */
#define S_PALETTE       0x10U
/** If set the sprite will be flipped horizontally.
 */
#define S_FLIPX         0x20U
/** If set the sprite will be flipped vertically.
 */
#define S_FLIPY         0x40U
/** If this bit is clear, then the sprite will be displayed
    ontop of the background and window.
 */
#define S_PRIORITY      0x80U

/* Interrupt flags */
/** Vertical blank interrupt.
    Occurs at the start of the vertical blank.  During this
    period the video ram may be freely accessed.
 */
#define VBL_IFLAG       0x01U
/** Interrupt when triggered by the STAT register.
    See the Pan doc.
 */
#define LCD_IFLAG       0x02U
/** Interrupt when the timer TIMA overflows.
 */
#define TIM_IFLAG       0x04U
/** Occurs when the serial transfer has completed.
 */
#define SIO_IFLAG       0x08U
/** Occurs on a transition of the keypad.
 */
#define JOY_IFLAG       0x10U

/* Limits */
/** Width of the visible screen in pixels.
```

Anhang I: Quellcode des Projektes

```
0x09,0x09,0x09,0x09,0x09,0x09,0x09,0x09,0x09,0x09,
0x09,0x09,0x09,0x09,0x09,0x09,0x09,0x09,0x09,0x09,
0x09,0x09,0x09,0x09,0x09,0x09,0x09,0x09,0x09,0x09,
0x09,0x09,0x09,0x09,0x09,0x09,0x09,0x09,0x09,0x09,
0x09,0x09,0x09,0x09,0x09,0x09,0x09,0x09,0x00,0x01,
0x00,0x00,0x09,0x09,0x09,0x09,0x09,0x09,0x09,0x09,
0x09,0x09,0x09,0x09,0x09,0x09,0x09,0x09,0x09,0x09,
0x09,0x09,0x09,0x09,0x09,0x09,0x09,0x09,0x09,0x09,
0x09,0x09,0x09,0x09,0x09,0x09,0x09,0x09,0x09,0x09,
0x09,0x09,0x09,0x09,0x09,0x09,0x09,0x09,0x09,0x09,
0x09,0x09,0x09,0x09,0x09,0x09,0x09,0x09,0x09,0x09,
0x09,0x09,0x09,0x09,0x09,0x09,0x09,0x09,0x09,0x09,
0x09,0x09,0x09,0x09,0x09,0x09,0x09,0x09,0x09,0x09,
0x09,0x09,0x09,0x09,0x09,0x09,0x09,0x09,0x01,0x00,
0x00,0x01,0x09,0x09,0x09,0x09,0x09,0x09,0x09,0x09,
0x09,0x09,0x09,0x09,0x09,0x09,0x09,0x09,0x09,0x09,
0x09,0x09,0x09,0x09,0x09,0x09,0x09,0x09,0x09,0x09,
0x09,0x09,0x09,0x09,0x09,0x09,0x09,0x09,0x09,0x09,
0x09,0x09,0x09,0x09,0x09,0x09,0x09,0x09,0x09,0x09,
0x09,0x09,0x09,0x09,0x09,0x09,0x09,0x09,0x09,0x09,
0x09,0x09,0x09,0x09,0x09,0x09,0x09,0x09,0x09,0x09,
0x09,0x09,0x09,0x09,0x09,0x09,0x09,0x09,0x09,0x09,
0x09,0x09,0x09,0x09,0x09,0x09,0x09,0x09,0x09,0x09,
0x09,0x09,0x09,0x09,0x09,0x09,0x09,0x09,0x00,0x01,
0x01,0x00,0x09,0x09,0x09,0x09,0x09,0x09,0x09,0x09,
0x09,0x09,0x09,0x09,0x09,0x09,0x09,0x09,0x09,0x09,
0x09,0x09,0x09,0x09,0x09,0x09,0x09,0x09,0x09,0x09,
0x09,0x09,0x09,0x09,0x09,0x09,0x09,0x09,0x09,0x09,
0x09,0x09,0x09,0x09,0x09,0x09,0x09,0x09,0x09,0x09,
0x09,0x09,0x09,0x09,0x09,0x09,0x09,0x09,0x09,0x09,
0x09,0x09,0x09,0x09,0x09,0x09,0x09,0x09,0x09,0x09,
0x09,0x09,0x09,0x09,0x09,0x09,0x09,0x09,0x09,0x09,
0x09,0x09,0x09,0x09,0x09,0x09,0x09,0x09,0x01,0x00,
0x01,0x01,0x09,0x09,0x09,0x09,0x09,0x09,0x09,0x09,
0x09,0x09,0x09,0x09,0x09,0x09,0x09,0x09,0x09,0x09,
0x09,0x09,0x09,0x09,0x09,0x09,0x09,0x09,0x09,0x09,
0x09,0x09,0x09,0x09,0x09,0x09,0x09,0x09,0x09,0x09,
0x09,0x09,0x09,0x09,0x09,0x09,0x09,0x09,0x09,0x09,
0x09,0x09,0x09,0x09,0x09,0x09,0x09,0x09,0x09,0x09,
0x09,0x09,0x09,0x09,0x09,0x09,0x09,0x09,0x09,0x09,
0x09,0x09,0x09,0x09,0x09,0x09,0x09,0x09,0x09,0x09,
0x09,0x09,0x09,0x09,0x09,0x09,0x09,0x09,0x09,0x09,
```

```
0x09, 0x09, 0x09, 0x09, 0x09, 0x09, 0x09, 0x09, 0x00, 0x01,
0x00, 0x00, 0x09, 0x09, 0x09, 0x09, 0x09, 0x09, 0x09, 0x09,
0x09, 0x09, 0x09, 0x09, 0x09, 0x09, 0x09, 0x09, 0x09, 0x09,
0x09, 0x09, 0x09, 0x09, 0x09, 0x09, 0x09, 0x09, 0x09, 0x09,
0x09, 0x09, 0x09, 0x09, 0x09, 0x09, 0x09, 0x09, 0x09, 0x09,
0x09, 0x09, 0x09, 0x09, 0x09, 0x09, 0x09, 0x09, 0x09, 0x09,
0x09, 0x09, 0x09, 0x09, 0x09, 0x09, 0x09, 0x09, 0x09, 0x09,
0x09, 0x09, 0x09, 0x09, 0x09, 0x09, 0x09, 0x09, 0x09, 0x09,
0x09, 0x09, 0x09, 0x09, 0x09, 0x09, 0x09, 0x09, 0x09, 0x09,
0x09, 0x09, 0x09, 0x09, 0x09, 0x09, 0x09, 0x09, 0x09, 0x09,
0x09, 0x09, 0x09, 0x09, 0x09, 0x09, 0x09, 0x09, 0x01, 0x00,
0x0A, 0x00, 0x09, 0x09, 0x09, 0x09, 0x09, 0x09, 0x09, 0x09,
0x09, 0x09, 0x09, 0x09, 0x09, 0x09, 0x09, 0x09, 0x09, 0x09,
0x09, 0x09, 0x09, 0x09, 0x09, 0x09, 0x09, 0x09, 0x09, 0x09,
0x09, 0x09, 0x09, 0x09, 0x09, 0x09, 0x09, 0x09, 0x09, 0x09,
0x09, 0x09, 0x09, 0x09, 0x09, 0x09, 0x09, 0x09, 0x09, 0x09,
0x09, 0x09, 0x09, 0x09, 0x09, 0x09, 0x09, 0x09, 0x09, 0x09,
0x09, 0x09, 0x09, 0x09, 0x09, 0x09, 0x09, 0x09, 0x09, 0x09,
0x09, 0x09, 0x09, 0x09, 0x09, 0x09, 0x09, 0x09, 0x09, 0x09,
0x09, 0x09, 0x09, 0x09, 0x09, 0x09, 0x09, 0x09, 0x00, 0x01,
0x00, 0x0A, 0x00, 0x0A, 0x00, 0x0A, 0x00, 0x0A, 0x00, 0x0A,
0x00, 0x00, 0x0A, 0x09, 0x09, 0x09, 0x09, 0x09, 0x09, 0x09,
0x09, 0x09, 0x09, 0x09, 0x09, 0x09, 0x09, 0x09, 0x09, 0x09,
0x09, 0x09, 0x09, 0x09, 0x09, 0x09, 0x09, 0x09, 0x09, 0x09,
0x09, 0x09, 0x09, 0x09, 0x09, 0x09, 0x09, 0x09, 0x09, 0x09,
0x09, 0x09, 0x09, 0x09, 0x09, 0x09, 0x09, 0x09, 0x09, 0x09,
0x09, 0x09, 0x09, 0x09, 0x09, 0x09, 0x09, 0x09, 0x09, 0x09,
0x09, 0x09, 0x09, 0x09, 0x09, 0x09, 0x09, 0x09, 0x09, 0x09,
0x09, 0x09, 0x09, 0x09, 0x09, 0x09, 0x09, 0x09, 0x01, 0x00,
0x0A, 0x00, 0x0A, 0x00, 0x0A, 0x00, 0x0A, 0x00, 0x0A, 0x00,
0x00, 0x0A, 0x00, 0x09, 0x09, 0x09, 0x09, 0x09, 0x09, 0x09,
0x09, 0x09, 0x09, 0x09, 0x09, 0x09, 0x09, 0x09, 0x09, 0x09,
0x09, 0x09, 0x09, 0x09, 0x09, 0x09, 0x09, 0x09, 0x09, 0x09,
0x09, 0x09, 0x09, 0x09, 0x09, 0x09, 0x09, 0x09, 0x09, 0x09,
0x09, 0x09, 0x09, 0x09, 0x09, 0x09, 0x09, 0x09, 0x09, 0x09,
0x09, 0x09, 0x09, 0x09, 0x09, 0x09, 0x09, 0x09, 0x09, 0x09,
0x09, 0x09, 0x09, 0x09, 0x09, 0x09, 0x09, 0x09, 0x09, 0x09,
0x09, 0x09, 0x09, 0x09, 0x09, 0x09, 0x09, 0x09, 0x09, 0x09,
0x09, 0x09, 0x09, 0x09, 0x09, 0x09, 0x09, 0x09, 0x00, 0x01,
0x00, 0x0A, 0x09, 0x09, 0x09, 0x09, 0x09, 0x09, 0x09, 0x09,
0x09, 0x00, 0x0A, 0x09, 0x09, 0x09, 0x09, 0x09, 0x09, 0x09,
0x09, 0x09, 0x09, 0x09, 0x09, 0x09, 0x09, 0x09, 0x09, 0x09,
```

Anhang I: Quellcode des Projektes

```
0x09,0x09,0x09,0x09,0x09,0x09,0x09,0x09,0x09,0x09,
0x09,0x09,0x09,0x09,0x09,0x09,0x09,0x09,0x09,0x09,
0x09,0x09,0x09,0x09,0x09,0x09,0x09,0x09,0x09,0x09,
0x09,0x09,0x09,0x09,0x09,0x09,0x09,0x09,0x09,0x09,
0x09,0x09,0x09,0x09,0x09,0x09,0x09,0x09,0x09,0x09,
0x09,0x09,0x09,0x09,0x09,0x09,0x09,0x09,0x09,0x09,
0x09,0x09,0x09,0x09,0x09,0x09,0x09,0x09,0x01,0x00,
0x0A,0x00,0x09,0x09,0x09,0x09,0x09,0x09,0x09,0x09,
0x09,0x0A,0x00,0x0A,0x00,0x0A,0x00,0x0A,0x00,0x09,
0x09,0x09,0x09,0x09,0x09,0x09,0x09,0x09,0x09,0x09,
0x09,0x09,0x09,0x09,0x09,0x09,0x09,0x09,0x09,0x09,
0x09,0x09,0x09,0x09,0x09,0x09,0x09,0x09,0x09,0x09,
0x09,0x09,0x09,0x09,0x09,0x09,0x09,0x09,0x09,0x09,
0x09,0x09,0x09,0x09,0x09,0x09,0x09,0x09,0x09,0x09,
0x09,0x09,0x09,0x09,0x09,0x09,0x09,0x09,0x09,0x09,
0x09,0x09,0x09,0x09,0x09,0x09,0x09,0x09,0x09,0x09,
0x09,0x09,0x09,0x09,0x09,0x09,0x09,0x09,0x00,0x01,
0x00,0x0A,0x09,0x09,0x09,0x09,0x09,0x09,0x09,0x09,
0x09,0x00,0x0A,0x00,0x00,0x00,0x0A,0x00,0x0A,0x09,
0x09,0x09,0x09,0x09,0x09,0x09,0x09,0x13,0x09,0x09,
0x09,0x09,0x09,0x09,0x09,0x09,0x09,0x09,0x09,0x09,
0x09,0x09,0x09,0x09,0x09,0x09,0x09,0x09,0x09,0x09,
0x09,0x09,0x09,0x09,0x09,0x09,0x09,0x09,0x09,0x09,
0x09,0x09,0x09,0x09,0x09,0x09,0x09,0x09,0x09,0x09,
0x09,0x09,0x09,0x09,0x09,0x09,0x09,0x09,0x09,0x09,
0x09,0x09,0x09,0x09,0x09,0x09,0x09,0x09,0x09,0x09,
0x09,0x09,0x09,0x09,0x09,0x09,0x09,0x09,0x00,0x00,
0x0A,0x00,0x09,0x09,0x09,0x09,0x09,0x09,0x09,0x09,
0x09,0x09,0x09,0x09,0x09,0x09,0x09,0x09,0x09,0x09,
0x09,0x09,0x09,0x09,0x09,0x09,0x08,0x07,0x11,0x12,
0x09,0x09,0x09,0x09,0x09,0x09,0x09,0x09,0x09,0x09,
0x09,0x09,0x09,0x09,0x09,0x09,0x09,0x09,0x09,0x09,
0x09,0x09,0x09,0x09,0x09,0x09,0x09,0x09,0x09,0x09,
0x09,0x09,0x09,0x09,0x09,0x09,0x09,0x09,0x09,0x09,
0x09,0x09,0x09,0x09,0x09,0x09,0x09,0x09,0x09,0x09,
0x09,0x09,0x09,0x09,0x09,0x09,0x09,0x09,0x09,0x09,
0x09,0x09,0x09,0x09,0x09,0x09,0x09,0x09,0x0A,0x00,
0x00,0x00,0x09,0x09,0x09,0x09,0x09,0x09,0x09,0x09,
0x09,0x09,0x09,0x09,0x09,0x09,0x09,0x09,0x09,0x09,
0x09,0x09,0x09,0x09,0x09,0x09,0x08,0x07,0x0F,0x07,0x07,
0x11,0x12,0x09,0x09,0x09,0x09,0x09,0x09,0x09,0x09,
0x09,0x09,0x09,0x09,0x09,0x09,0x09,0x09,0x09,0x09,
0x09,0x09,0x09,0x09,0x09,0x09,0x09,0x09,0x09,0x09,
0x09,0x09,0x09,0x09,0x09,0x09,0x09,0x09,0x09,0x09,
```

```
0x09, 0x09, 0x09, 0x09, 0x09, 0x09, 0x09, 0x09, 0x09, 0x09,
0x09, 0x09, 0x09, 0x09, 0x09, 0x09, 0x09, 0x09, 0x09, 0x09,
0x09, 0x09, 0x09, 0x09, 0x09, 0x09, 0x09, 0x09, 0x00, 0x0A,
0x0A, 0x00, 0x09, 0x09, 0x09, 0x09, 0x09, 0x09, 0x09, 0x09,
0x09, 0x09, 0x09, 0x09, 0x09, 0x09, 0x09, 0x09, 0x09, 0x09,
0x09, 0x09, 0x09, 0x00, 0x01, 0x00, 0x01, 0x00, 0x00, 0x01,
0x00, 0x01, 0x11, 0x12, 0x09, 0x09, 0x09, 0x09, 0x09, 0x09,
0x09, 0x09, 0x09, 0x09, 0x09, 0x09, 0x09, 0x09, 0x09, 0x09,
0x09, 0x09, 0x09, 0x09, 0x09, 0x09, 0x09, 0x09, 0x09, 0x09,
0x09, 0x09, 0x09, 0x09, 0x09, 0x09, 0x09, 0x09, 0x09, 0x09,
0x09, 0x09, 0x09, 0x09, 0x09, 0x09, 0x09, 0x09, 0x09, 0x09,
0x09, 0x09, 0x09, 0x09, 0x09, 0x09, 0x09, 0x09, 0x09, 0x09,
0x09, 0x09, 0x09, 0x09, 0x09, 0x09, 0x09, 0x09, 0x0A, 0x00,
0x00, 0x0A, 0x09, 0x09, 0x09, 0x09, 0x09, 0x09, 0x09, 0x09,
0x09, 0x09, 0x09, 0x09, 0x09, 0x09, 0x09, 0x09, 0x09, 0x09,
0x09, 0x09, 0x09, 0x08, 0x07, 0x07, 0x07, 0x07, 0x07, 0x07,
0x07, 0x07, 0x07, 0x07, 0x11, 0x12, 0x09, 0x09, 0x09, 0x09,
0x09, 0x09, 0x09, 0x09, 0x09, 0x09, 0x09, 0x09, 0x09, 0x09,
0x09, 0x09, 0x09, 0x09, 0x09, 0x09, 0x09, 0x09, 0x09, 0x09,
0x09, 0x09, 0x09, 0x09, 0x09, 0x09, 0x09, 0x09, 0x09, 0x09,
0x09, 0x09, 0x09, 0x09, 0x09, 0x09, 0x09, 0x09, 0x09, 0x09,
0x09, 0x09, 0x09, 0x09, 0x09, 0x09, 0x09, 0x09, 0x09, 0x09,
0x09, 0x09, 0x09, 0x09, 0x09, 0x09, 0x09, 0x09, 0x00, 0x0A,
0x0A, 0x00, 0x09, 0x09, 0x09, 0x09, 0x09, 0x09, 0x09, 0x09,
0x09, 0x09, 0x09, 0x09, 0x09, 0x09, 0x09, 0x09, 0x09, 0x09,
0x09, 0x09, 0x08, 0x07, 0x07, 0x07, 0x07, 0x07, 0x07, 0x07,
0x07, 0x07, 0x07, 0x07, 0x07, 0x07, 0x11, 0x12, 0x09, 0x09,
0x09, 0x09, 0x09, 0x09, 0x09, 0x09, 0x09, 0x09, 0x09, 0x09,
0x09, 0x09, 0x09, 0x09, 0x09, 0x09, 0x09, 0x09, 0x09, 0x09,
0x09, 0x09, 0x09, 0x09, 0x09, 0x09, 0x09, 0x09, 0x09, 0x09,
0x09, 0x09, 0x09, 0x09, 0x09, 0x09, 0x09, 0x09, 0x09, 0x09,
0x09, 0x09, 0x09, 0x09, 0x09, 0x09, 0x09, 0x09, 0x09, 0x09,
0x09, 0x09, 0x09, 0x09, 0x09, 0x09, 0x09, 0x09, 0x0A, 0x00,
0x00, 0x0A, 0x09, 0x09, 0x09, 0x09, 0x09, 0x09, 0x09, 0x09,
0x09, 0x09, 0x09, 0x09, 0x09, 0x09, 0x09, 0x09, 0x09, 0x09,
0x09, 0x08, 0x07, 0x07, 0x07, 0x07, 0x07, 0x07, 0x07, 0x07,
0x07, 0x07, 0x07, 0x07, 0x07, 0x07, 0x07, 0x07, 0x11, 0x12,
0x09, 0x09, 0x09, 0x09, 0x09, 0x09, 0x09, 0x09, 0x09, 0x09,
0x09, 0x09, 0x09, 0x09, 0x09, 0x09, 0x09, 0x09, 0x09, 0x09,
0x09, 0x09, 0x09, 0x09, 0x09, 0x09, 0x09, 0x09, 0x09, 0x09,
0x09, 0x09, 0x09, 0x09, 0x09, 0x09, 0x09, 0x09, 0x09, 0x09,
0x09, 0x09, 0x09, 0x09, 0x09, 0x09, 0x13, 0x09, 0x00, 0x0A,
0x0A, 0x00, 0x09, 0x09, 0x09, 0x09, 0x09, 0x09, 0x09, 0x09,
```

Anhang I: Quellcode des Projektes

```
0x09,0x09,0x09,0x09,0x09,0x09,0x13,0x09,0x09,0x09,
0x08,0x07,0x07,0x07,0x07,0x07,0x07,0x07,0x07,0x07,
0x07,0x07,0x07,0x07,0x07,0x07,0x07,0x07,0x07,0x07,
0x11,0x12,0x09,0x09,0x09,0x09,0x09,0x09,0x09,0x09,
0x09,0x09,0x09,0x09,0x09,0x09,0x09,0x09,0x09,0x09,
0x09,0x09,0x09,0x09,0x09,0x09,0x09,0x09,0x09,0x09,
0x09,0x09,0x09,0x09,0x09,0x09,0x09,0x09,0x09,0x09,
0x09,0x09,0x09,0x09,0x09,0x09,0x09,0x09,0x09,0x09,
0x09,0x09,0x09,0x09,0x09,0x08,0x07,0x11,0x0A,0x00,
0x00,0x0A,0x09,0x09,0x09,0x09,0x09,0x09,0x09,0x09,
0x09,0x09,0x09,0x09,0x09,0x08,0x07,0x11,0x12,0x08,
0x07,0x07,0x07,0x07,0x07,0x07,0x07,0x07,0x07,0x07,
0x07,0x07,0x07,0x07,0x07,0x07,0x07,0x07,0x07,0x07,
0x07,0x07,0x11,0x12,0x09,0x09,0x09,0x09,0x09,0x09,
0x09,0x09,0x09,0x09,0x09,0x00,0x01,0x00,0x01,0x00,
0x01,0x00,0x09,0x09,0x09,0x09,0x09,0x09,0x09,0x09,
0x09,0x09,0x09,0x09,0x09,0x09,0x09,0x09,0x09,0x09,
0x09,0x09,0x09,0x09,0x09,0x09,0x09,0x09,0x09,0x09,
0x09,0x09,0x09,0x09,0x09,0x06,0x06,0x06,0x00,0x0A,
0x0A,0x00,0x09,0x13,0x09,0x09,0x09,0x09,0x09,0x09,
0x09,0x09,0x09,0x09,0x08,0x07,0x07,0x07,0x07,0x07,
0x07,0x07,0x07,0x07,0x07,0x07,0x07,0x07,0x07,0x07,
0x07,0x07,0x07,0x07,0x07,0x07,0x07,0x07,0x07,0x07,
0x07,0x07,0x07,0x07,0x11,0x12,0x09,0x09,0x09,0x09,
0x09,0x09,0x09,0x09,0x09,0x09,0x09,0x09,0x09,0x09,
0x09,0x09,0x09,0x09,0x09,0x09,0x09,0x09,0x13,0x09,
0x09,0x09,0x09,0x09,0x09,0x09,0x09,0x09,0x09,0x09,
0x09,0x09,0x09,0x09,0x09,0x09,0x09,0x09,0x09,0x09,
0x09,0x09,0x09,0x09,0x09,0x10,0x10,0x10,0x0A,0x00,
0x00,0x0A,0x08,0x07,0x11,0x12,0x09,0x09,0x09,0x13,
0x09,0x09,0x09,0x08,0x07,0x07,0x07,0x07,0x07,0x07,
0x07,0x07,0x07,0x07,0x07,0x07,0x07,0x07,0x07,0x07,
0x07,0x07,0x07,0x07,0x07,0x07,0x07,0x07,0x07,0x07,
0x07,0x07,0x07,0x07,0x07,0x07,0x11,0x12,0x13,0x09,
0x09,0x09,0x09,0x09,0x09,0x09,0x09,0x09,0x09,0x09,
0x09,0x09,0x09,0x09,0x09,0x09,0x09,0x08,0x0F,0x11,
0x12,0x09,0x09,0x09,0x09,0x09,0x09,0x09,0x09,0x09,
0x09,0x09,0x09,0x09,0x09,0x09,0x09,0x09,0x09,0x09,
0x09,0x09,0x09,0x09,0x08,0x0A,0x00,0x0A,0x00,0x0A,
0x0A,0x00,0x07,0x07,0x07,0x07,0x11,0x12,0x08,0x07,
0x11,0x12,0x08,0x07,0x07,0x07,0x07,0x07,0x07,0x07,
0x07,0x07,0x07,0x07,0x07,0x07,0x07,0x07,0x07,0x07,
0x07,0x07,0x07,0x07,0x07,0x07,0x07,0x07,0x07,0x07,
0x07,0x07,0x07,0x07,0x07,0x07,0x07,0x07,0x01,0x00,
```

Anhang I: Quellcode des Projektes

```
0x01,0x09,0x09,0x09,0x09,0x09,0x09,0x09,0x09,0x09,
0x09,0x09,0x09,0x09,0x09,0x00,0x0A,0x00,0x0A,0x07,
0x07,0x07,0x11,0x12,0x09,0x09,0x09,0x09,0x09,0x09,
0x09,0x09,0x09,0x09,0x09,0x09,0x09,0x09,0x09,0x09,
0x09,0x09,0x09,0x08,0x07,0x00,0x0A,0x00,0x0A,0x00,
0x00,0x0A,0x07,0x07,0x07,0x0F,0x07,0x07,0x07,0x07,
0x07,0x07,0x07,0x07,0x07,0x07,0x07,0x07,0x07,0x07,
0x07,0x07,0x07,0x07,0x07,0x07,0x07,0x07,0x07,0x07,
0x07,0x07,0x07,0x07,0x07,0x07,0x07,0x07,0x07,0x07,
0x07,0x07,0x07,0x07,0x07,0x07,0x07,0x07,0x00,0x01,
0x00,0x09,0x09,0x09,0x13,0x09,0x09,0x09,0x09,0x09,
0x09,0x09,0x09,0x09,0x09,0x0A,0x00,0x0A,0x00,0x07,
0x07,0x07,0x07,0x07,0x11,0x12,0x09,0x09,0x09,0x09,
0x09,0x09,0x09,0x09,0x09,0x09,0x09,0x09,0x09,0x09,
0x09,0x09,0x08,0x07,0x07,0x0A,0x00,0x0A,0x00,0x0A,
0x0A,0x00,0x0A,0x00,0x0A,0x00,0x00,0x0A,0x00,0x0A,
0x00,0x0A,0x00,0x0A,0x00,0x00,0x0A,0x00,0x0A,0x07,
0x07,0x07,0x07,0x07,0x07,0x07,0x07,0x07,0x07,0x07,
0x07,0x07,0x07,0x07,0x07,0x07,0x07,0x07,0x07,0x07,
0x07,0x07,0x07,0x01,0x00,0x01,0x00,0x00,0x01,0x00,
0x01,0x00,0x09,0x08,0x07,0x11,0x12,0x09,0x09,0x09,
0x09,0x13,0x09,0x09,0x09,0x00,0x0A,0x00,0x0A,0x07,
0x07,0x07,0x07,0x07,0x07,0x07,0x11,0x12,0x09,0x09,
0x09,0x09,0x09,0x09,0x09,0x09,0x09,0x09,0x13,0x09,
0x09,0x08,0x07,0x07,0x07,0x00,0x0A,0x00,0x0A,0x00,
0x0A,0x00,0x07,0x07,0x07,0x07,0x07,0x07,0x07,0x07,
0x07,0x07,0x07,0x07,0x07,0x07,0x07,0x07,0x07,0x07,
0x07,0x07,0x07,0x07,0x07,0x07,0x07,0x07,0x07,0x07,
0x07,0x07,0x07,0x07,0x07,0x07,0x07,0x07,0x07,0x07,
0x00,0x0A,0x08,0x07,0x07,0x07,0x07,0x11,0x12,0x13,
0x08,0x07,0x11,0x12,0x09,0x0A,0x00,0x0A,0x00,0x07,
0x07,0x07,0x07,0x07,0x07,0x07,0x07,0x07,0x11,0x12,
0x09,0x09,0x09,0x09,0x09,0x09,0x09,0x08,0x07,0x11,
0x08,0x07,0x07,0x07,0x07,0x0A,0x00,0x0A,0x00,0x0A,
0x00,0x0A,0x07,0x07,0x07,0x07,0x07,0x07,0x07,0x07,
0x07,0x07,0x07,0x07,0x07,0x07,0x07,0x07,0x07,0x07,
0x07,0x07,0x0F,0x07,0x07,0x07,0x07,0x07,0x07,0x07,
0x07,0x07,0x07,0x07,0x07,0x07,0x07,0x07,0x07,0x07,
0x07,0x07,0x07,0x07,0x07,0x07,0x07,0x07,0x07,0x07,
0x0A,0x00,0x07,0x07,0x07,0x07,0x07,0x07,0x07,0x07,
0x07,0x07,0x07,0x07,0x07,0x0A,0x00,0x00,0x0A,0x07,
0x07,0x07,0x07,0x07,0x07,0x07,0x07,0x07,0x07,0x07,
0x11,0x12,0x09,0x09,0x09,0x13,0x08,0x07,0x07,0x07,
```

Anhang I: Quellcode des Projektes

```
0x07,0x07,0x07,0x07,0x07,0x00,0x0A,0x00,0x0A,0x00,
0x0A,0x00,0x07,0x07,0x07,0x07,0x07,0x07,0x07,0x07,
0x07,0x07,0x07,0x07,0x07,0x07,0x07,0x07,0x07,0x07,
0x07,0x07,0x00,0x01,0x00,0x07,0x07,0x07,0x07,0x07,
0x07,0x07,0x07,0x07,0x07,0x07,0x00,0x0A,0x00,0x07,
0x07,0x07,0x07,0x07,0x07,0x07,0x07,0x07,0x07,0x07,
0x00,0x0A,0x07,0x07,0x07,0x07,0x07,0x07,0x07,0x07,
0x07,0x07,0x07,0x07,0x07,0x0A,0x00,0x0A,0x00,0x07,
0x07,0x07,0x07,0x07,0x07,0x07,0x07,0x07,0x07,0x07,
0x07,0x07,0x11,0x13,0x08,0x07,0x07,0x07,0x07,0x07,
0x07,0x07,0x07,0x07,0x07,0x0A,0x00,0x0A,0x00,0x0A,
0x00,0x0A,0x07,0x07,0x07,0x07,0x07,0x02,0x03,0x04,
0x07,0x07,0x07,0x07,0x07,0x07,0x07,0x07,0x07,0x07,
0x07,0x07,0x01,0x00,0x01,0x07,0x07,0x07,0x07,0x07,
0x07,0x07,0x07,0x07,0x07,0x07,0x0A,0x00,0x0A,0x07,
0x07,0x07,0x07,0x02,0x03,0x04,0x07,0x07,0x07,0x07,
0x0A,0x00,0x07,0x07,0x07,0x07,0x07,0x07,0x07,0x07,
0x07,0x07,0x07,0x07,0x07,0x00,0x0A,0x00,0x0A,0x07,
0x07,0x07,0x07,0x07,0x07,0x07,0x07,0x07,0x07,0x07,
0x07,0x07,0x02,0x03,0x04,0x07,0x07,0x07,0x07,0x07,
0x07,0x07,0x07,0x07,0x07,0x00,0x0A,0x00,0x0A,0x00,
0x0A,0x00,0x07,0x07,0x07,0x07,0x07,0x0C,0x0D,0x0E,
0x0F,0x07,0x07,0x07,0x07,0x07,0x07,0x07,0x07,0x07,
0x07,0x07,0x00,0x01,0x00,0x07,0x07,0x07,0x07,0x01,
0x00,0x01,0x07,0x07,0x07,0x07,0x00,0x0A,0x00,0x07,
0x07,0x07,0x07,0x0C,0x0D,0x0E,0x07,0x07,0x07,0x07,
0x00,0x0A,0x07,0x07,0x07,0x07,0x07,0x07,0x07,0x07,
0x07,0x07,0x07,0x07,0x07,0x0A,0x00,0x0A,0x00,0x07,
0x07,0x07,0x07,0x07,0x07,0x07,0x07,0x07,0x0F,0x07,
0x07,0x07,0x0C,0x0D,0x0E,0x0F,0x07,0x07,0x07,0x07,
0x07,0x07,0x07,0x07,0x07,0x0A,0x00,0x0A,0x00,0x0A,
0x00,0x0A,0x00,0x0A,0x00,0x00,0x0A,0x00,0x0A,0x00,
0x00,0x0A,0x00,0x0A,0x00,0x0A,0x00,0x0A,0x00,0x0A,
0x00,0x0A,0x00,0x0A,0x0A,0x00,0x0A,0x00,0x0A,0x00,
0x00,0x0A,0x00,0x0A,0x00,0x0A,0x0A,0x00,0x0A,0x00,
0x0A,0x00,0x00,0x00,0x0A,0x00,0x0A,0x00,0x0A,0x00,
0x0A,0x00,0x06,0x06,0x06,0x06,0x06,0x06,0x06,0x06,
0x06,0x06,0x06,0x06,0x06,0x00,0x0A,0x00,0x0A,0x00,
0x0A,0x00,0x00,0x00,0x0A,0x00,0x0A,0x00,0x0A,0x00,
0x00,0x0A,0x00,0x0A,0x00,0x0A,0x00,0x0A,0x00,0x0A,
0x00,0x00,0x0A,0x00,0x0A,0x00,0x0A,0x00,0x0A,0x00,
0x0A,0x00,0x0A,0x00,0x00,0x0A,0x00,0x0A,0x00,0x00,
0x0A,0x00,0x0A,0x00,0x0A,0x00,0x0A,0x00,0x0A,0x00,
0x00,0x00,0x0A,0x00,0x0A,0x0A,0x00,0x00,0x00,0x00,
```

```c
    0x00, 0x00, 0x0A, 0x00, 0x0A, 0x00, 0x00, 0x0A, 0x00, 0x0A,
    0x00, 0x0A, 0x00, 0x0A, 0x00, 0x0A, 0x00, 0x0A, 0x00, 0x00,
    0x00, 0x00, 0x10, 0x10, 0x10, 0x10, 0x10, 0x10, 0x10, 0x10,
    0x10, 0x10, 0x10, 0x10, 0x10, 0x10, 0x0A, 0x00, 0x0A, 0x00, 0x0A,
    0x00, 0x0A, 0x00, 0x0A, 0x00, 0x0A, 0x00, 0x0A, 0x00, 0x0A,
    0x0A, 0x00, 0x0A, 0x00, 0x0A, 0x00, 0x0A, 0x00, 0x0A, 0x00,
    0x0A, 0x00, 0x00, 0x0A, 0x00, 0x0A, 0x00, 0x0A, 0x00, 0x0A
};

const unsigned char backgroundCOLL[] =
{
    0x01, 0x01, 0x00, 0x00, 0x00, 0x00, 0x00, 0x00, 0x00, 0x00,
    0x00, 0x00, 0x00, 0x00, 0x00, 0x00, 0x00, 0x00, 0x00, 0x00,
    0x00, 0x00, 0x00, 0x00, 0x00, 0x00, 0x00, 0x00, 0x00, 0x00,
    0x00, 0x00, 0x00, 0x00, 0x00, 0x00, 0x00, 0x00, 0x00, 0x00,
    0x00, 0x00, 0x00, 0x00, 0x00, 0x00, 0x00, 0x00, 0x00, 0x00,
    0x00, 0x00, 0x00, 0x00, 0x00, 0x00, 0x00, 0x00, 0x00, 0x00,
    0x00, 0x00, 0x00, 0x00, 0x00, 0x00, 0x00, 0x00, 0x00, 0x00,
    0x00, 0x00, 0x00, 0x00, 0x00, 0x00, 0x00, 0x00, 0x00, 0x00,
    0x00, 0x00, 0x00, 0x00, 0x00, 0x00, 0x00, 0x00, 0x00, 0x00,
    0x00, 0x00, 0x00, 0x00, 0x00, 0x00, 0x00, 0x00, 0x01, 0x01,
    0x01, 0x01, 0x00, 0x00, 0x00, 0x00, 0x00, 0x00, 0x00, 0x00,
    0x00, 0x00, 0x00, 0x00, 0x00, 0x00, 0x00, 0x00, 0x00, 0x00,
    0x00, 0x00, 0x00, 0x00, 0x00, 0x00, 0x00, 0x00, 0x00, 0x00,
    0x00, 0x00, 0x00, 0x00, 0x00, 0x00, 0x00, 0x00, 0x00, 0x00,
    0x00, 0x00, 0x00, 0x00, 0x00, 0x00, 0x00, 0x00, 0x00, 0x00,
    0x00, 0x00, 0x00, 0x00, 0x00, 0x00, 0x00, 0x00, 0x00, 0x00,
    0x00, 0x00, 0x00, 0x00, 0x00, 0x00, 0x00, 0x00, 0x00, 0x00,
    0x00, 0x00, 0x00, 0x00, 0x00, 0x00, 0x00, 0x00, 0x00, 0x00,
    0x00, 0x00, 0x00, 0x00, 0x00, 0x00, 0x00, 0x00, 0x01, 0x01,
    0x01, 0x01, 0x00, 0x00, 0x00, 0x00, 0x00, 0x00, 0x00, 0x00,
    0x00, 0x00, 0x00, 0x00, 0x00, 0x00, 0x00, 0x00, 0x00, 0x00,
    0x00, 0x00, 0x00, 0x00, 0x00, 0x00, 0x00, 0x00, 0x00, 0x00,
    0x00, 0x00, 0x00, 0x00, 0x00, 0x00, 0x00, 0x00, 0x00, 0x00,
    0x00, 0x00, 0x00, 0x00, 0x00, 0x00, 0x00, 0x00, 0x00, 0x00,
    0x00, 0x00, 0x00, 0x00, 0x00, 0x00, 0x00, 0x00, 0x00, 0x00,
    0x00, 0x00, 0x00, 0x00, 0x00, 0x00, 0x00, 0x00, 0x00, 0x00,
    0x00, 0x00, 0x00, 0x00, 0x00, 0x00, 0x00, 0x00, 0x00, 0x00,
    0x00, 0x00, 0x00, 0x00, 0x00, 0x00, 0x00, 0x00, 0x01, 0x01,
    0x01, 0x01, 0x00, 0x00, 0x00, 0x00, 0x00, 0x00, 0x00, 0x00,
    0x00, 0x00, 0x00, 0x00, 0x00, 0x00, 0x00, 0x00, 0x00, 0x00,
    0x00, 0x00, 0x00, 0x00, 0x00, 0x00, 0x00, 0x00, 0x00, 0x00,
```

Anhang I: Quellcode des Projektes

```
0x00,0x00,0x00,0x00,0x00,0x00,0x00,0x00,0x00,0x00,
0x00,0x00,0x00,0x00,0x00,0x00,0x00,0x00,0x00,0x00,
0x00,0x00,0x00,0x00,0x00,0x00,0x00,0x00,0x00,0x00,
0x00,0x00,0x00,0x00,0x00,0x00,0x00,0x00,0x00,0x00,
0x00,0x00,0x00,0x00,0x00,0x00,0x00,0x00,0x00,0x00,
0x00,0x00,0x00,0x00,0x00,0x00,0x00,0x00,0x00,0x00,
0x00,0x00,0x00,0x00,0x00,0x00,0x00,0x00,0x01,0x01,
0x01,0x01,0x00,0x00,0x00,0x00,0x00,0x00,0x00,0x00,
0x00,0x00,0x00,0x00,0x00,0x00,0x00,0x00,0x00,0x00,
0x00,0x00,0x00,0x00,0x00,0x00,0x00,0x00,0x00,0x00,
0x00,0x00,0x00,0x00,0x00,0x00,0x00,0x00,0x00,0x00,
0x00,0x00,0x00,0x00,0x00,0x00,0x00,0x00,0x00,0x00,
0x00,0x00,0x00,0x00,0x00,0x00,0x00,0x00,0x00,0x00,
0x00,0x00,0x00,0x00,0x00,0x00,0x00,0x00,0x00,0x00,
0x00,0x00,0x00,0x00,0x00,0x00,0x00,0x00,0x00,0x00,
0x00,0x00,0x00,0x00,0x00,0x00,0x00,0x00,0x00,0x00,
0x00,0x00,0x00,0x00,0x00,0x00,0x00,0x00,0x01,0x01,
0x01,0x01,0x00,0x00,0x00,0x00,0x00,0x00,0x00,0x00,
0x00,0x00,0x00,0x00,0x00,0x00,0x00,0x00,0x00,0x00,
0x00,0x00,0x00,0x00,0x00,0x00,0x00,0x00,0x00,0x00,
0x00,0x00,0x00,0x00,0x00,0x00,0x00,0x00,0x00,0x00,
0x00,0x00,0x00,0x00,0x00,0x00,0x00,0x00,0x00,0x00,
0x00,0x00,0x00,0x00,0x00,0x00,0x00,0x00,0x00,0x00,
0x00,0x00,0x00,0x00,0x00,0x00,0x00,0x00,0x00,0x00,
0x00,0x00,0x00,0x00,0x00,0x00,0x00,0x00,0x00,0x00,
0x00,0x00,0x00,0x00,0x00,0x00,0x00,0x00,0x01,0x01,
0x01,0x01,0x00,0x00,0x00,0x00,0x00,0x00,0x00,0x00,
0x00,0x00,0x00,0x00,0x00,0x00,0x00,0x00,0x00,0x00,
0x00,0x00,0x00,0x00,0x00,0x00,0x00,0x00,0x00,0x00,
0x00,0x00,0x00,0x00,0x00,0x00,0x00,0x00,0x00,0x00,
0x00,0x00,0x00,0x00,0x00,0x00,0x00,0x00,0x00,0x00,
0x00,0x00,0x00,0x00,0x00,0x00,0x00,0x00,0x00,0x00,
0x00,0x00,0x00,0x00,0x00,0x00,0x00,0x00,0x00,0x00,
0x00,0x00,0x00,0x00,0x00,0x00,0x00,0x00,0x00,0x00,
0x00,0x00,0x00,0x00,0x00,0x00,0x00,0x00,0x01,0x01,
0x01,0x01,0x00,0x00,0x00,0x00,0x00,0x00,0x00,0x00,
0x00,0x00,0x00,0x00,0x00,0x00,0x00,0x00,0x00,0x00,
0x00,0x00,0x00,0x00,0x00,0x00,0x00,0x00,0x00,0x00,
0x00,0x00,0x00,0x00,0x00,0x00,0x00,0x00,0x00,0x00,
0x00,0x00,0x00,0x00,0x00,0x00,0x00,0x00,0x00,0x00,
0x00,0x00,0x00,0x00,0x00,0x00,0x00,0x00,0x00,0x00,
0x00,0x00,0x00,0x00,0x00,0x00,0x00,0x00,0x00,0x00,
```

Anhang I: Quellcode des Projektes

```
0x00, 0x00, 0x00, 0x00, 0x00, 0x00, 0x00, 0x00, 0x00, 0x00,
0x00, 0x00, 0x00, 0x00, 0x00, 0x00, 0x00, 0x00, 0x00, 0x00,
0x00, 0x00, 0x00, 0x00, 0x00, 0x00, 0x00, 0x00, 0x01, 0x01,
0x01, 0x01, 0x00, 0x00, 0x00, 0x00, 0x00, 0x00, 0x00, 0x00,
0x00, 0x00, 0x00, 0x00, 0x00, 0x00, 0x00, 0x00, 0x00, 0x00,
0x00, 0x00, 0x00, 0x00, 0x00, 0x00, 0x00, 0x00, 0x00, 0x00,
0x00, 0x00, 0x00, 0x00, 0x00, 0x00, 0x00, 0x00, 0x00, 0x00,
0x00, 0x00, 0x00, 0x00, 0x00, 0x00, 0x00, 0x00, 0x00, 0x00,
0x00, 0x00, 0x00, 0x00, 0x00, 0x00, 0x00, 0x00, 0x00, 0x00,
0x00, 0x00, 0x00, 0x00, 0x00, 0x00, 0x00, 0x00, 0x00, 0x00,
0x00, 0x00, 0x00, 0x00, 0x00, 0x00, 0x00, 0x00, 0x00, 0x00,
0x00, 0x00, 0x00, 0x00, 0x00, 0x00, 0x00, 0x00, 0x01, 0x01,
0x01, 0x01, 0x00, 0x00, 0x00, 0x00, 0x00, 0x00, 0x00, 0x00,
0x00, 0x00, 0x00, 0x00, 0x00, 0x00, 0x00, 0x00, 0x00, 0x00,
0x00, 0x00, 0x00, 0x00, 0x00, 0x00, 0x00, 0x00, 0x00, 0x00,
0x00, 0x00, 0x00, 0x00, 0x00, 0x00, 0x00, 0x00, 0x00, 0x00,
0x00, 0x00, 0x00, 0x00, 0x00, 0x00, 0x00, 0x00, 0x00, 0x00,
0x00, 0x00, 0x00, 0x00, 0x00, 0x00, 0x00, 0x00, 0x00, 0x00,
0x00, 0x00, 0x00, 0x00, 0x00, 0x00, 0x00, 0x00, 0x00, 0x00,
0x00, 0x00, 0x00, 0x00, 0x00, 0x00, 0x00, 0x00, 0x01, 0x01,
0x01, 0x01, 0x00, 0x00, 0x00, 0x00, 0x00, 0x00, 0x00, 0x00,
0x00, 0x00, 0x00, 0x00, 0x00, 0x00, 0x00, 0x00, 0x00, 0x00,
0x00, 0x00, 0x00, 0x00, 0x00, 0x00, 0x00, 0x00, 0x00, 0x00,
0x00, 0x00, 0x00, 0x00, 0x00, 0x00, 0x00, 0x00, 0x00, 0x00,
0x00, 0x00, 0x00, 0x00, 0x00, 0x00, 0x00, 0x00, 0x00, 0x00,
0x00, 0x00, 0x00, 0x00, 0x00, 0x00, 0x00, 0x00, 0x00, 0x00,
0x00, 0x00, 0x00, 0x00, 0x00, 0x00, 0x00, 0x00, 0x00, 0x00,
0x00, 0x00, 0x00, 0x00, 0x00, 0x00, 0x00, 0x00, 0x00, 0x00,
0x00, 0x00, 0x00, 0x00, 0x00, 0x00, 0x00, 0x00, 0x01, 0x01,
0x01, 0x01, 0x00, 0x00, 0x00, 0x00, 0x00, 0x00, 0x00, 0x00,
```

Anhang I: Quellcode des Projektes

```
0x00, 0x00, 0x00, 0x00, 0x00, 0x00, 0x00, 0x00, 0x00, 0x00,
0x00, 0x00, 0x00, 0x00, 0x00, 0x00, 0x00, 0x00, 0x00, 0x00,
0x00, 0x00, 0x00, 0x00, 0x00, 0x00, 0x00, 0x00, 0x00, 0x00,
0x00, 0x00, 0x00, 0x00, 0x00, 0x00, 0x00, 0x00, 0x00, 0x00,
0x00, 0x00, 0x00, 0x00, 0x00, 0x00, 0x00, 0x00, 0x00, 0x00,
0x00, 0x00, 0x00, 0x00, 0x00, 0x00, 0x00, 0x00, 0x00, 0x00,
0x00, 0x00, 0x00, 0x00, 0x00, 0x00, 0x00, 0x00, 0x00, 0x00,
0x00, 0x00, 0x00, 0x00, 0x00, 0x00, 0x00, 0x00, 0x00, 0x00,
0x00, 0x00, 0x00, 0x00, 0x00, 0x00, 0x00, 0x00, 0x01, 0x01,
0x01, 0x01, 0x00, 0x00, 0x00, 0x00, 0x00, 0x00, 0x00, 0x00,
0x00, 0x00, 0x00, 0x00, 0x00, 0x00, 0x00, 0x00, 0x00, 0x00,
0x00, 0x00, 0x00, 0x00, 0x00, 0x00, 0x00, 0x00, 0x00, 0x00,
0x00, 0x00, 0x00, 0x00, 0x00, 0x00, 0x00, 0x00, 0x00, 0x00,
0x00, 0x00, 0x00, 0x00, 0x00, 0x00, 0x00, 0x00, 0x00, 0x00,
0x00, 0x00, 0x00, 0x00, 0x00, 0x00, 0x00, 0x00, 0x00, 0x00,
0x00, 0x00, 0x00, 0x00, 0x00, 0x00, 0x00, 0x00, 0x00, 0x00,
0x00, 0x00, 0x00, 0x00, 0x00, 0x00, 0x00, 0x00, 0x00, 0x00,
0x00, 0x00, 0x00, 0x00, 0x00, 0x00, 0x00, 0x00, 0x01, 0x01,
0x01, 0x01, 0x00, 0x00, 0x00, 0x00, 0x00, 0x00, 0x00, 0x00,
0x00, 0x00, 0x00, 0x00, 0x00, 0x00, 0x00, 0x00, 0x00, 0x00,
0x00, 0x00, 0x00, 0x00, 0x00, 0x00, 0x00, 0x00, 0x00, 0x00,
0x00, 0x00, 0x00, 0x00, 0x00, 0x00, 0x00, 0x00, 0x00, 0x00,
0x00, 0x00, 0x00, 0x00, 0x00, 0x00, 0x00, 0x00, 0x00, 0x00,
0x00, 0x00, 0x00, 0x00, 0x00, 0x00, 0x00, 0x00, 0x00, 0x00,
0x00, 0x00, 0x00, 0x00, 0x00, 0x00, 0x00, 0x00, 0x00, 0x00,
0x00, 0x00, 0x00, 0x00, 0x00, 0x00, 0x00, 0x00, 0x00, 0x00,
0x00, 0x00, 0x00, 0x00, 0x00, 0x00, 0x00, 0x00, 0x00, 0x00,
0x00, 0x00, 0x00, 0x00, 0x00, 0x00, 0x00, 0x00, 0x01, 0x01,
0x01, 0x01, 0x00, 0x00, 0x00, 0x00, 0x00, 0x00, 0x00, 0x00,
0x00, 0x00, 0x00, 0x00, 0x00, 0x00, 0x00, 0x00, 0x00, 0x00,
0x00, 0x00, 0x00, 0x00, 0x00, 0x00, 0x00, 0x00, 0x00, 0x00,
0x00, 0x00, 0x00, 0x00, 0x00, 0x00, 0x00, 0x00, 0x00, 0x00,
0x00, 0x00, 0x00, 0x00, 0x00, 0x00, 0x00, 0x00, 0x00, 0x00,
0x00, 0x00, 0x00, 0x00, 0x00, 0x00, 0x00, 0x00, 0x00, 0x00,
0x00, 0x00, 0x00, 0x00, 0x00, 0x00, 0x00, 0x00, 0x00, 0x00,
0x00, 0x00, 0x00, 0x00, 0x00, 0x00, 0x00, 0x00, 0x01, 0x01,
0x01, 0x01, 0x00, 0x00, 0x00, 0x00, 0x00, 0x00, 0x00, 0x00,
0x00, 0x00, 0x00, 0x00, 0x00, 0x00, 0x00, 0x00, 0x00, 0x00,
0x00, 0x00, 0x00, 0x00, 0x00, 0x00, 0x00, 0x00, 0x00, 0x00,
0x00, 0x00, 0x00, 0x00, 0x00, 0x00, 0x00, 0x00, 0x00, 0x00,
0x00, 0x00, 0x00, 0x00, 0x00, 0x00, 0x00, 0x00, 0x00, 0x00,
```

```
0x00, 0x00, 0x00, 0x00, 0x00, 0x00, 0x00, 0x00, 0x00, 0x00,
0x00, 0x00, 0x00, 0x00, 0x00, 0x00, 0x00, 0x00, 0x00, 0x00,
0x00, 0x00, 0x00, 0x00, 0x00, 0x00, 0x00, 0x00, 0x00, 0x00,
0x00, 0x00, 0x00, 0x00, 0x00, 0x00, 0x00, 0x00, 0x00, 0x00,
0x00, 0x00, 0x00, 0x00, 0x00, 0x00, 0x00, 0x00, 0x01, 0x01,
0x01, 0x01, 0x00, 0x00, 0x00, 0x00, 0x00, 0x00, 0x00, 0x00,
0x00, 0x00, 0x00, 0x00, 0x00, 0x00, 0x00, 0x00, 0x00, 0x00,
0x00, 0x00, 0x00, 0x00, 0x00, 0x00, 0x00, 0x00, 0x00, 0x00,
0x00, 0x00, 0x00, 0x00, 0x00, 0x00, 0x00, 0x00, 0x00, 0x00,
0x00, 0x00, 0x00, 0x00, 0x00, 0x00, 0x00, 0x00, 0x00, 0x00,
0x00, 0x00, 0x00, 0x00, 0x00, 0x00, 0x00, 0x00, 0x00, 0x00,
0x00, 0x00, 0x00, 0x00, 0x00, 0x00, 0x00, 0x00, 0x00, 0x00,
0x00, 0x00, 0x00, 0x00, 0x00, 0x00, 0x00, 0x00, 0x00, 0x00,
0x00, 0x00, 0x00, 0x00, 0x00, 0x00, 0x00, 0x00, 0x01, 0x01,
0x01, 0x01, 0x00, 0x00, 0x00, 0x00, 0x00, 0x00, 0x00, 0x00,
0x00, 0x00, 0x00, 0x00, 0x00, 0x00, 0x00, 0x00, 0x00, 0x00,
0x00, 0x00, 0x00, 0x00, 0x00, 0x00, 0x00, 0x00, 0x00, 0x00,
0x00, 0x00, 0x00, 0x00, 0x00, 0x00, 0x00, 0x00, 0x00, 0x00,
0x00, 0x00, 0x00, 0x00, 0x00, 0x00, 0x00, 0x00, 0x00, 0x00,
0x00, 0x00, 0x00, 0x00, 0x00, 0x00, 0x00, 0x00, 0x00, 0x00,
0x00, 0x00, 0x00, 0x00, 0x00, 0x00, 0x00, 0x00, 0x00, 0x00,
0x00, 0x00, 0x00, 0x00, 0x00, 0x00, 0x00, 0x00, 0x00, 0x00,
0x00, 0x00, 0x00, 0x00, 0x00, 0x00, 0x00, 0x00, 0x01, 0x01,
0x01, 0x01, 0x00, 0x00, 0x00, 0x00, 0x00, 0x00, 0x00, 0x00,
0x00, 0x00, 0x00, 0x00, 0x00, 0x00, 0x00, 0x00, 0x00, 0x00,
0x00, 0x00, 0x00, 0x00, 0x00, 0x00, 0x00, 0x00, 0x00, 0x00,
0x00, 0x00, 0x00, 0x00, 0x00, 0x00, 0x00, 0x00, 0x00, 0x00,
0x00, 0x00, 0x00, 0x00, 0x00, 0x00, 0x00, 0x00, 0x00, 0x00,
0x00, 0x00, 0x00, 0x00, 0x00, 0x00, 0x00, 0x00, 0x00, 0x00,
0x00, 0x00, 0x00, 0x00, 0x00, 0x00, 0x00, 0x00, 0x00, 0x00,
0x00, 0x00, 0x00, 0x00, 0x00, 0x00, 0x00, 0x00, 0x00, 0x00,
0x00, 0x00, 0x00, 0x00, 0x00, 0x00, 0x00, 0x00, 0x01, 0x01,
0x01, 0x01, 0x00, 0x00, 0x00, 0x00, 0x00, 0x00, 0x00, 0x00,
0x00, 0x00, 0x00, 0x00, 0x00, 0x00, 0x00, 0x00, 0x00, 0x00,
0x00, 0x00, 0x00, 0x00, 0x00, 0x00, 0x00, 0x00, 0x00, 0x00,
0x00, 0x00, 0x00, 0x00, 0x00, 0x00, 0x00, 0x00, 0x00, 0x00,
0x00, 0x00, 0x00, 0x00, 0x00, 0x00, 0x00, 0x00, 0x00, 0x00,
0x00, 0x00, 0x00, 0x00, 0x00, 0x00, 0x00, 0x00, 0x00, 0x00,
0x00, 0x00, 0x00, 0x00, 0x00, 0x00, 0x00, 0x00, 0x00, 0x00,
0x00, 0x00, 0x00, 0x00, 0x00, 0x00, 0x00, 0x00, 0x00, 0x00,
```

Anhang I: Quellcode des Projektes

```
0x00, 0x00, 0x00, 0x00, 0x00, 0x00, 0x00, 0x00, 0x00, 0x00,
0x00, 0x00, 0x00, 0x00, 0x00, 0x00, 0x00, 0x00, 0x00, 0x00,
0x00, 0x00, 0x00, 0x00, 0x00, 0x00, 0x00, 0x00, 0x00, 0x00,
0x00, 0x00, 0x00, 0x00, 0x00, 0x00, 0x00, 0x00, 0x00, 0x00,
0x00, 0x00, 0x00, 0x00, 0x00, 0x00, 0x00, 0x00, 0x01, 0x01,
0x01, 0x01, 0x01, 0x01, 0x01, 0x01, 0x01, 0x01, 0x01, 0x01,
0x01, 0x01, 0x01, 0x00, 0x00, 0x00, 0x00, 0x00, 0x00, 0x00,
0x00, 0x00, 0x00, 0x00, 0x00, 0x00, 0x00, 0x00, 0x00, 0x00,
0x00, 0x00, 0x00, 0x00, 0x00, 0x00, 0x00, 0x00, 0x00, 0x00,
0x00, 0x00, 0x00, 0x00, 0x00, 0x00, 0x00, 0x00, 0x00, 0x00,
0x00, 0x00, 0x00, 0x00, 0x00, 0x00, 0x00, 0x00, 0x00, 0x00,
0x00, 0x00, 0x00, 0x00, 0x00, 0x00, 0x00, 0x00, 0x00, 0x00,
0x00, 0x00, 0x00, 0x00, 0x00, 0x00, 0x00, 0x00, 0x00, 0x00,
0x00, 0x00, 0x00, 0x00, 0x00, 0x00, 0x00, 0x00, 0x01, 0x01,
0x01, 0x01, 0x01, 0x01, 0x01, 0x01, 0x01, 0x01, 0x01, 0x01,
0x01, 0x01, 0x01, 0x00, 0x00, 0x00, 0x00, 0x00, 0x00, 0x00,
0x00, 0x00, 0x00, 0x00, 0x00, 0x00, 0x00, 0x00, 0x00, 0x00,
0x00, 0x00, 0x00, 0x00, 0x00, 0x00, 0x00, 0x00, 0x00, 0x00,
0x00, 0x00, 0x00, 0x00, 0x00, 0x00, 0x00, 0x00, 0x00, 0x00,
0x00, 0x00, 0x00, 0x00, 0x00, 0x00, 0x00, 0x00, 0x00, 0x00,
0x00, 0x00, 0x00, 0x00, 0x00, 0x00, 0x00, 0x00, 0x00, 0x00,
0x00, 0x00, 0x00, 0x00, 0x00, 0x00, 0x00, 0x00, 0x00, 0x00,
0x00, 0x00, 0x00, 0x00, 0x00, 0x00, 0x00, 0x00, 0x01, 0x01,
0x01, 0x01, 0x00, 0x00, 0x00, 0x00, 0x00, 0x00, 0x00, 0x00,
0x00, 0x01, 0x01, 0x00, 0x00, 0x00, 0x00, 0x00, 0x00, 0x00,
0x00, 0x00, 0x00, 0x00, 0x00, 0x00, 0x00, 0x00, 0x00, 0x00,
0x00, 0x00, 0x00, 0x00, 0x00, 0x00, 0x00, 0x00, 0x00, 0x00,
0x00, 0x00, 0x00, 0x00, 0x00, 0x00, 0x00, 0x00, 0x00, 0x00,
0x00, 0x00, 0x00, 0x00, 0x00, 0x00, 0x00, 0x00, 0x00, 0x00,
0x00, 0x00, 0x00, 0x00, 0x00, 0x00, 0x00, 0x00, 0x00, 0x00,
0x00, 0x00, 0x00, 0x00, 0x00, 0x00, 0x00, 0x00, 0x00, 0x00,
0x00, 0x00, 0x00, 0x00, 0x00, 0x00, 0x00, 0x00, 0x01, 0x01,
0x01, 0x01, 0x00, 0x00, 0x00, 0x00, 0x00, 0x00, 0x00, 0x00,
0x00, 0x01, 0x01, 0x01, 0x01, 0x01, 0x01, 0x01, 0x01, 0x00,
0x00, 0x00, 0x00, 0x00, 0x00, 0x00, 0x00, 0x00, 0x00, 0x00,
0x00, 0x00, 0x00, 0x00, 0x00, 0x00, 0x00, 0x00, 0x00, 0x00,
0x00, 0x00, 0x00, 0x00, 0x00, 0x00, 0x00, 0x00, 0x00, 0x00,
0x00, 0x00, 0x00, 0x00, 0x00, 0x00, 0x00, 0x00, 0x00, 0x00,
0x00, 0x00, 0x00, 0x00, 0x00, 0x00, 0x00, 0x00, 0x00, 0x00,
0x00, 0x00, 0x00, 0x00, 0x00, 0x00, 0x00, 0x00, 0x00, 0x00,
0x00, 0x00, 0x00, 0x00, 0x00, 0x00, 0x00, 0x00, 0x00, 0x00,
```

Anhang I: Quellcode des Projektes

```
0x00, 0x00, 0x00, 0x00, 0x00, 0x00, 0x00, 0x00, 0x01, 0x01,
0x01, 0x01, 0x00, 0x00, 0x00, 0x00, 0x00, 0x00, 0x00, 0x00,
0x00, 0x01, 0x01, 0x01, 0x01, 0x01, 0x01, 0x01, 0x01, 0x00,
0x00, 0x00, 0x00, 0x00, 0x00, 0x00, 0x00, 0x00, 0x00, 0x00,
0x00, 0x00, 0x00, 0x00, 0x00, 0x00, 0x00, 0x00, 0x00, 0x00,
0x00, 0x00, 0x00, 0x00, 0x00, 0x00, 0x00, 0x00, 0x00, 0x00,
0x00, 0x00, 0x00, 0x00, 0x00, 0x00, 0x00, 0x00, 0x00, 0x00,
0x00, 0x00, 0x00, 0x00, 0x00, 0x00, 0x00, 0x00, 0x00, 0x00,
0x00, 0x00, 0x00, 0x00, 0x00, 0x00, 0x00, 0x00, 0x00, 0x00,
0x00, 0x00, 0x00, 0x00, 0x00, 0x00, 0x00, 0x00, 0x00, 0x00,
0x00, 0x00, 0x00, 0x00, 0x00, 0x00, 0x00, 0x00, 0x01, 0x01,
0x01, 0x01, 0x00, 0x00, 0x00, 0x00, 0x00, 0x00, 0x00, 0x00,
0x00, 0x00, 0x00, 0x00, 0x00, 0x00, 0x00, 0x00, 0x00, 0x00,
0x00, 0x00, 0x00, 0x00, 0x00, 0x00, 0x00, 0x00, 0x00, 0x00,
0x00, 0x00, 0x00, 0x00, 0x00, 0x00, 0x00, 0x00, 0x00, 0x00,
0x00, 0x00, 0x00, 0x00, 0x00, 0x00, 0x00, 0x00, 0x00, 0x00,
0x00, 0x00, 0x00, 0x00, 0x00, 0x00, 0x00, 0x00, 0x00, 0x00,
0x00, 0x00, 0x00, 0x00, 0x00, 0x00, 0x00, 0x00, 0x00, 0x00,
0x00, 0x00, 0x00, 0x00, 0x00, 0x00, 0x00, 0x00, 0x00, 0x00,
0x00, 0x00, 0x00, 0x00, 0x00, 0x00, 0x00, 0x00, 0x01, 0x01,
0x01, 0x01, 0x00, 0x00, 0x00, 0x00, 0x00, 0x00, 0x00, 0x00,
0x00, 0x00, 0x00, 0x00, 0x00, 0x00, 0x00, 0x00, 0x00, 0x00,
0x00, 0x00, 0x00, 0x00, 0x00, 0x00, 0x00, 0x00, 0x00, 0x00,
0x00, 0x00, 0x00, 0x00, 0x00, 0x00, 0x00, 0x00, 0x00, 0x00,
0x00, 0x00, 0x00, 0x00, 0x00, 0x00, 0x00, 0x00, 0x00, 0x00,
0x00, 0x00, 0x00, 0x00, 0x00, 0x00, 0x00, 0x00, 0x00, 0x00,
0x00, 0x00, 0x00, 0x00, 0x00, 0x00, 0x00, 0x00, 0x00, 0x00,
0x00, 0x00, 0x00, 0x00, 0x00, 0x00, 0x00, 0x00, 0x01, 0x01,
0x01, 0x01, 0x00, 0x00, 0x00, 0x00, 0x00, 0x00, 0x00, 0x00,
0x00, 0x00, 0x00, 0x00, 0x00, 0x00, 0x00, 0x00, 0x00, 0x00,
0x00, 0x00, 0x00, 0x01, 0x01, 0x01, 0x01, 0x01, 0x01, 0x01,
0x01, 0x01, 0x00, 0x00, 0x00, 0x00, 0x00, 0x00, 0x00, 0x00,
0x00, 0x00, 0x00, 0x00, 0x00, 0x00, 0x00, 0x00, 0x00, 0x00,
0x00, 0x00, 0x00, 0x00, 0x00, 0x00, 0x00, 0x00, 0x00, 0x00,
0x00, 0x00, 0x00, 0x00, 0x00, 0x00, 0x00, 0x00, 0x00, 0x00,
0x00, 0x00, 0x00, 0x00, 0x00, 0x00, 0x00, 0x00, 0x00, 0x00,
0x00, 0x00, 0x00, 0x00, 0x00, 0x00, 0x00, 0x00, 0x00, 0x00,
0x00, 0x00, 0x00, 0x00, 0x00, 0x00, 0x00, 0x00, 0x01, 0x01,
0x01, 0x01, 0x00, 0x00, 0x00, 0x00, 0x00, 0x00, 0x00, 0x00,
0x00, 0x00, 0x00, 0x00, 0x00, 0x00, 0x00, 0x00, 0x00, 0x00,
0x00, 0x00, 0x00, 0x00, 0x00, 0x00, 0x00, 0x00, 0x00, 0x00,
```

Anhang I: Quellcode des Projektes

```
0x00, 0x00, 0x00, 0x00, 0x00, 0x00, 0x00, 0x00, 0x00, 0x00,
0x00, 0x00, 0x00, 0x00, 0x00, 0x00, 0x00, 0x00, 0x00, 0x00,
0x00, 0x00, 0x00, 0x00, 0x00, 0x00, 0x00, 0x00, 0x00, 0x00,
0x00, 0x00, 0x00, 0x00, 0x00, 0x00, 0x00, 0x00, 0x00, 0x00,
0x00, 0x00, 0x00, 0x00, 0x00, 0x00, 0x00, 0x00, 0x00, 0x00,
0x00, 0x00, 0x00, 0x00, 0x00, 0x00, 0x00, 0x00, 0x00, 0x00,
0x00, 0x00, 0x00, 0x00, 0x00, 0x00, 0x00, 0x00, 0x01, 0x01,
0x01, 0x01, 0x00, 0x00, 0x00, 0x00, 0x00, 0x00, 0x00, 0x00,
0x00, 0x00, 0x00, 0x00, 0x00, 0x00, 0x00, 0x00, 0x00, 0x00,
0x00, 0x00, 0x00, 0x00, 0x00, 0x00, 0x00, 0x00, 0x00, 0x00,
0x00, 0x00, 0x00, 0x00, 0x00, 0x00, 0x00, 0x00, 0x00, 0x00,
0x00, 0x00, 0x00, 0x00, 0x00, 0x00, 0x00, 0x00, 0x00, 0x00,
0x00, 0x00, 0x00, 0x00, 0x00, 0x00, 0x00, 0x00, 0x00, 0x00,
0x00, 0x00, 0x00, 0x00, 0x00, 0x00, 0x00, 0x00, 0x00, 0x00,
0x00, 0x00, 0x00, 0x00, 0x00, 0x00, 0x00, 0x00, 0x00, 0x00,
0x00, 0x00, 0x00, 0x00, 0x00, 0x00, 0x00, 0x00, 0x01, 0x01,
0x01, 0x01, 0x00, 0x00, 0x00, 0x00, 0x00, 0x00, 0x00, 0x00,
0x00, 0x00, 0x00, 0x00, 0x00, 0x00, 0x00, 0x00, 0x00, 0x00,
0x00, 0x00, 0x00, 0x00, 0x00, 0x00, 0x00, 0x00, 0x00, 0x00,
0x00, 0x00, 0x00, 0x00, 0x00, 0x00, 0x00, 0x00, 0x00, 0x00,
0x00, 0x00, 0x00, 0x00, 0x00, 0x00, 0x00, 0x00, 0x00, 0x00,
0x00, 0x00, 0x00, 0x00, 0x00, 0x00, 0x00, 0x00, 0x00, 0x00,
0x00, 0x00, 0x00, 0x00, 0x00, 0x00, 0x00, 0x00, 0x00, 0x00,
0x00, 0x00, 0x00, 0x00, 0x00, 0x00, 0x00, 0x00, 0x01, 0x01,
0x01, 0x01, 0x00, 0x00, 0x00, 0x00, 0x00, 0x00, 0x00, 0x00,
0x00, 0x00, 0x00, 0x00, 0x00, 0x00, 0x00, 0x00, 0x00, 0x00,
0x00, 0x00, 0x00, 0x00, 0x00, 0x00, 0x00, 0x00, 0x00, 0x00,
0x00, 0x00, 0x00, 0x00, 0x00, 0x00, 0x00, 0x00, 0x00, 0x00,
0x00, 0x00, 0x00, 0x00, 0x00, 0x00, 0x00, 0x00, 0x00, 0x00,
0x00, 0x00, 0x00, 0x00, 0x00, 0x00, 0x00, 0x00, 0x00, 0x00,
0x00, 0x00, 0x00, 0x00, 0x00, 0x00, 0x00, 0x00, 0x00, 0x00,
0x00, 0x00, 0x00, 0x00, 0x00, 0x00, 0x00, 0x00, 0x01, 0x01,
0x01, 0x01, 0x00, 0x00, 0x00, 0x00, 0x00, 0x00, 0x00, 0x00,
0x00, 0x00, 0x00, 0x00, 0x00, 0x00, 0x00, 0x00, 0x00, 0x00,
0x00, 0x00, 0x00, 0x00, 0x00, 0x00, 0x00, 0x00, 0x00, 0x00,
0x00, 0x00, 0x00, 0x00, 0x00, 0x00, 0x00, 0x00, 0x00, 0x00,
0x00, 0x00, 0x00, 0x00, 0x00, 0x00, 0x00, 0x00, 0x00, 0x00,
0x00, 0x00, 0x00, 0x00, 0x00, 0x01, 0x01, 0x01, 0x01, 0x01,
0x01, 0x01, 0x00, 0x00, 0x00, 0x00, 0x00, 0x00, 0x00, 0x00,
```

Anhang I: Quellcode des Projektes

```
0x00,0x00,0x00,0x00,0x00,0x00,0x00,0x00,0x00,0x00,
0x00,0x00,0x00,0x00,0x00,0x00,0x00,0x00,0x00,0x00,
0x00,0x00,0x00,0x00,0x00,0x00,0x00,0x00,0x01,0x01,
0x01,0x01,0x00,0x00,0x00,0x00,0x00,0x00,0x00,0x00,
0x00,0x00,0x00,0x00,0x00,0x00,0x00,0x00,0x00,0x00,
0x00,0x00,0x00,0x00,0x00,0x00,0x00,0x00,0x00,0x00,
0x00,0x00,0x00,0x00,0x00,0x00,0x00,0x00,0x00,0x00,
0x00,0x00,0x00,0x00,0x00,0x00,0x00,0x00,0x00,0x00,
0x00,0x00,0x00,0x00,0x00,0x00,0x00,0x00,0x00,0x00,
0x00,0x00,0x00,0x00,0x00,0x00,0x00,0x00,0x00,0x00,
0x00,0x00,0x00,0x00,0x00,0x00,0x00,0x00,0x00,0x00,
0x00,0x00,0x00,0x00,0x00,0x00,0x00,0x00,0x00,0x00,
0x00,0x00,0x00,0x00,0x00,0x00,0x00,0x00,0x01,0x01,
0x01,0x01,0x00,0x00,0x00,0x00,0x00,0x00,0x00,0x00,
0x00,0x00,0x00,0x00,0x00,0x00,0x00,0x00,0x00,0x00,
0x00,0x00,0x00,0x00,0x00,0x00,0x00,0x00,0x00,0x00,
0x00,0x00,0x00,0x00,0x00,0x00,0x00,0x00,0x00,0x00,
0x00,0x00,0x00,0x00,0x00,0x00,0x00,0x00,0x00,0x00,
0x00,0x00,0x00,0x00,0x00,0x00,0x00,0x00,0x00,0x00,
0x00,0x00,0x00,0x00,0x00,0x00,0x00,0x00,0x00,0x00,
0x00,0x00,0x00,0x00,0x00,0x00,0x00,0x00,0x00,0x00,
0x00,0x00,0x00,0x00,0x00,0x00,0x00,0x00,0x00,0x00,
0x00,0x00,0x00,0x00,0x00,0x01,0x01,0x01,0x01,0x01,
0x01,0x01,0x00,0x00,0x00,0x00,0x00,0x00,0x00,0x00,
0x00,0x00,0x00,0x00,0x00,0x00,0x00,0x00,0x00,0x00,
0x00,0x00,0x00,0x00,0x00,0x00,0x00,0x00,0x00,0x00,
0x00,0x00,0x00,0x00,0x00,0x00,0x00,0x00,0x00,0x00,
0x00,0x00,0x00,0x00,0x00,0x00,0x00,0x00,0x01,0x01,
0x01,0x00,0x00,0x00,0x00,0x00,0x00,0x00,0x00,0x00,
0x00,0x00,0x00,0x00,0x00,0x01,0x01,0x01,0x01,0x00,
0x00,0x00,0x00,0x00,0x00,0x00,0x00,0x00,0x00,0x00,
0x00,0x00,0x00,0x00,0x00,0x00,0x00,0x00,0x00,0x00,
0x00,0x00,0x00,0x00,0x00,0x01,0x01,0x01,0x01,0x01,
0x01,0x01,0x00,0x00,0x00,0x00,0x00,0x00,0x00,0x00,
0x00,0x00,0x00,0x00,0x00,0x00,0x00,0x00,0x00,0x00,
0x00,0x00,0x00,0x00,0x00,0x00,0x00,0x00,0x00,0x00,
0x00,0x00,0x00,0x00,0x00,0x00,0x00,0x00,0x01,0x01,
0x01,0x00,0x00,0x00,0x00,0x00,0x00,0x00,0x00,0x00,
0x00,0x00,0x00,0x00,0x00,0x01,0x01,0x01,0x01,0x00,
0x00,0x00,0x00,0x00,0x00,0x00,0x00,0x00,0x00,0x00,
0x00,0x00,0x00,0x00,0x00,0x00,0x00,0x00,0x00,0x00,
0x00,0x00,0x00,0x00,0x00,0x01,0x01,0x01,0x01,0x01,
0x01,0x01,0x01,0x01,0x01,0x01,0x01,0x01,0x01,0x01,
```

Anhang I: Quellcode des Projektes

```
0x01, 0x01, 0x01, 0x01, 0x01, 0x01, 0x01, 0x01, 0x01, 0x00,
0x00, 0x00, 0x00, 0x00, 0x00, 0x00, 0x00, 0x00, 0x00, 0x00,
0x00, 0x00, 0x00, 0x00, 0x00, 0x00, 0x00, 0x00, 0x00, 0x00,
0x00, 0x00, 0x00, 0x01, 0x01, 0x01, 0x01, 0x01, 0x01, 0x01,
0x01, 0x01, 0x00, 0x00, 0x00, 0x00, 0x00, 0x00, 0x00, 0x00,
0x00, 0x00, 0x00, 0x00, 0x00, 0x01, 0x01, 0x01, 0x01, 0x00,
0x00, 0x00, 0x00, 0x00, 0x00, 0x00, 0x00, 0x00, 0x00, 0x00,
0x00, 0x00, 0x00, 0x00, 0x00, 0x00, 0x00, 0x00, 0x00, 0x00,
0x00, 0x00, 0x00, 0x00, 0x00, 0x01, 0x01, 0x01, 0x01, 0x01,
0x01, 0x01, 0x00, 0x00, 0x00, 0x00, 0x00, 0x00, 0x00, 0x00,
0x00, 0x00, 0x00, 0x00, 0x00, 0x00, 0x00, 0x00, 0x00, 0x00,
0x00, 0x00, 0x00, 0x00, 0x00, 0x00, 0x00, 0x00, 0x00, 0x00,
0x00, 0x00, 0x00, 0x00, 0x00, 0x00, 0x00, 0x00, 0x00, 0x00,
0x00, 0x00, 0x00, 0x00, 0x00, 0x00, 0x00, 0x00, 0x00, 0x00,
0x01, 0x01, 0x00, 0x00, 0x00, 0x00, 0x00, 0x00, 0x00, 0x00,
0x00, 0x00, 0x00, 0x00, 0x00, 0x01, 0x01, 0x01, 0x01, 0x00,
0x00, 0x00, 0x00, 0x00, 0x00, 0x00, 0x00, 0x00, 0x00, 0x00,
0x00, 0x00, 0x00, 0x00, 0x00, 0x00, 0x00, 0x00, 0x00, 0x00,
0x00, 0x00, 0x00, 0x00, 0x00, 0x01, 0x01, 0x01, 0x01, 0x01,
0x01, 0x01, 0x00, 0x00, 0x00, 0x00, 0x00, 0x00, 0x00, 0x00,
0x00, 0x00, 0x00, 0x00, 0x00, 0x00, 0x00, 0x00, 0x00, 0x00,
0x00, 0x00, 0x00, 0x00, 0x00, 0x00, 0x00, 0x00, 0x00, 0x00,
0x00, 0x00, 0x00, 0x00, 0x00, 0x00, 0x00, 0x00, 0x00, 0x00,
0x00, 0x00, 0x00, 0x00, 0x00, 0x00, 0x00, 0x00, 0x00, 0x00,
0x01, 0x01, 0x00, 0x00, 0x00, 0x00, 0x00, 0x00, 0x00, 0x00,
0x00, 0x00, 0x00, 0x00, 0x00, 0x01, 0x01, 0x01, 0x01, 0x00,
0x00, 0x00, 0x00, 0x00, 0x00, 0x00, 0x00, 0x00, 0x00, 0x00,
0x00, 0x00, 0x00, 0x00, 0x00, 0x00, 0x00, 0x00, 0x00, 0x00,
0x00, 0x00, 0x00, 0x00, 0x00, 0x01, 0x01, 0x01, 0x01, 0x01,
0x01, 0x01, 0x00, 0x00, 0x00, 0x00, 0x00, 0x00, 0x00, 0x00,
0x00, 0x00, 0x00, 0x00, 0x00, 0x00, 0x00, 0x00, 0x00, 0x00,
0x00, 0x00, 0x01, 0x01, 0x01, 0x00, 0x00, 0x00, 0x00, 0x00,
0x00, 0x00, 0x00, 0x00, 0x00, 0x00, 0x01, 0x01, 0x01, 0x00,
0x00, 0x00, 0x00, 0x00, 0x00, 0x00, 0x00, 0x00, 0x00, 0x00,
0x01, 0x01, 0x00, 0x00, 0x00, 0x00, 0x00, 0x00, 0x00, 0x00,
0x00, 0x00, 0x00, 0x00, 0x00, 0x01, 0x01, 0x01, 0x01, 0x00,
0x00, 0x00, 0x00, 0x00, 0x00, 0x00, 0x00, 0x00, 0x00, 0x00,
0x00, 0x00, 0x00, 0x00, 0x00, 0x00, 0x00, 0x00, 0x00, 0x00,
0x00, 0x00, 0x00, 0x00, 0x00, 0x0A, 0x01, 0x01, 0x01, 0x01,
0x01, 0x01, 0x00, 0x00, 0x00, 0x00, 0x00, 0x00, 0x00, 0x00,
0x00, 0x00, 0x00, 0x00, 0x00, 0x00, 0x00, 0x00, 0x00, 0x00,
0x00, 0x00, 0x01, 0x01, 0x01, 0x00, 0x00, 0x00, 0x00, 0x00,
0x00, 0x00, 0x00, 0x00, 0x00, 0x00, 0x01, 0x01, 0x01, 0x00,
0x00, 0x00, 0x00, 0x00, 0x00, 0x00, 0x00, 0x00, 0x00, 0x00,
```

```c
    0x01,0x01,0x00,0x00,0x00,0x00,0x00,0x00,0x00,0x00,
    0x00,0x00,0x00,0x00,0x00,0x01,0x01,0x01,0x01,0x00,
    0x00,0x00,0x00,0x00,0x00,0x00,0x00,0x00,0x00,0x00,
    0x00,0x00,0x00,0x00,0x00,0x00,0x00,0x00,0x00,0x00,
    0x00,0x00,0x00,0x00,0x00,0x01,0x01,0x01,0x01,0x01,
    0x01,0x01,0x00,0x00,0x00,0x00,0x00,0x00,0x00,0x00,
    0x00,0x00,0x00,0x00,0x00,0x00,0x00,0x00,0x00,0x00,
    0x00,0x00,0x01,0x01,0x01,0x00,0x00,0x00,0x00,0x01,
    0x01,0x01,0x00,0x00,0x00,0x00,0x01,0x01,0x01,0x00,
    0x00,0x00,0x00,0x00,0x00,0x00,0x00,0x00,0x00,0x00,
    0x01,0x01,0x00,0x00,0x00,0x00,0x00,0x00,0x00,0x00,
    0x00,0x00,0x00,0x00,0x00,0x01,0x01,0x01,0x01,0x00,
    0x00,0x00,0x00,0x00,0x00,0x00,0x00,0x00,0x00,0x00,
    0x00,0x00,0x00,0x00,0x00,0x00,0x00,0x00,0x00,0x00,
    0x00,0x00,0x00,0x00,0x00,0x01,0x01,0x01,0x01,0x01,
    0x01,0x01,0x01,0x01,0x01,0x01,0x01,0x01,0x01,0x01,
    0x01,0x01,0x01,0x01,0x01,0x01,0x01,0x01,0x01,0x01,
    0x01,0x01,0x01,0x01,0x01,0x01,0x01,0x01,0x01,0x01,
    0x01,0x01,0x01,0x01,0x01,0x01,0x01,0x01,0x01,0x01,
    0x01,0x01,0x01,0x01,0x0A,0x01,0x01,0x01,0x01,0x01,
    0x01,0x01,0x02,0x02,0x02,0x02,0x02,0x02,0x02,0x02,
    0x02,0x02,0x02,0x02,0x02,0x01,0x01,0x01,0x01,0x01,
    0x01,0x01,0x01,0x01,0x0A,0x01,0x01,0x01,0x01,0x01,
    0x01,0x01,0x01,0x01,0x01,0x01,0x01,0x01,0x01,0x01,
    0x01,0x01,0x01,0x01,0x01,0x01,0x01,0x01,0x01,0x01,
    0x01,0x01,0x01,0x01,0x01,0x01,0x01,0x01,0x01,0x01,
    0x01,0x01,0x01,0x01,0x01,0x01,0x01,0x01,0x01,0x01,
    0x01,0x01,0x01,0x01,0x01,0x01,0x01,0x01,0x01,0x01,
    0x01,0x01,0x01,0x01,0x01,0x01,0x01,0x01,0x01,0x01,
    0x01,0x01,0x02,0x02,0x02,0x02,0x02,0x02,0x02,0x02,
    0x02,0x02,0x02,0x02,0x02,0x01,0x01,0x01,0x01,0x01,
    0x01,0x01,0x01,0x01,0x01,0x01,0x01,0x01,0x01,0x01,
    0x01,0x01,0x01,0x01,0x01,0x01,0x01,0x01,0x01,0x01,
    0x01,0x01,0x01,0x01,0x01,0x01,0x01,0x01,0x01,0x01
};
/* End of BACKGROUND.C */

/* Zahlen.h */

/* Bank of tiles. */
#define ZahlenBank 0

/* Super Gameboy palette 0 */
```

Anhang I: Quellcode des Projektes

```c
#define ZahlenSGBPal0c0 16383
#define ZahlenSGBPal0c1 0
#define ZahlenSGBPal0c2 1023
#define ZahlenSGBPal0c3 32767

/* Super Gameboy palette 1 */
#define ZahlenSGBPal1c0 31
#define ZahlenSGBPal1c1 0
#define ZahlenSGBPal1c2 19039
#define ZahlenSGBPal1c3 32767

/* Super Gameboy palette 2 */
#define ZahlenSGBPal2c0 8939
#define ZahlenSGBPal2c1 0
#define ZahlenSGBPal2c2 24435
#define ZahlenSGBPal2c3 0

/* Super Gameboy palette 3 */
#define ZahlenSGBPal3c0 1
#define ZahlenSGBPal3c1 24435
#define ZahlenSGBPal3c2 0
#define ZahlenSGBPal3c3 2035

/* Gameboy Color palette 0 */
#define ZahlenCGBPal0c0 32767
#define ZahlenCGBPal0c1 0
#define ZahlenCGBPal0c2 1023
#define ZahlenCGBPal0c3 20446

/* Gameboy Color palette 1 */
#define ZahlenCGBPal1c0 32767
#define ZahlenCGBPal1c1 0
#define ZahlenCGBPal1c2 31
#define ZahlenCGBPal1c3 18078

/* Gameboy Color palette 2 */
#define ZahlenCGBPal2c0 8939
#define ZahlenCGBPal2c1 0
#define ZahlenCGBPal2c2 24435
#define ZahlenCGBPal2c3 0

/* Gameboy Color palette 3 */
#define ZahlenCGBPal3c0 1
#define ZahlenCGBPal3c1 24435
```

```c
#define ZahlenCGBPal3c2 0
#define ZahlenCGBPal3c3 2035

/* Gameboy Color palette 4 */
#define ZahlenCGBPal4c0 8444
#define ZahlenCGBPal4c1 2016
#define ZahlenCGBPal4c2 0
#define ZahlenCGBPal4c3 24446

/* Gameboy Color palette 5 */
#define ZahlenCGBPal5c0 2042
#define ZahlenCGBPal5c1 0
#define ZahlenCGBPal5c2 2028
#define ZahlenCGBPal5c3 8938

/* Gameboy Color palette 6 */
#define ZahlenCGBPal6c0 8939
#define ZahlenCGBPal6c1 0
#define ZahlenCGBPal6c2 24446
#define ZahlenCGBPal6c3 0

/* Gameboy Color palette 7 */
#define ZahlenCGBPal7c0 2045
#define ZahlenCGBPal7c1 8393
#define ZahlenCGBPal7c2 0
#define ZahlenCGBPal7c3 0
/* CGBpalette entries. */
/*extern unsigned char ZahlenCGB[];*/
/* Start of tile array. */
extern unsigned char Zahlen[];

/* End of ZAHLEN.H */

/* Zahlen.c */
/* CGBpalette entries. */
/*const unsigned char ZahlenCGB[] =
{
  0x00,0x00,0x00,0x00,0x00,0x00,0x00,0x00,
  0x00,0x00,0x00,0x01,0x00
};*/
/* Start of tile array. */
const unsigned char Zahlen[] =
{
  0x00,0x00,0x1C,0x00,0x3E,0x00,0x36,0x00,
```

Anhang I: Quellcode des Projektes

```c
    0x36,0x00,0x36,0x00,0x3E,0x00,0x1C,0x00,
    0x00,0x00,0x0C,0x00,0x3C,0x00,0x2C,0x00,
    0x0C,0x00,0x0C,0x00,0x0C,0x00,0x0C,0x00,
    0x00,0x00,0x1C,0x00,0x3E,0x00,0x06,0x00,
    0x0C,0x00,0x18,0x00,0x3E,0x00,0x3E,0x00,
    0x00,0x00,0x1C,0x00,0x3E,0x00,0x06,0x00,
    0x1C,0x00,0x06,0x00,0x3E,0x00,0x1C,0x00,
    0x00,0x00,0x0C,0x00,0x1C,0x00,0x2C,0x00,
    0x2C,0x00,0x7E,0x00,0x7E,0x00,0x0C,0x00,
    0x00,0x00,0x1E,0x00,0x1E,0x00,0x30,0x00,
    0x3C,0x00,0x06,0x00,0x3E,0x00,0x1C,0x00,
    0x00,0x00,0x1C,0x00,0x3E,0x00,0x30,0x00,
    0x3C,0x00,0x36,0x00,0x3E,0x00,0x1C,0x00,
    0x00,0x00,0x3E,0x00,0x3E,0x00,0x04,0x00,
    0x0C,0x00,0x08,0x00,0x18,0x00,0x18,0x00,
    0x00,0x00,0x1C,0x00,0x3E,0x00,0x36,0x00,
    0x1C,0x00,0x36,0x00,0x3E,0x00,0x1C,0x00,
    0x00,0x00,0x1C,0x00,0x3E,0x00,0x36,0x00,
    0x1E,0x00,0x06,0x00,0x3E,0x00,0x1C,0x00,
    0x00,0x00,0x00,0x00,0x00,0x00,0x14,0x00,
    0x08,0x00,0x08,0x00,0x14,0x00,0x00,0x00,
    0x00,0x00,0x66,0x00,0xFD,0x66,0xC1,0x7E,
    0x81,0x7E,0x42,0x3C,0x24,0x18,0x18,0x00,
    0x3C,0x00,0x7A,0x3C,0x7A,0x24,0x72,0x2C,
    0x52,0x2C,0x52,0x2C,0x42,0x3C,0x3C,0x00
};

/* Main.c */

#include <gb.h>

#include "Actor.h"
#include "Actor.c"
#include "background.h"
#include "background.c"
#include "Zahlen.h"
#include "Zahlen.c"

#define STANDING 0
#define RUNNING 0x01
#define FALLING 0x02
#define JUMPING 0x03

#define STANDING_FRAME 0x01
```

```c
#define WAITINGFRAME 0x02
#define START_RUNNING_FRAME 0x03
#define END_RUNNING_FRAME 0x08
#define FALLING_FRAME 0x0E
#define START_JUMPING_FRAME 0xB
#define END_JUMPING_FRAME 0x0C
#define START_DYING_FRAME 0x0F
#define END_DYING_FRAME 0x15
#define START_DUCKING_FRAME 0x16
#define END_DUCKING_FRAME 0x17

#define TILEWIDTH 0x08
#define TILEHEIGHT 0x08

#define START_X_POS 0x0A
#define START_Y_POS 0x11U
#define START_X_POS_P 80
#define START_Y_POS_P 136

#define LEFT 0x00
#define RIGHT 0x01

const UWORD Actor_Palette[] =
{

ActorCGBPal0c0,ActorCGBPal0c1,ActorCGBPal0c2,ActorCGBPal0c3,

ActorCGBPal1c0,ActorCGBPal1c1,ActorCGBPal1c2,ActorCGBPal1c3,

ActorCGBPal2c0,ActorCGBPal2c1,ActorCGBPal2c2,ActorCGBPal2c3,

ActorCGBPal3c0,ActorCGBPal3c1,ActorCGBPal3c2,ActorCGBPal3c3,

ActorCGBPal4c0,ActorCGBPal4c1,ActorCGBPal4c2,ActorCGBPal4c3,

ActorCGBPal5c0,ActorCGBPal5c1,ActorCGBPal5c2,ActorCGBPal5c3,

ActorCGBPal6c0,ActorCGBPal6c1,ActorCGBPal6c2,ActorCGBPal6c3,

ActorCGBPal7c0,ActorCGBPal7c1,ActorCGBPal7c2,ActorCGBPal7c3
};

const UWORD Background_Palette[] =
{
```

Anhang I: Quellcode des Projektes

```c
        backgroundtileCGBPal0c0,  backgroundtileCGBPal0c1,
backgroundtileCGBPal0c2, backgroundtileCGBPal0c3,
        backgroundtileCGBPal1c0,  backgroundtileCGBPal1c1,
backgroundtileCGBPal1c2, backgroundtileCGBPal1c3,
        backgroundtileCGBPal2c0,  backgroundtileCGBPal2c1,
backgroundtileCGBPal2c2, backgroundtileCGBPal2c3,
        backgroundtileCGBPal3c0,  backgroundtileCGBPal3c1,
backgroundtileCGBPal3c2, backgroundtileCGBPal3c3,
        backgroundtileCGBPal4c0,  backgroundtileCGBPal4c1,
backgroundtileCGBPal4c2, backgroundtileCGBPal4c3,
        backgroundtileCGBPal5c0,  backgroundtileCGBPal5c1,
backgroundtileCGBPal5c2, backgroundtileCGBPal5c3,
        backgroundtileCGBPal6c0,  backgroundtileCGBPal6c1,
backgroundtileCGBPal6c2, backgroundtileCGBPal6c3,
        backgroundtileCGBPal7c0,  backgroundtileCGBPal7c1,
backgroundtileCGBPal7c2, backgroundtileCGBPal7c3
};

/* Deklaration */

int xpos = START_X_POS * TILEWIDTH;
int ypos = START_Y_POS * TILEHEIGHT;
int xtilepos = 0x00;
int ytilepos = 0x00;
char direction = RIGHT;
char status = STANDING;
char current = STANDING_FRAME;
unsigned long btn;
int countx = 0x00;
int county = 0x00;
char points = 0;
char lifes = 1;

UWORD blendpalette[32];
/* Deklarationsende */

void Fade(UWORD palette[32]){
    int i,o;
    UWORD r,g,b;

    for (o=15;o>=0;o--){
        for (i=0;i<32;i++){

            /*zerlegen in einzelne Farben.*/
```

```c
                r=palette[i];
                g=palette[i];
                b=palette[i];

                g=g/32;
            b=b/1024;

            r=r&0x001f;
            g=g&0x001f;
            b=b&0x001f;

                /*Wert veringern.*/
            r=r*o/15;
            g=g*o/15;
            b=b*o/15;

                g=g*32;

                b=b*4;
                b=b*4;
                b=b*4;
                b=b*4;
                b=b*4;

                blendpalette[i]=b | g | r;
            }
            set_bkg_palette( 0, 1, &blendpalette[0] );
            set_bkg_palette( 1, 1, &blendpalette[4] );
            set_bkg_palette( 2, 1, &blendpalette[8] );
            set_bkg_palette( 3, 1, &blendpalette[12] );
            set_bkg_palette( 4, 1, &blendpalette[16] );
            set_bkg_palette( 5, 1, &blendpalette[20] );
            set_bkg_palette( 6, 1, &blendpalette[24] );
            set_bkg_palette( 7, 1, &blendpalette[28] );

            delay(50);
        }
    }

    void DrawPoints(void){
        char x;
        char y;
        char i;
        int buffer;
```

Anhang I: Quellcode des Projektes

```c
        SPRITES_8x8;

        set_sprite_data(192, 13, Zahlen);

        /*points*/
        set_sprite_tile(8, 204);
        set_sprite_tile(9, 202);

        set_sprite_prop(8,0x01/*ActorCGB[1]*/);

        for (x = 1; x < 8; x++){
            set_sprite_prop(8 + x,0x01/*ActorCGB[0]*/);
        };

        move_sprite(8,10,18);
        move_sprite(9,17,18);

        buffer = points;

        for (i = 0; i < 5; i++){
            y = buffer % 10;
            buffer = buffer / 10;
            set_sprite_tile(10 + i, 192 + y);
            move_sprite(10 + i, 47 - 6 * i, 18);
        };

        /*lifes*/

        set_sprite_tile(16, 203);
        set_sprite_tile(17, 202);
        set_sprite_tile(18, 192 + lifes);

        move_sprite(16,142,18);
        move_sprite(17,150,18);
        move_sprite(18,157,0x12);

        SHOW_SPRITES;
    }

    int Collision(char direction){
        int x;

        x = (ytilepos + START_Y_POS - 2) * backgroundWidth
            + (xpos / TILEWIDTH) + xtilepos - 2;
```

```c
        if (((direction == LEFT) && (xtilepos >= 0x01)
            && (backgroundCOLL[x] == 0x00))
            || ((direction == RIGHT)
            && (xtilepos < backgroundWidth - 0x14)
            && (backgroundCOLL[x + 0x03] == 0x00)))
            return 0;
        return 1;
}

void DrawCell(int x,int y,int w, int h){
        int k, m;

        for (k = x; k < (x + w); k++){
            for(m = y; m < (y + h); m++){
                VBK_REG=1;
                set_bkg_tiles(k % 0x20,
                    m % 0x20,1,1,backgroundCGB
                    + (m * backgroundWidth) + k);
                VBK_REG=0;
                set_bkg_tiles(k % 0x20,
                    m % 0x20,1,1,background
                    + (m * backgroundWidth) + k);
            };
        };
}

void InitBkg(void){
        int i;

        i = 0;

        wait_vbl_done();

        DISPLAY_OFF;

        HIDE_BKG;

        set_bkg_palette( 0, 0x08, Background_Palette);

        set_bkg_data(0,0x13,backgroundtile);


        enable_interrupts();
```

```c
        for(i = 0; i < 0x15;i++){
            DrawCell(i + xtilepos,ytilepos,1,0x13);
            DrawCell(i + xtilepos,0x1F,1,1);
        };

        DrawCell((xtilepos - 1), 0, 1, 0x13);


        DISPLAY_ON;

        SHOW_BKG;
}

void InitGraphic(){

    SPRITES_8x8;

    set_sprite_palette(0,0x08,Actor_Palette);

    set_sprite_data(0, 191, Actor);
}

void DrawActor(int frame){
    char x;

    x = (frame - 1) * 2;

    set_sprite_tile(0, x);
    set_sprite_tile(1, x + 1);
    set_sprite_tile(2, x + 48);
    set_sprite_tile(3, x + 49);
    set_sprite_tile(4, x + 96);
    set_sprite_tile(5, x + 97);
    set_sprite_tile(6, x + 144);
    set_sprite_tile(7, x + 145);

        if (direction == RIGHT) {
            set_sprite_prop(0,ActorCGB[x]);
            set_sprite_prop(1,ActorCGB[x + 1]);
            set_sprite_prop(2,ActorCGB[x + 48]);
            set_sprite_prop(3,ActorCGB[x + 49]);
            set_sprite_prop(4,ActorCGB[x + 96]);
            set_sprite_prop(5,ActorCGB[x + 97]);
            set_sprite_prop(6,ActorCGB[x + 144]);
```

```c
            set_sprite_prop(7,ActorCGB[x + 145]);

            move_sprite(0,xpos,ypos - 24);
            move_sprite(1,xpos + 8,ypos - 24);
            move_sprite(2,xpos,ypos - 16);
            move_sprite(3,xpos + 8,ypos -16);
            move_sprite(4,xpos,ypos - 8);
            move_sprite(5,xpos + 8,ypos -8);
            move_sprite(6,xpos,ypos);
            move_sprite(7,xpos + 8,ypos);
        }
        else{
            set_sprite_prop(0,S_FLIPX + ActorCGB[x]);
            set_sprite_prop(1,S_FLIPX
                            + ActorCGB[x + 1]);
            set_sprite_prop(2,S_FLIPX
                                + ActorCGB[x + 48]);
            set_sprite_prop(3,S_FLIPX
                                + ActorCGB[x + 49]);
            set_sprite_prop(4,S_FLIPX
                                + ActorCGB[x + 96]);
            set_sprite_prop(5,S_FLIPX
                                + ActorCGB[x + 97]);
            set_sprite_prop(6,S_FLIPX
                                + ActorCGB[x + 144]);
            set_sprite_prop(7,S_FLIPX
                                + ActorCGB[x + 145]);

            move_sprite(0,xpos + 8,ypos - 24);
            move_sprite(1,xpos,ypos - 24);
            move_sprite(2,xpos + 8,ypos - 16);
            move_sprite(3,xpos,ypos - 16);
            move_sprite(4,xpos + 8,ypos - 8);
            move_sprite(5,xpos,ypos - 8);
            move_sprite(6,xpos + 8,ypos);
            move_sprite(7,xpos,ypos);
        };

        DrawPoints();

        SHOW_SPRITES;
}

void Ducking(){
```

Anhang I: Quellcode des Projektes

```c
            DrawActor(START_DUCKING_FRAME);

            while (btn == J_DOWN){
                DrawActor(END_DUCKING_FRAME);
                btn = joypad();
            };
    }

    void Dying(){
            char i;

            lifes--;

            for(i = 0; i < 7; i++){
                DrawActor(START_DYING_FRAME + i);
                delay(100);
            };

            delay(2000);

            HIDE_SPRITES;

            Fade(Background_Palette);

            HIDE_BKG;
            reset();
    }

    void CheckDrawing(){
                if (countx > 7){
                    countx -= 8;
                    DrawCell(xtilepos + 0x15,ytilepos - 1,1,0x14);
                    xtilepos++;
                };

                if (countx < -7){
                    countx += 8;
                    DrawCell(xtilepos - 3,ytilepos - 1,1,0x14);
                    xtilepos--;
                };
    }

    void Gravity(){
```

```c
        int x;
        int y = 0;

        x = (ytilepos + START_Y_POS - 1) * backgroundWidth
            + (xpos / TILEWIDTH) + xtilepos - 1;

        if ((backgroundCOLL[x] == 0x02)
            || (backgroundCOLL[x + 1] == 0x02)) Dying();

        if ((backgroundCOLL[x] == 0x00)
            && (backgroundCOLL[x + 1] == 0x00)){

                current = FALLING_FRAME;

                if (!Collision(direction)){
                    if (btn == J_RIGHT){
                        y = 2;
                        countx += 2;
                    };
                    if (btn == J_LEFT){
                        y = -2;
                        countx -= 2;
                    };
                };

                CheckDrawing();

                scroll_bkg(y,0x08);

                DrawCell(xtilepos - 2,ytilepos + 0x13,
                        0x17,1);
                ytilepos++;
                status = FALLING;
        }
        else{
            if (status == FALLING){
                current = STANDING_FRAME;
                status = STANDING;
            };
        };
}

void Jumping(){
```

Anhang I: Quellcode des Projektes

```c
            int x;
            int y = 0;
            int i = 0;

            current = START_JUMPING_FRAME;

            for(i = 0; i < 12; i++){

                btn = joypad();

                x = (ytilepos + START_Y_POS - 0x06)
                    * backgroundWidth + (xpos / TILEWIDTH)
                    + xtilepos - 1;
                if ((backgroundCOLL[x] == 0x00)
                    && (backgroundCOLL[x + 1] == 0x00)){

                    status = JUMPING;

                    if ((i % 2)
                        && (current < END_JUMPING_FRAME))
                        current++;

                    if (!Collision(direction)){
                        if ((btn == J_RIGHT)
                            || (btn == J_RIGHT + J_A)){
                            direction = RIGHT;
                            countx += 0x02;
                            CheckDrawing();
                            y = 0x02;
                        }
                        else{
                            if ((btn == J_LEFT)
                                || (btn == J_LEFT + J_A)){
                                direction = LEFT;
                                countx -= 0x02;
                                CheckDrawing();
                                y = -2;
                            }
                            else y = 0;
                        };
                    }
                    else y = 0;

                    county -= 0x04;
```

```
                    if (county == -8){
                        county = 0;
                        DrawCell(xtilepos - 2,ytilepos - 2,
                                0x17,1);
                        ytilepos--;
                    };

            DrawActor(current);
            scroll_bkg(y,-4);

            };
        };
}

/* Hauptfunktion */
int main(){
    char k = 0;
    UWORD i = 0;

    InitGraphic();

    InitBkg();

    while (!0){
        if ((k % 80) == 0){
            i ^= 1;
            k = 0;
        };

        btn = joypad();

        if ((btn == 0x00) && (status != FALLING)){
            current = STANDING_FRAME;
            status = STANDING;
        };

        k++;

        if ((i) && (status == STANDING)){
            DrawActor(WAITINGFRAME);
        }
        else{
            DrawActor(current);
```

Anhang I: Quellcode des Projektes

```
                };

                Gravity();

                if (btn == J_RIGHT){
                    direction = RIGHT;
                    if (!Collision(direction)){
                        if (status != FALLING){
                            if (status == STANDING){
                                current                            =
START_RUNNING_FRAME;
                                status = RUNNING;
                            }
                            else{
                                current++;
                            };

                            if (current >= END_RUNNING_FRAME)
current = START_RUNNING_FRAME;
                            delay(100);

                            if(xtilepos > backgroundWidth -
0x16) {xpos += 2;}
                                else{
                                    if(xpos > START_X_POS_P
- 30){

scroll_bkg(4,0); xpos -= 2; countx += 4;
                                    }
                                    else{
                                        if(xpos              <
START_X_POS_P - 32) {xpos += 2;} else {scroll_bkg(2,0);
countx += 2;};
                                    };
                                };
                            };
                        };
                    };
                };

                if (btn == J_LEFT){
                    direction = LEFT;
                    if (!Collision(direction)){
                        if (status != FALLING){
                            if (status == STANDING){
```

```
                            current                =
START_RUNNING_FRAME;
                                status = RUNNING;
                        }
                        else{
                            current++;
                        };

                        if (current >= END_RUNNING_FRAME)
current = START_RUNNING_FRAME;
                        delay(100);

                        if(xtilepos < 0x02) {xpos -= 2;}
                        else{
                            if(xpos < START_X_POS_P +
30){
                                scroll_bkg(-4,0);
xpos += 2; countx -= 4;
                            }
                            else{scroll_bkg(-2,0);
countx -= 2;};
                        };
                    };
                };
            };
        };

        if (btn == J_DOWN){
            Ducking();
        };

        CheckDrawing();

        if (((btn == J_A) || (btn == J_A + J_LEFT) ||
(btn == J_A + J_RIGHT)) && (status != FALLING)){
            Jumping();
            delay(100);
        };

        if (btn == J_A + J_B + J_START + J_SELECT)
reset();
        };
}
```

Anhang I: Quellcode des Projektes

```
rem makefile.bat

rem d:\Programme\GameBoy_Development\GBDK\bin\lcc -Wa-l
-Wl-m -c -o Actor.o Actor.c
c:\Programme\GameBoy_Development\GBDK\bin\lcc -Wa-l -Wl-
m -c -o Main.o Main.c
c:\Programme\GameBoy_Development\GBDK\bin\lcc -Wa-l -Wl-
m -Wl-j -Wl-yt0x01 -Wl-yo4 -Wl-yp0x143=0x80 -o Game.gbc
Main.o
pause
```

Anhang II

Anhang II: Funktionen der gb.h

```c
 */
#define SCREENWIDTH   0xA0U
/** Height of the visible screen in pixels.
 */
#define SCREENHEIGHT 0x90U
#define MINWNDPOSX    0x07U
#define MINWNDPOSY    0x00U
#define MAXWNDPOSX    0xA6U
#define MAXWNDPOSY    0x8FU


/                                                               *
****************************************************************
 */

/** Interrupt handlers
 */
typedef void (*int_handler)(void) NONBANKED;

/** The remove functions will remove any interrupt
    handler.  A handler of NULL will cause bad things
    to happen.
 */
void
remove_VBL(int_handler h) NONBANKED;

void
remove_LCD(int_handler h) NONBANKED;

void
remove_TIM(int_handler h) NONBANKED;

void
remove_SIO(int_handler h) NONBANKED;

void
remove_JOY(int_handler h) NONBANKED;

/** Adds a V-blank interrupt handler.
    The handler 'h' will be called whenever a V-blank
    interrupt occurs.  Up to 4 handlers may be added,
       with the last added being called last.  If the
remove_VBL
    function is to be called, only three may be added.
    @see remove_VBL
```

```
*/
void
add_VBL(int_handler h) NONBANKED;

/** Adds a LCD interrupt handler.
    Called when the LCD interrupt occurs, which is normally
    when LY_REG == LYC_REG.

    From pan/k0Pa:
    There are various reasons for this interrupt to occur
    as described by the STAT register ($FF40). One very
    popular reason is to indicate to the user when the
    video hardware is about to redraw a given LCD line.
    This can be useful for dynamically controlling the
SCX/
    SCY registers ($FF43/$FF42) to perform special video
    effects.

    @see add_VBL
*/
void
add_LCD(int_handler h) NONBANKED;

/** Adds a timer interrupt handler.

    From pan/k0Pa:
    This interrupt occurs when the TIMA register ($FF05)
    changes from $FF to $00.

    @see add_VBL
*/
void
add_TIM(int_handler h) NONBANKED;

/** Adds a serial transmit complete interrupt handler.

    From pan/k0Pa:
    This interrupt occurs when a serial transfer has
    completed on the game link port.

    @see send_byte, receive_byte, add_VBL
*/
void
add_SIO(int_handler h) NONBANKED;
```

Anhang II: Funktionen der gb.h

```c
/** Adds a pad tranisition interrupt handler.

    From pan/k0Pa:
    This interrupt occurs on a transition of any of the
    keypad input lines from high to low. Due to the fact
    that keypad "bounce" is virtually always present,
    software should expect this interrupt to occur one
    or more times for every button press and one or more
    times for every button release.

    @see joypad
*/
void
add_JOY(int_handler h) NONBANKED;

/                                                              *
 **************************************************************
 */

/** Set the current mode - one of M_* defined above */
void
     mode(UINT8 m) NONBANKED;

/** Returns the current mode */
UINT8
     get_mode(void) NONBANKED;

/** GB type (GB, PGB, CGB) */
extern UINT8 _cpu;

/** Original GB or Super GB */
#define DMG_TYPE 0x01
/** Pocket GB or Super GB 2 */
#define MGB_TYPE 0xFF
/** Color GB */
#define CGB_TYPE 0x11

/** Time in VBL periods (60Hz) */
extern UINT16 sys_time;

/                                                              *
 **************************************************************
 */
```

```c
/** Send byte in _io_out to the serial port */
void
send_byte(void);

/** Receive byte from the serial port in _io_in */
void
receive_byte(void);

/** An OR of IO_* */
extern UINT8 _io_status;
/** Byte just read. */
extern UINT8 _io_in;
/** Write the byte to send here before calling send_byte()
    @see send_byte
*/
extern UINT8 _io_out;

/* Status codes */
/** IO is completed */
#define IO_IDLE         0x00U
/** Sending data */
#define IO_SENDING 0x01U
/** Receiving data */
#define IO_RECEIVING    0x02U
/** Error */
#define IO_ERROR    0x04U

/                                                               *
****************************************************************
*/

/* Multiple banks */

/** Switches the upper 16k bank of the 32k rom to bank rombank
    using the MBC1 controller.
    By default the upper 16k bank is 1. Make sure the rom you compile
    has more than just bank 0 and bank 1, a 32k rom. This is done by
      feeding lcc.exe the following switches:

      -Wl-yt# where # is the type of cartridge. 1 for
```

Anhang II: Funktionen der gb.h

```
    ROM+MBC1.

        -Wl-yo# where # is the number of rom banks.
2,4,8,16,32.
*/
#define SWITCH_ROM_MBC1(b) \
  *(unsigned char *)0x2000 = (b)

#define SWITCH_RAM_MBC1(b) \
  *(unsigned char *)0x4000 = (b)

#define ENABLE_RAM_MBC1 \
  *(unsigned char *)0x0000 = 0x0A

#define DISABLE_RAM_MBC1 \
  *(unsigned char *)0x0000 = 0x00

/* Note the order used here. Writing the other way
around
 * on a MBC1 always selects bank 0 (d'oh)
 */
/** MBC5 */
#define SWITCH_ROM_MBC5(b) \
  *(unsigned char *)0x3000 = (UINT16)(b)>>8; \
  *(unsigned char *)0x2000 = (UINT8)(b)

#define SWITCH_RAM_MBC5(b) \
  *(unsigned char *)0x4000 = (b)

#define ENABLE_RAM_MBC5 \
  *(unsigned char *)0x0000 = 0x0A

#define DISABLE_RAM_MBC5 \
  *(unsigned char *)0x0000 = 0x00

/                                                          *
***************************************************************
*/

/** Delays the given number of milliseconds.
    Uses no timers or interrupts, and can be called with
    interrupts disabled (why nobody knows :)
 */
void
```

```c
delay(UINT16 d) NONBANKED;

/*                                                               *
******************************************************************
*/

/** Reads and returns the current state of the joypad.
    Follows Nintendo's guidelines for reading the pad.
    Return value is an OR of J_*
    @see J_START
*/
UINT8
joypad(void) NONBANKED;

/** Waits until all the keys given in mask are pressed.
    Normally only used for checking one key, but it will
    support many, even J_LEFT at the same time as J_RIGHT
:)
    @see joypad, J_START
*/
UINT8
waitpad(UINT8 mask) NONBANKED;

/** Waits for the pad and all buttons to be released.
*/
void
waitpadup(void) NONBANKED;

/                                                                *
******************************************************************
*/

/** Enables unmasked interrupts
    @see disable_interrupts
*/
void
enable_interrupts(void) NONBANKED;

/** Disables interrupts.
     This function may be called as many times as you
like;
    however the first call to enable_interrupts will re-enable
    them.
```

Anhang II: Funktionen der gb.h

```
        @see enable_interrupts
*/
void
disable_interrupts(void) NONBANKED;


/** Clears any pending interrupts and sets the interrupt
mask
    register IO to flags.
    @see VBL_IFLAG
    @param flags    A logical OR of *_IFLAGS
*/
void
set_interrupts(UINT8 flags) NONBANKED;

/** Performs a warm reset by reloading the CPU value
    then jumping to the start of crt0 (0x0150)
*/
void
reset(void) NONBANKED;

/** Waits for the vertical blank interrupt (VBL) to
finish.
    This can be used to sync animation with the screen
    re-draw.  If VBL interrupt is disabled, this function
will
    never return.  If the screen is off this function
returns
    immediatly.
*/
void
wait_vbl_done(void) NONBANKED;

/** Turns the display off.
    Waits until the VBL interrupt before turning the
display
    off.
    @see DISPLAY_ON
*/
void
display_off(void) NONBANKED;

/                                                              *
****************************************************************
*/
```

Anhang II: Funktionen der gb.h

```c
/** Copies data from somewhere in the lower address space
    to part of hi-ram.
    @param dst     Offset in high ram (0xFF00 and above)
             to copy to.
    @param src     Area to copy from
    @param n       Number of bytes to copy.
*/
void
hiramcpy(UINT8 dst,
      const void *src,
      UINT8 n) NONBANKED;

/                                                             *
 **************************************************************
*/

/** Turns the display back on.
    @see display_off, DISPLAY_OFF
*/
#define DISPLAY_ON \
  LCDC_REG|=0x80U

/** Turns the display off immediatly.
    @see display_off, DISPLAY_ON
*/
#define DISPLAY_OFF \
  display_off();

/** Turns on the background layer.
    Sets bit 0 of the LCDC register to 1.
*/
#define SHOW_BKG \
  LCDC_REG|=0x01U

/** Turns off the background layer.
    Sets bit 0 of the LCDC register to 0.
*/
#define HIDE_BKG \
  LCDC_REG&=0xFEU

/** Turns on the window layer
    Sets bit 5 of the LCDC register to 1.
*/
```

```
#define SHOW_WIN \
  LCDC_REG|=0x20U

/** Turns off the window layer.
    Clears bit 5 of the LCDC register to 0.
*/
#define HIDE_WIN \
  LCDC_REG&=0xDFU

/** Turns on the sprites layer.
    Sets bit 1 of the LCDC register to 1.
*/
#define SHOW_SPRITES \
  LCDC_REG|=0x02U

/** Turns off the sprites layer.
    Clears bit 1 of the LCDC register to 0.
*/
#define HIDE_SPRITES \
  LCDC_REG&=0xFDU

/** Sets sprite size to 8x16 pixels, two tiles one above
the other.
    Sets bit 2 of the LCDC register to 1.
*/
#define SPRITES_8x16 \
  LCDC_REG|=0x04U

/** Sets sprite size to 8x8 pixels, one tile.
    Clears bit 2 of the LCDC register to 0.
*/
#define SPRITES_8x8 \
  LCDC_REG&=0xFBU

/                                                             *
***************************************************************
*/

/** Sets the tile patterns in the Background Tile Pattern
table.
    Starting with the tile pattern x and carrying on for
n number of
     tile patterns.Taking the values starting from the
pointer
```

```
    data. Note that patterns 128-255 overlap with patterns
128-255
    of the sprite Tile Pattern table.

    GBC: Depending on the VBK_REG this determines which
bank of
    Background tile patterns are written to. VBK_REG=0
indicates the
    first bank, and VBK_REG=1 indicates the second.

    @param first_tile    Range 0 - 255
    @param nb_tiles      Range 0 - 255
*/
void
set_bkg_data(UINT8 first_tile,
        UINT8 nb_tiles,
        unsigned char *data) NONBANKED;

/** Sets the tiles in the background tile table.
    Starting at position x,y in tiles and writing across
for w tiles
    and down for h tiles. Taking the values starting from
the pointer
    data.

    For the GBC, also see the pan/k00Pa section on VBK_REG.

    @param x         Range 0 - 31
    @param y         Range 0 - 31
    @param w         Range 0 - 31
    @param h         Range 0 - 31
    @param data         Pointer to an unsigned char.
Usually the
            first element in an array.
*/
void
set_bkg_tiles(UINT8 x,
        UINT8 y,
        UINT8 w,
        UINT8 h,
        unsigned char *tiles) NONBANKED;

void
get_bkg_tiles(UINT8 x,
```

```
            UINT8 y,
            UINT8 w,
            UINT8 h,
            unsigned char *tiles) NONBANKED;
```

/** Moves the background layer to the position specified in x and y in pixels.
    Where 0,0 is the top left corner of the GB screen. You'll notice the screen
    wraps around in all 4 directions, and is always under the window layer.
*/
```
void
move_bkg(UINT8 x,
       UINT8 y) NONBANKED;
```

/** Moves the background relative to it's current position.

    @see move_bkg
*/
```
void
scroll_bkg(INT8 x,
        INT8 y) NONBANKED;
```

/   *
****
*/

/** Sets the window tile data.
    This is the same as set_bkg_data, as both the window layer and background
    layer share the same Tile Patterns.
    @see set_bkg_data
*/
```
void
set_win_data(UINT8 first_tile,
          UINT8 nb_tiles,
          unsigned char *data) NONBANKED;
```

/** Sets the tiles in the win tile table.
    Starting at position x,y in
    tiles and writing across for w tiles and down for h tiles. Taking the
        values starting from the pointer data. Note that

```
patterns 128-255 overlap
    with patterns 128-255 of the sprite Tile Pattern
table.

    GBC only.
    Depending on the VBK_REG this determines if you're
setting the tile numbers
    VBK_REG=0; or the attributes for those tiles
VBK_REG=1;. The bits in the
    attributes are defined as:
    Bit 7 -    Priority flag. When this is set, it puts
the tile above the sprites
        with colour 0 being transparent. 0: below
sprites, 1: above sprites
        Note SHOW_BKG needs to be set for these priorities
to take place.
    Bit 6 -    Vertical flip. Dictates which way up the
tile is drawn vertically.
        0: normal, 1: upside down.
    Bit 5 -    Horizontal flip. Dictates which way up the
tile is drawn
        horizontally. 0: normal, 1:back to front.
    Bit 4 -    Not used.
    Bit 3 -    Character Bank specification. Dictates from
which bank of
        Background Tile Patterns the tile is taken. 0:
Bank 0, 1: Bank 1
    Bit 2 -    See bit 0.
    Bit 1 -    See bit 0.
    Bit 0 -    Bits 0-2 indicate which of the 7 BKG colour
palettes the tile is
        assigned.

    @param x        Range 0 - 31
    @param y        Range 0 - 31
    @param w        Range 0 - 31
    @param h        Range 0 - 31
*/
void
set_win_tiles(UINT8 x,
         UINT8 y,
         UINT8 w,
         UINT8 h,
         unsigned char *tiles) NONBANKED;
```

Anhang II: Funktionen der gb.h

```
void
get_win_tiles(UINT8 x,
          UINT8 y,
          UINT8 w,
          UINT8 h,
          unsigned char *tiles) NONBANKED;

/** Moves the window layer to the position specified in
x and y in pixels.
    Where 7,0 is the top left corner of the GB screen.
The window is locked to
    the bottom right corner, and is always over the
background layer.
    @see SHOW_WIN, HIDE_WIN
*/
void
move_win(UINT8 x,
     UINT8 y) NONBANKED;

/** Move the window relative to its current position.
    @see move_win
*/
void
scroll_win(INT8 x,
       INT8 y) NONBANKED;

/                                                             *
****************************************************************
*/

/** Sets the tile patterns in the Sprite Tile Pattern
table.
    Starting with the tile pattern x and carrying on for
n number of
    tile patterns.Taking the values starting from the
pointer
    data. Note that patterns 128-255 overlap with patterns
128-255 of
    the Background Tile Pattern table.

    GBC only.
    Depending on the VBK_REG this determines which bank
of Background tile
```

```
    patterns are written to. VBK_REG=0 indicates the
first bank, and VBK_REG=1
    indicates the second.
*/
void
set_sprite_data(UINT8 first_tile,
        UINT8 nb_tiles,
        unsigned char *data) NONBANKED;

void
get_sprite_data(UINT8 first_tile,
        UINT8 nb_tiles,
        unsigned char *data) NONBANKED;

/** Sets sprite n to display tile number t, from the
sprite tile data.
    If the GB is in 8x16 sprite mode then it will display
the next
    tile, t+1, below the first tile.
    @param nb      Sprite number, range 0 - 39
*/
void
set_sprite_tile(UINT8 nb,
        UINT8 tile) NONBANKED;

UINT8
get_sprite_tile(UINT8 nb) NONBANKED;

/** Sets the property of sprite n to those defined in p.
    Where the bits in p represent:
    Bit 7 -    Priority flag. When this is set the sprites
appear behind the
          background and window layer. 0: infront, 1:
behind.
    Bit 6 -    GBC only. Vertical flip. Dictates which
way up the sprite is drawn
          vertically. 0: normal, 1:upside down.
    Bit 5 -    GBC only. Horizontal flip. Dictates which
way up the sprite is
    drawn horizontally. 0: normal, 1:back to front.
    Bit 4 -    DMG only. Assigns either one of the two b/
w palettes to the sprite.
          0: OBJ palette 0, 1: OBJ palette 1.
    Bit 3 -    GBC only. Dictates from which bank of Sprite
```

Anhang II: Funktionen der gb.h

```
    Tile Patterns the tile
            is taken. 0: Bank 0, 1: Bank 1
      Bit 2 -    See bit 0.
      Bit 1 -    See bit 0.
      Bit 0 -    GBC only. Bits 0-2 indicate which of the 7
    OBJ colour palettes the
            sprite is assigned.

      @param nb       Sprite number, range 0 - 39
  */
  void
  set_sprite_prop(UINT8 nb,
         UINT8 prop) NONBANKED;

  UINT8
  get_sprite_prop(UINT8 nb) NONBANKED;

  /** Moves the given sprite to the given position on the
      screen.
      Dont forget that the top left visible pixel on the
  screen
      is at (8,16). To put sprite 0 at the top left, use
      move_sprite(0, 8, 16);
  */
  void
  move_sprite(UINT8 nb,
         UINT8 x,
         UINT8 y) NONBANKED;

  /** Moves the given sprite relative to its current
  position.
   */
  void
  scroll_sprite(INT8 nb,
          INT8 x,
          INT8 y) NONBANKED;

  /                                                        *
  **************************************************************
  */

  void
  set_data(unsigned char *vram_addr,
       unsigned char *data,
```

```c
        UINT16 len) NONBANKED;

void
get_data(unsigned char *data,
      unsigned char *vram_addr,
      UINT16 len) NONBANKED;

void
set_tiles(UINT8 x,
      UINT8 y,
      UINT8 w,
      UINT8 h,
      unsigned char *vram_addr,
      unsigned char *tiles) NONBANKED;

void
get_tiles(UINT8 x,
      UINT8 y,
      UINT8 w,
      UINT8 h,
      unsigned char *tiles,
      unsigned char *vram_addr) NONBANKED;

#endif /* _GB_H */
```

Anhang III

Anhang III: Erklärungen

Ableitungsweg, Der Ableitungsweg verdeutlich grafisch, welche syntaktisch richtigen Möglichkeiten durch ein Syntaxdiagramm beschrieben werden, um nichtterminale Symbole zu ersetzen.

Abwärtskompatibilität, ⇒ Kompatibilität; Beschreibt die Möglichkeit des Datenaustausches zwischen Soft- und Hardware der verschiedenen Generationen, wobei besonders die Portabilität von alten Beständen auf neue Systeme gemeint ist.

Adresse, Durch eine Adresse wird eine Speicherzelle, ein Teil einer Speicherzelle oder zusammenhängender Speicherbereich eindeutig gekennzeichnet. Auf den Inhalt dieses Speicherbereichs kann mit Hilfe dieser Zahl zugegriffen werden und so mit Maschinenbefehlen verknüpft werden. Rechner der neuen Generationen können Befehle der Maschinensprache mit mehreren Adressen verarbeiten.

Algorithmus, Ein Algorithmus ist die allgemeine Beschreibung eines Verfahrens zur Problemlösung unter Verwendung präziser, endlich vieler Verarbeitungsschritte welche auch Elementaroperationen genannt werden. Dabei kann ein Algorithmus unabhängig von der Programmiersprache realisiert werden und dient zur Durchführung von Arbeitsschritten auf mechanischen oder elektronischen Geräten.

Alpha-Kanal, Zusätzlicher Kanal, welcher im Gegensatz zu den Farbnkanälen für Rot, Grün und Blau Werte zur Darstellung der Transparenz enthält. Der Alpha-Kanal beschreibt meist mit weißen Bereichen solide und mit schwarzen lichtdurchlässige Objekte.

AND, ⇒Operator der booleschen Algebra zum Verbinden zweier Operanden oder Aussagen. Die Gesamtaussage wird dann als TRUE ausgewertet, wenn beide Teilaussagen als TRUE angegeben sind. Ansonsten ergibt sich als Ergebnis der Wert FALSE. Die Resultate sind aus der folgenden Wahrheitstabelle zu entnehmen.

A	B	Resultat
TRUE	TRUE	TRUE
TRUE	FALSE	FALSE
FALSE	TRUE	FALSE
FALSE	FALSE	FALSE

Animation, Eine Animation ist eine künstlich generierte Sequenz von meist Computergenerierten Bildern, die als Bewegungsablauf bzw. Film dargestellt werden können.

Anhang III: Erklärungen

Anweisung, Eine Anweisung verändert als Bestandteil des Programms den Programmstatus durch die Verarbeitung von Daten und Adressen. Anweisungen können in Folge auftreten, welche sequenziell abgearbeitet werden. Als typische Anweisungen gelten Schleifen, bedingte Anweisungen, Blöcke, Sequenzen und Sprünge.

Arithmetik, (grch) Die Zahlenlehre ist ein Teil der Mathematik und beschäftigt sich mit der Zahlentheorie und den Gesetzen zum Rechnen mit Zahlen.

Array, Zusammenfassung von Elementen des selben Datentyps in eine Variable auf dessen Bestandteile durch einen ordinalen Index zugegriffen werden kann. Neben statischen Arrays existiert auch das Konzept des dynamischen Arrays dessen Anzahl von Elementen zur Laufzeit eines Programms varrieren kann und somit der Speicherbedarf des aktuellen Bedarfs angepasst.

Auflösung, Die Auflösung gibt die Anzahl der ⇒Pixel in der Höhe und der Breite einer Grafik, eines Bildschirmes oder einer sonstigen Ausgabe an, wobei eine hohe Auflösung schärfere und detailliertere Darstellungen erlaubt.

Aufruf, dient zur Nutzung einer Prozedur oder Funktion an beliebiger Stelle des Programmtextes durch Nennung des Funktions- oder Prozedurnames. Die aufzurufende Prozedur/Funktion muss zum Zeitpunkt des Aufrufes bekannt sein. Dies kann durch die Anordnung der Funktionsdeklaration (⇒Deklaration) oberhalb des Aufrufes oder eine Forward-Deklaration erreicht werden.

Ausdruck, Aneinanderreihung von Operatoren und Operanden, dessen Auswertung einen boolschen oder arithmetischen Wert zurückliefert.

Austrittsbedingung, boolscher ⇒Ausdruck, welcher zu TRUE ausgewertet werden muss, um eine Schleife zu verlassen.

Background, Hintergrundbild, welches sich beim Gameboy Color aus Tiles mit den Maßen 8x8 Pixeln zusammen setzt. Der Gameboy Color stellt für diese grafischen Elemente einen Speicherbereich, welcher 32x32 Tiles fassen kann, bereit. Durch den Funktionsaufruf scroll_bkg() wird der Hintergrund um die als Parameter übergebenen Werte in x- und Y-Richtung verschoben.

Bank, Die Unterteilung der Software wird bei der Umsetzung von Programmen mit dem GBDK durch die nicht automatische Speicherverwaltung oberhalb von 32KB erzwungen. Diese Blöcke werden beim Compilieren an verschiedenen Stellen abgelegt, welche im Allgemeinen als banks bezeichnet werden und explizit

Anhang III: Erklärungen

angegeben werden müssen.

bedingte Anweisung, wird genutzt um das Ausführen von Anweisungen oder Anweisungsblöcken an eine Bedingung zu knüpfen. Eine bedingte Anweisung setzt sich aus den Schlüsselwörter if und else zusammen, wobei die Angabe des else-Teils als optional gilt.

Bezeichner, Eindeutige Zeichenkette zur eindeutigen Idetifikation von Objekten in einem Programm.

Bibliothek, Eine Bibliothek stellt nach dem einbinden in ein Programm Funktionalitäten mit Angaben zu deren Schnittstellen zur Verfügung. In Bibliotheken werden meist oft gebrauchte Lösungen zu Sachverhalten bereitgestellt, deren Arbeitsweisen im Gegensatz zu den Informationen zur Nutzung im Hintergrund steht.

Bildwiederholfrequenz, Beschreibt die Anzahl der Bilder, die pro Sekunde dargestellt werden. Die Maßzahl ist ⇒Hz[Hertz].
Um eine Bewegung flüssig und ohne Flackern darzustellen müssen 25 Frames per Second angezeigt werden. Das Bild eines Monitors wird in der Regel mit 85 Hz aufgebaut.

Binärzahl, Zahl zur Zahlenbasis zwei.

Bit, Die Kleinste digitaltechnisch darstellbare Einheit, welche Null oder Eins gesetzt werden kann, wird im Rechner durch einen Spannungsunterschied repräsentiert.
8 Bit = 1 Byte; 1024 Bit = 1 KByte; 1024 KByte = MB;

Bitmap, Eine Bitmap ist ein unkomprimiertes Dateiformat für die Speicherung und Verarbeitung von Grafiken und Bildern. Hierbei werden die RGB-Werte für jedes Pixel seperat gespeichert. Unterschieden werden Bitmaps nach dem Speicherplatz, welcher für ein Pixel zu Verfügung gestellt wird. Gängige Formate sind 8-, 16- und 24-Bit.

boolesche Algebra, In der Informatik ist ins Besondere die Anwendung von Rechengesetzen zur Berechnung von den Werten TRUE und FALSE gemeint.

Byte, Eine Gruppe von acht ⇒Bits wird als Byte bezeichnet.

Cartridge, Bestimmte Art eines Speichermediums.

Anhang III: Erklärungen

Call-by-Reference, Werden Parameter nach dem Call-by-Reference Verfahren übergeben, sind die Änderungen, welche innerhalb einer Funktion oder Prozedur herbeigeführt werden, außerhalb des Rumpfes sicht- und spürbar. Dieses kann durch die Übergabe der Speicheradresse geschehen.

Call-by-Value, lokale Änderungen an den Übergabeparameternwirken sich nicht auf den Bereich außerhalb der Funktion oder Prozedur aus.

C-Datei, Eine Datei die den vom Benutzer eingegebenen Quellcode in der Programmiersprache C enthält und vom Benutzer noch lesbar ist.

Compiler, Der Compiler generiert aus den Quelltexten ein auf dem Rechner ausführbares Programm, welches sich aus Maschinenbefehlen zusammensetzt. Der Vorgang des Compilierens geschieht vor der Laufzeit des Programmes, im Gegensatz zum Interpretieren.

CPU (eng. Central Processing Unit) Zentraleinheit des Computers, die Steuer- und Rechenwerk umfaßt. Das Steuerwerk regelt die Reihenfolge, in der die Befehle eines Programms ausgeführt werden, es entschlüsselt diese Befehle und modifiziert sie gegebenenfalls. Das Rechenwerk führt die Rechenoperationen aus.

Datentyp, Ein Datentyp beschreib einen Wertebereich in Umfang und Art der Elemente. Unterschieden werden hierbei abstrakte und konkrete Datentypen, sowie den Speicherbereich den sie belegen.

Definieren, Die wesentlichen Merkmale angeben.

Deklaration, Prinzipiell werden Deklarationen von Datentypen, Variablen, Prozeduren und Funktionen unterschieden, wobei immer festgelegt wird, welche Bedeutung ein Bezeichner im folgenden Quellcode hat.

Dekrementieren, Reduzieren der Wertigkeit einer Variablen um Eins.

Display, Bildschirm; Anzeigegerät für digitale Daten.

Editor, Software zum textuellen Bearbeiten von Daten, unter Nutzung des Betriebssystems. Editoren sind an keine weitere Software gebunden und können vielfältig eingesetzt werden.

Endlosschleife, Wird die Ein- oder Austrittsbedingung zu jedem Zeitpunkt zu TRUE ausgewertet, wird der Schleifenrumpf niemals verlassen. Diese so konstruierte Schleife wird als Endlosschleife bezeichnet.

Exportieren, Vorgang zum Austauschen von Daten.

Farbpalette, Ansammlung von Farben, auf welche meist durch eine Ordinalzahl zugegriffen werden.

Feld, ⇒Array.

Formular, Vorlage zum Eingeben und Erfassen von Daten.

Frame, Einzelbild einer Animation oder eines Videoclips.

Funktion, Das Konzept der Funktionen dient der Modularisierung von Programmtexten. Jede Funktion besteht aus einem ⇒Funktionskopf und ⇒Funktionsrumpf. Durch eine Liste von Übergabeparametern (⇒Parameter) findet der Datenaustausch mit anderen Programmabschnitten statt. Im Gegensatz zu einer Prozedur wird bei einer Funktion einen Rückgabewert festgelegt.

Funktionskopf, Im Funktionskopf wird der Rückgabewert, der Funktionsname sowie die Parameterliste festgelegt.

Funktionsrumpf, Ein Funktionsrumpf besteht aus Ausdrücken, Anweisungen, Zuweisungen oder weiteren geschachtelten Aufrufen, welch beim Aufruf des Funktionsnamens ausgeführt werden.

GBDK, (eng. Gameboy Development Kit) Entwicklungssoftware zum Erstellen von Programmen in C für den Gameboy. Geschrieben von Michael Hope und Pascal Felber.

GBMB, (eng. Gameboy Map Builder) Software zum Erstellen von Map für den Gameboy 1999 von H. Mulder.

GBTD, (eng. Gameboy Tile Designer) Anwendung zum Erstellen von Tiles für die Gameboyprogrammierung. Entwickelt von H. Mulder.

global, Im gesamten Namesraum bekannt.

Grammatik, (grch. Sprachlehre) Regeln zur Entwicklung syntaktisch korrekter Programmbestandteile.

Header-Datei, Datei zum Aufnehmen von Prototypen zum späteren Bereitstellen der Schnittstellen.

Hz, (Hertz) Einheit zur Angabe der ⇒Bildwiederholfrequenz.

Identifikator, identifizieren; wiedererkennen.

Importieren, Daten einer anderen Anwendung, eines anderen Formates laden.

Index, Zahl zur eindeutigen Identifizierung eines Elementes.

Inkrementieren, Gegenteil von ⇒dekrementieren.

Interpreter, Wandelt den Quelltext zur Laufzeit des Programms in die Maschinensprache um.

Interrupt, Unterbrechung von Seitend er Hardware ausgelöst.

JPG, Durch Kompression verlustbehaftetes Bildformat. Aufgrund der geringen benötigten Kapazitäten wird dieses Dateiformat oftmals im Internet verwendet.

Kollisionsabfrage, Überprüfung der Zulässigkeit einer Bewegung in eine Angegebene Richtung.

Kompatibilität, Stellt die Funktionalität beim Daten- und Komponentenaustausch sicher.

Konstante, Bezeichner mit einem unveränderbarem Wert.

Laufzeit, Ausführungszeit eines Programmes.

Layer, Grafische Ebene.

lokal, Nur in bestimmten Teilen des ⇒globalen Namensraumes bekannt.

Main Loop, Äußerste Schleife in einem Spiel, in deren Rumpf die Anzeige der Grafiken, die Abfrage der Steuerung und die gesamte Programmlogik deklariert ist. Dazu gehört ebenfalls die KI des computergesteuerten Gegenspielers.

Makefile, Textdatei zur Ausführung und zum Setzen von Optionen eines Compiler für ein gesamtes Projekt. Nach dem Ausführen des Makefiles entsteht eine ausführbare Datei.

Maschinenbefehl, Direkt vom Rechner ausführbarer Befehl.

Maschinensprache, Programmsprache eine Computers, welche binär dargestellt wird. Jede Maschinensprache setzt sich aus ⇒Maschinenbefehlen zusammen.

modulo, Der Rest einer ganzzahligen Division.

nichtterminale Symbole, Symbole, welche durch ein oder mehrere ⇒terminale Symbole ersetzt werden kann.

Notation, Als Notation bezeichnet man das Darstellen von Informationen mit Symbolen.

Operand, Element auf das ein Operator angewandt wird und somit Bestandteil einer Operation ist.

Operation, Handlung.

Operator, Mathematische Rechen- oder Zuordnungsvorschrift, welche durch ein oder mehrere Zeichen repräsentiert wird.

OR, ⇒Operator der booleschen Algebra zum Verbinden zweier Operanden oder Aussagen. Die Gesamtaussage wird dann als TRUE ausgewertet, sobald einer der ⇒Operanden als TRUE angegeben ist.

A	B	Resultat
TRUE	TRUE	TRUE
TRUE	FALSE	TRUE
FALSE	TRUE	TRUE
FALSE	FALSE	FALSE

Parameter, Übergabewert zum Austausch von Daten zwischen Prozeduren/ Funktionen und anderen Programmabschnitten. Jedem Parameter wird ein Datentyp wie bei einer Variablen zugeordnet. Neben den Konzept der ⇒Call-By-Value Parameter können ⇒Call-By-Reference Parameter eingesetzt werden.

Pixel, (eng. PICture Element) Kleinstes Element zur Darstellung von Rastern. Einem Pixel kann neben Farbwert auch Intensität zugeordnet werden.

Potenz, Produkt einer Anzahl gleicher Faktoren.

Programmiersprache, Spache zum Definieren von Algorithmen, Datenstrukturen und Rechenvorschriften, welche auf einer digitalen Rechenmaschine ausgeführt werden sollen. Eine Programmiersprache kann als Schnittstelle zwischen Mensch und Computrer aufgefasst werden, welche einer genau eindeutig festgelegten Syntax entspricht.

Prozedur, Das Konzept der Prozedur dient der Modularisierung von Programmtexten. Jede Prozedur besteht aus einem ⇒Prozedurkopf und ⇒Prozedurrumpf. Durch eine Liste von Übergabeparametern (⇒Parameter) findet der Datenaustausch mit anderen Programmabschnitten statt. Im Gegensatz zu einer Funktionen wird bei einer Prozedur kein Rückgabewert festgelegt.

Pseudocode, Umgangssprachlich formulierter Programmtext, welcher zur Entwicklung von Algorithmen eingesetzt wird. Pseudocode enthält dabei häufig Schlüsselwörter einer Programmiersprach und zeigt somit den Weg der Umsetzung auf.

RAM, (eng. Random Access Memory) Der RAM ist ein flüchtiger, elektronischer, les- und beschreibbarer Speicher, dessen Zellen einzeln adressierbar und veränderbar sind.

Relation, Beziehung; Verhältnis.

Ressourcen, Hilfsmittel; Teile der Hard- und Software, welche zum Berabeiten von Daten genutzt werden.

RGB, Abkürzung für Rot, Grün und Blau, welche den Farbmodus angibt. Bei RGB setzen sich alle darstellbaren Farben aus diesen Farbanteilen zusammen und können durch Werte zwischen Null und 255 in jedem Kanal, eindeutig beschrieben werden.

ROM, (eng. Read Only Memory) Speichermedium auf welches nur lesend zugegriffen werden kann.

Rückgabewert, Wert der nach dem Ausführen einer Funktion zurückgegeben wird und dadurch das Einbinden von Funktionen in Ausdrücke ermöglicht.

Schleife, Eine Schleife dient zum mehrfachen, wiederholten Ausführen von Programmabschnitten, welche im ⇒Schleifenrumpf deklariert werden. Die Eintritts- oder Austrittsbedingung dient zur Bestimmung des Abbruchszeitpunktes der Wiederholungen.

Schleifenrumpf, Bestandteil einer ⇒Schleife. Deklariert Ausdrücke, Anweisungen und Zuweisungen, welche wiederholt ausgeführt werden sollen.

Schleifenbedingung, Die Schleifenbedingung wird durch einen boolschen Ausdruck formuliert und bestimmt den Austritts- oder Eintrittszeitpunkt einer Schleife.

Schlüsselwort, Eine Zeichenkette in einer Programmiersprache mit einer eindeutig festgelegten Bedeutung.

Schnittstelle, Programmabschnitte oder Hardware zum Austausch von Daten.

Screen, Bildschirm.

Scrollen, Durch den Benutzer gesteuerte Verschiebung einer Grafik auf dem Bildschirm.

Sequenz, (lat.) Folge, Reihe.

Shiften, Verschieben eines Bitmusters in eine angegebene Richtung um eine vorgegebene Anzahl von Stellen. Durch das Shiften können Multiplikationen und Divisionen mit der Zahlenbasis hardwarenah durchgeführt werden.

Sourcecode, Quelltext.

Speicherplatz, Bereich auf einem Speichermedium zum Ablegen von Daten.

Speicherzelle, Durch eine eindeutig definierte Adresse zugreifbarer Bereich auf einem Speichermedium, auf welchen lesend und vom Speichermedium abhängig auch schreibend zugegriffen werden kann.

Sprite, Sprites sind Grafik-Objekte, die völlig unabhängig von den Playfields verwendet werden können. In den verschiedenen Modi kann ein Sprite 8x8 oder 8x16 Pixel groß sein und eine beliebige Position auf dem Bildschirm einnehmen. Durch den Einsatz eines ⇒Alpha-Kanals können Sprites jede gewünschte äußere Form annehmen. Sollen Objekte mit größeren Abmessungen abgebildet werden, wird die Grafik in Tiles unterteilt und einzel verwaltet. Die Anzahl der zeitgleich dargestellten Sprites/Tiles darf insgesamt nicht 40 und auf einer horizontalen Linie nicht 10 überschreiten.

Symbol, (grch. Sinnbild) Meist grafische Darstellung mit festgelegter Bedeutung.

Synatxdiagramm, Grafische Darstellungsart von Syntaxen durch ⇒Ableitungswege ⇒terminale und ⇒nichtterminale Symbole.

terminale Symbole, Symbole, welche nicht in weitere Bestandteile zerlegt werden können.

Terminieren, Beenden.

Tile, Auf dem Gameboy Color ein grafisches Element, welches die Abmessungen 8x8 oder 8x16 Pixel hat.

unsigned, Vorzeichenlos.

Variable, Jede Variable besteht aus einem Namen und einem Wert, welcher im Ablauf des Programmes verändert werden kann. Wird eine Variable mit einem neuen Wert belegt so spricht man von einer ⇒Zuweisung. Jede Variable verfügt über einen ⇒Datentyp, der angibt welche gültigen Werte in einer Variablen gespeichert werden dürfen.

Wertebereich, Menge von gültigen Werten.

Wiederholungsrate, ⇒Bildwiederholrate.

XOR, ⇒Operator der booleschen Algebra zum Verbinden zweier Operanden oder Aussagen. Die Gesamtaussage wird dann als TRUE ausgewertet, wenn die Werte der Operanden gegensätzlich sind.

A	B	Resultat
TRUE	TRUE	FALSE
TRUE	FALSE	TRUE
FALSE	TRUE	TRUE
FALSE	FALSE	FALSE

Zuweisung, Speichern eines Wertes in einer Variablen.

www.ingramcontent.com/pod-product-compliance
Lightning Source LLC
Chambersburg PA
CBHW050201230526
45470CB00001B/195